LabVIEW
虚拟仪器从入门到精通

主编　韩思奇　高芦宝　姚　彬
主审　邵　欣

北京航空航天大学出版社

内 容 简 介

本书全面、细致地讲述了 LabVIEW 的特性、操作方法、关键细节技巧和工程应用实践经验。首先介绍虚拟仪器和 LabVIEW 开发环境,然后通过虚拟温度计的设计、虚拟函数发生器的设计、越限报警程序设计、波形显示的设计、文件管理、数据采集、仪器控制等模块来介绍图形化编程语言 LabVIEW 的基本原理和虚拟仪器编程技术,最后介绍几个具体设计案例,更好地帮助学生运用虚拟仪器技术。

全书实例丰富,配套的电子课件资料可通过扫描二维码的方式免费索取。

本书可作为仪器仪表、工业控制、计算机应用、电气、机械等专业研究人员的参考用书,也可作为高等院校相关专业的教材,适度调整后也适合作为高职高专院校的教材。

图书在版编目(CIP)数据

LabVIEW 虚拟仪器从入门到精通 / 韩思奇,高芦宝,姚彬主编. -- 北京 : 北京航空航天大学出版社,2020.8

ISBN 978 - 7 - 5124 - 3314 - 4

Ⅰ. ①L… Ⅱ. ①韩… ②高… ③姚… Ⅲ. ①软件工具－程序设计－高等职业教育－教材 Ⅳ. ①TP311.56

中国版本图书馆 CIP 数据核字(2020)第 132821 号

LabVIEW 虚拟仪器从入门到精通

主编 韩思奇 高芦宝 姚 彬

主审 邵 欣

责任编辑 蔡 喆

*

北京航空航天大学出版社出版发行

北京市海淀区学院路 37 号(邮编 100191) http://www.buaapress.com.cn

发行部电话:(010)82317024 传真:(010)82328026

读者信箱:goodtextbook@126.com 邮购电话:(010)82316936

北京时代华都印刷有限公司印装 各地书店经销

*

开本:787×1 092 1/16 印张:17.25 字数:442 千字

2020 年 8 月第 1 版 2020 年 8 月第 1 次印刷 印数:3 000 册

ISBN 978 - 7 - 5124 - 3314 - 4 定价:49.00 元

前　言

　　虚拟仪器(Virtual Instrument)是基于计算机的仪器。计算机和仪器的密切结合是目前仪器发展的一个重要方向。粗略地说,这种结合有两种方式,一种是将计算机装入仪器,其典型的例子就是所谓的智能化仪器。随着计算机功能的日益强大及其体积的日趋缩小,这类仪器的功能也越来越强大,目前已经出现含嵌入式系统的仪器。另一种方式是将仪器装入计算机,以通用的计算机硬件及操作系统为依托,实现各种仪器功能。虚拟仪器主要是指这种方式。

　　LabVIEW 是一种程序开发环境,由美国国家仪器(NI)公司研制开发,类似于 C 和 Basic 开发环境,但是 LabVIEW 与其他计算机语言的显著区别是:其他计算机语言都是采用基于文本的语言产生代码,而 LabVIEW 是一种图形化编程语言,产生的程序是框图的形式。LabVIEW 软件是 NI 设计平台的核心,也是开发测量或控制系统的理想选择。LabVIEW 开发环境集成了工程师和科学家快速构建各种应用所需的所有工具,广泛用于仿真、数据采集、仪器控制、测量分析和数据显示等嵌入式应用系统的开发,旨在帮助工程师和科学家解决问题、提高生产力和不断创新。

　　本书以 LabVIEW 的最新版本 2017 版为基础,介绍虚拟仪器设计的基本知识,采用项目驱动的形式,针对知识点、技能点对学员进行思维和行为引导,内容系统、全面,由浅入深、循序渐进。全书共分为 10 个项目,将 LabVIEW 编程知识点分解在各个项目和任务中介绍,每个项目围绕一个具体的学习任务来展开,这样可以更好地帮助读者学习 LabVIEW 编程。全书共分为十个项目,项目一和项目二为虚拟仪器概述和 LabVIEW 开发环境介绍,项目三至项目九围绕具体的学习任务展开介绍,项目十为 LabVIEW 虚拟仪器应用设计案例分析。

　　本书在强调实用性的基础上追求新颖和灵活性,以最新软件版本为实践平台,在全面讲述 LabVIEW 软件操作的同时,注重细节技巧和工程应用实践,贴近开发测试系统人员需求,应用案例大多来自工程项目和一线工程师的经验积累,适合读者的学习规律和需要,使读者更加容易学习和理解,进而可以融会贯通、举一反三。本书所涉及的基础知识可为 NI 公司提供的 CLAD 认证考试做准备,也可作为新版本软件的工具书。

　　本书由韩思奇、高芦宝和姚彬担任主编王敏、曹鹏飞担任副主编李云龙参编,并受到天津市科技计划项目(基金号:17JCTPJC49300)的资助和支持,其中项目一的任务一至项目三的任务一(约 8.32 万字)由天津中德应用技术大学韩思奇负责编写,项目三的任务二至项目三的任务四(约 3.2 万字)由北京东方计量测试研究所姚彬负责编写,项目四的任务一至项目五的任务四(约 6.88 万字)由天津中德应用技术大学王敏负责编写,项目六的任务一至项目八的任务一(约 10.88 万字)由天津现代职业技术学院高芦宝负责编写,项目八的任务二至项目九的任务一(约 3.36 万字)由天津中德应用技术大学李云龙负责编写,项目九的任务二至项目十的任务五(约 10 万字)由天津中德应用技术大学孙鹏负责编写。全书由天津中德应用技术大学韩思奇和天津美安驰自动化科技有限公司张伟共同完成统稿并定稿。

天津中德应用技术大学邵欣副教授主审了全部书稿,并提出了宝贵的修改意见和建议,在此表示诚挚的感谢。

本书可作为仪器仪表、工业控制、计算机应用、电气、机械等专业领域的研究人员的参考用书,适合高等院校教师、研究生、本科生使用,适度删减后适合高职高专层次学生学习使用。

编撰期间获得了 NI 北京分公司的大力支持,编写人员在此对他们表示衷心的感谢!

由于作者水平有限,书中难免存在错误和疏漏之处,恳请广大读者批评指正!

编　者

2019 年 8 月

扫描二维码,关注"北航科技图书"公众号,回复"3314"获取本书配套课件下载地址。

北航科技图书

目　　录

项目 1　虚拟仪器概述 ……………………………………………………… 1
　　任务 1　虚拟仪器系统 …………………………………………………… 1
　　任务 2　虚拟仪器开发环境 …………………………………………… 10
　　项目小结 ………………………………………………………………… 16

项目 2　LabVIEW 概述 …………………………………………………… 17
　　任务 1　LabVIEW 简介 ………………………………………………… 17
　　任务 2　LabVIEW 开发环境 …………………………………………… 27
　　任务 3　LabVIEW 2017 的帮助系统 ………………………………… 41
　　项目小结 ………………………………………………………………… 44

项目 3　虚拟温度计的设计 ……………………………………………… 45
　　任务 1　前面板和程序框图设计 ……………………………………… 45
　　任务 2　子 VI 的设计 …………………………………………………… 52
　　任务 3　属性节点 ……………………………………………………… 57
　　任务 4　VI 编辑调试技术 ……………………………………………… 68
　　项目小结 ………………………………………………………………… 73

项目 4　虚拟函数发生器的设计 ………………………………………… 74
　　任务 1　程序结构——循环结构 ……………………………………… 74
　　任务 2　局部变量和全局变量 ………………………………………… 85
　　任务 3　前面板和程序框图设计 ……………………………………… 90
　　项目小结 ………………………………………………………………… 94

项目 5　越限报警程序设计 ……………………………………………… 95
　　任务 1　程序结构——条件结构、顺序结构和事件结构 …………… 95
　　任务 2　越限报警的程序设计 ………………………………………… 112
　　项目小结 ………………………………………………………………… 114

项目 6　波形显示的设计 ………………………………………………… 115
　　任务 1　数　组 ………………………………………………………… 115
　　任务 2　簇 ……………………………………………………………… 126
　　任务 3　图形显示 ……………………………………………………… 133
　　任务 4　前面板和程序框图设计 ……………………………………… 156
　　项目小结 ………………………………………………………………… 157

项目 7　文件管理 ………………………………………………………… 158
　　任务 1　字符串 ………………………………………………………… 158

任务 2　文件 I/O 的操作和函数 ·· 167

　　项目小结 ··· 176

项目 8　数据采集 ·· 177

　　任务 1　数据采集系统的组成 ·· 177

　　任务 2　信号分析 ·· 186

　　任务 3　数据采集应用 ·· 194

　　项目小结 ··· 201

项目 9　仪器控制 ·· 202

　　任务 1　仪器控制简介 ·· 202

　　任务 2　GPIB 总线 ·· 208

　　任务 3　串行通信 ·· 220

　　任务 4　仪器驱动程序 ·· 231

　　项目小结 ··· 237

项目 10　LabVIEW 虚拟仪器应用设计案例 ··· 238

　　任务 1　虚拟示波器的设计 ··· 238

　　任务 2　交通灯控制系统 ··· 243

　　任务 3　风机自动控制系统 ··· 247

　　任务 4　应变测试系统 ·· 257

　　任务 5　基于 myDAQ 进行实际的音频信号处理 ······························ 261

　　项目小结 ··· 269

参考文献 ·· 270

项目1 虚拟仪器概述

当今社会微电子技术发展迅速,测试技术和计算机技术的融合促使测试仪器专业领域有了新的突破,产生了一种最新的仪器结构概念——虚拟仪器。虚拟仪器是对传统仪器的重大改进,也是测试仪器行业新的研究方向。本项目主要对虚拟仪器的定义、结构和特点进行简要介绍,并详细讲解虚拟仪器系统的软件环境。通过本项目的学习,读者能够了解到 LabVIEW 的特点及基本使用方法。

【学习目标】

➢ 理解虚拟仪器的概念及其特点;
➢ 掌握虚拟仪器系统的结构;
➢ 了解虚拟仪器的开发环境;
➢ 了解虚拟仪器技术的应用及发展趋势。

任务1 虚拟仪器系统

【任务描述】

20 世纪 80 年代,美国国家仪器公司(National Instruments,NI)最早提出虚拟仪器(Virtual Instrumentation,VI)的概念。至今为止,在测试行业领域中一直沿用虚拟仪器的概念来引导行业的研究方向与发展前景。虚拟仪器技术作为一种新颖的图形化系统设计技术,近年来随着智能制造业的发展,也越来越成熟。本次任务主要了解虚拟仪器的概念、特点及结构。

【知识储备】

1.1 虚拟仪器概念

虚拟仪器借助于计算机程序,根据用户的实际测量需求对仪器的功能进行定义和设计。虚拟仪器的特点是可以结合传统测量仪器的硬件功能与当前计算机领域的软件技术,在实现用户要求的同时对传统仪器的功能起到扩展的作用。图 1.1 展示了虚拟仪器的结构简图,该结构通常可以用来对被测数据进行收集、处理、显示、储存和输出。

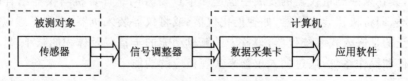

图 1.1 典型的虚拟仪器结构

在数据处理、操作性、智能化水平、性价比方面虚拟仪器均比传统仪器有着显著的优势。通过软件对仪器功能进行设计和定义是虚拟仪器的主要特点,传统仪器的功能在出厂前已经设定好,用户在使用中无法调整,虚拟仪器的用户可以根据实际设计需要进行设计,而使用不同种类的软件可以构成不同功能的虚拟仪器。当使用者需要对仪器进行改变或重新构造时,只需更换相适应的应用软件,而不用再次购买仪器,极大地提高了使用效率。虚拟仪器与传统仪器的特点比较如表 1.1 所列。

表 1.1　虚拟仪器与传统仪器的比较

传统仪器	虚拟仪器
厂家定义功能	用户定义功能
与其他设备连接时功能受到限制	能够与其他设备连接并应用
硬件为关键环节	软件为关键环节
产品性价比较低	产品性价比很高
系统封闭,功能无法更改	软件开放性好
技术更新慢	技术更新快
开发和维修费用高	开发和维修费用低
图形界面小大、信息量小	图形界面大、信息量大
信号电缆和开关多且使用复杂	信号电缆少,采用虚拟旋钮和开关,安全性高、故障率低
自动化程度较低	实现完全自动化
部分具有时间记录和测试说明	完整的时间记录和测试说明

1.2　虚拟仪器的发展史

早在 20 世纪 70 年代,虚拟仪器依托计算机平台,在国防、航天航空等领域已经有了初步的应用;20 世纪 80 年代,美国 NI 公司正式提出了虚拟仪器这一专业概念,认为软件也是仪器。至此,在智能控制检测领域应用中,虚拟仪器技术已成为重要的研究手段和前沿技术。作为虚拟仪器的起源国,美国已成为当前虚拟仪器研发制造中心,而虚拟仪器技术的研究也已成为一项新的产业。

虚拟仪器的发展有以下三个阶段:

第一阶段:通过计算机、数据采集卡、开发软件集成化的方式来提升传统仪器功能阶段(PC＋数据采集卡＋开发软件)。

第二阶段:统一内在硬件、软件标准化阶段。

第三阶段:封装、组合虚拟仪器软件阶段。

虚拟仪器的出现对于传统仪器来说是一次显著的改进,作为计算机领域与测量技术的交叉技术产物,其在未来测量仪器的发展中也是一个重要方向。计算机与仪器结合的方式大体可以分为两类,即将机器装入仪器,如智能化仪器;或将仪器装入机器,也就是虚拟仪器。前者应用较为广泛的是嵌入式系统仪器,得益于计算机功能的丰富以及体积的减小;后者是基于机器本身的硬件和操作系统,通过加入仪器来实现相应的功能。

1.3　虚拟仪器的优点

依托虚拟仪器技术,使用者可以自行设计计算机测试技术及测量方案,以实现相应功能。与传统仪器相比,虚拟仪器在性能、扩展性、研发设计中后期方面都有明显的优势。

1. 高性能

在计算机技术发展的基础上,虚拟仪器技术具备了功能强大的处理器以及人性化的文件操作管理系统,这点与当前计算机的商业特点类似,高速导入数据的同时还可以对复杂的结果进行统计分析。当前数据向硬盘驱动器传输的技术不断改善,结合计算机总线技术,数据传输的速度已经达到了100 MB/s,对本地内存容量的需求也很少。网络技术的发展也促进了虚拟仪器技术的改进,将虚拟仪器与网络结合,极大地扩展了数据传输领域,仪器的测量结果也实现了世界范围内的共享。

2. 广泛扩展性

虚拟仪器的使用灵活性高,当测量需求改变后,用户只需相关软件、硬件以及计算机系统进行调整或更新,即可满足要求,这也使得研究人员以及工业设计人员的研究领域得以扩展——不受传统仪器技术的制约,降低了硬件的购买费用,用部分软件的更新费即可完成系统的改造。在现有的测量装置中也可以将虚拟仪器嵌入,提高的产品的研发效率。

3. 较少的研发周期

虚拟仪器的软件架构效率很高,能够同时在驱动和应用方面将计算机、测量仪表、通信工程等领域的先进技术进行有机结合。虚拟仪器的软件架构能够方便用户对系统进行调整、创建、维护以及发布,操作简便的同时还提供了丰富的功能,在对测量性能要求较高的小成本测量控制领域比较实用。

4. 完美集成

从本质上看,虚拟仪器是将软件硬件集成的一种技术。通常情况下,如果要完成一个完整的测试任务,需要集成多个测量设备,而且随着测试系统功能方面的复杂性,许多人力和物力都会消耗在设备的连接和系统的调试中。

所有I/O设备的标准接口都可以在虚拟仪器的软件平台中找到,常见的有运动控制、结果采集分析、分布式的I/O等。因此,多个测量设备都可以在一个系统中集成体现,极大简化了用户的操作。这些设备既要集成到一起,还必须维持各自的独立性,这样才能使系统的性能更高、开发过程更简便、系统层面更协调。依靠集成式的架构技术,虚拟仪器可以完成测试系统的快速创建,并根据实际需求对系统进行调整,提高了测试系统的使用价值。其作为商业软件具有显著竞争力,降低了产品设计过程中的人力成本、提高了测量的质量。虚拟仪器系统简易集成图如图1.2所示。

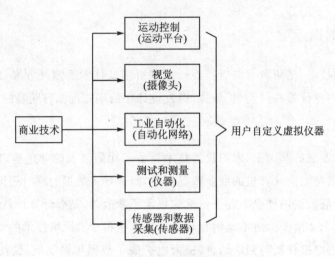

图 1.2　虚拟仪器系统简易集意图

1.4　虚拟仪器的基础功能

　　虚拟仪器的功能可以概括为三大模块，即信号采集与控制模块、测试功能应用程序模块以及面板功能应用程序模块，如图 1.3 所示，功能组成大体与传统仪器类似。虚拟仪器中功能的实现方式是通过相关硬件、软件及计算机程序结合来完成的。

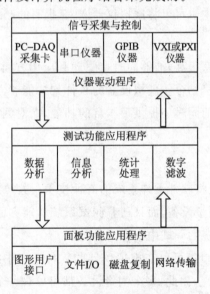

图 1.3　虚拟仪器功能组成

1. 信号采集和控制功能

　　虚拟仪器的基本功能是对被测信号进行采集和控制，该功能是由虚拟仪器的硬件平台来实现的。仪器硬件可由 PC 的数据采集卡和外围电路组成，也可以由 GPIB、VXI、PXI 等这类带标准总线接口的仪器和串口仪器组成。

2. 信号分析及处理功能

信号分析及处理功能是通过有测试功能的应用软件来实现的。计算机的高速存储、运算功能在虚拟仪器上得到了体现,结合软件可以实现数字滤波、数值计算、数据压缩、统计处理等输入信号的分析和处理。

3. 结果表达和输出功能

面板的应用程序可以完成结果的表达和输出功能。虚拟仪器中仪器的各项工作参数可由计算机的人机对话界面来输入,常见的参数有频段、量程等。得到测量结果后可以通过绘图打印、网络传输、界面显示等方式进行表达与输出。

1.5　虚拟仪器的分类

虚拟仪器的优势有很多,最突出的特点是:其可以通过计算机进行组装,也可以根据不同的接口总线连接不同接口的硬件,以构建不同规模的自动测试系统。根据硬件组成和总线方式,虚拟仪器系统可以划分为七种类型。

1. GPIB 总线虚拟仪器

GPIB 总线最早是由 HP 公司开发的,也叫作 IEEE488 总线。作为虚拟仪器初期发展阶段的产品,GPIB 总线是虚拟仪器与传统仪器相结合的经典例子,它推进了电子测量技术从单独的手工测试操作向规模更大的自动测试系统方向发展。一台计算机、一块 GPIB 接口卡、几台 GPIB 总线仪器是典型的 GPIB 测试系统的组成部分,通过 GPIB 电缆进行连接。GPIB 技术可以代替传统的人为运行方法,完成计算机对仪器的操作和使用。一块 GPIB 接口卡最多能够连接十几台仪器,电缆长度可达几十米,将多台仪器进行组合就构成了自动测量系统。GPIB 测量系统在台式仪器的控制方面应用比较广泛,系统结构及指令比较简单,当测量精度要求较高、对计算机的传输速度没有要求时,可以选择带有 GPIB 接口的仪器。GPIB 测量系统配有 RS-232 接口,也可以用该接口代替 GPIB 接口对仪器进行控制。

2. PC 总线—插卡型虚拟仪器

这种虚拟仪器将 LabVIEW、VC++ 等编程设计软件与插入计算机内的数据、图像采集卡等板卡相结合,与其他仪器相比,可以更加方便地调动 PC 或工控机内的总线和软件。但这类虚拟仪器的不足之处在于,受 PC 机体尺寸和结构以及总线类型的约束,主机内部存在高噪声点评、较少的插槽数目和较小的尺寸、电源功率通常欠缺等问题。ISA、PCI 和 PCMCIA 总线是该类虚拟仪器的常用总线,但 PCMCIA 由于结构连接强度问题使其在工程领域的应用受到了限制,ISA 总线近年来已无人使用,PCI 总线虽然价格较高,但大多用户仍使用这类总线的虚拟仪器。虚拟仪器体系如图 1.4 所示。

3. 并行口式虚拟仪器

这种类型的虚拟仪器是由多个能够与计算机并行口相连接的测试装置构成,仪器的硬件在采集盒中集成,而软件安装到计算机内,用来实现仪器的多种测试功能。并行口式虚拟仪器性价比高、应用面广,与笔记本电脑连接可以进行户外测试和考察,与台式机连接可以实现室内长时间的数据追踪和采集。通过不同硬件软件组合可以构成数字存储示波器、逻辑分析仪、频率计、数据记录仪以及数字万用表等测试装置。当前,由于并行口式虚拟仪器的灵活性,其

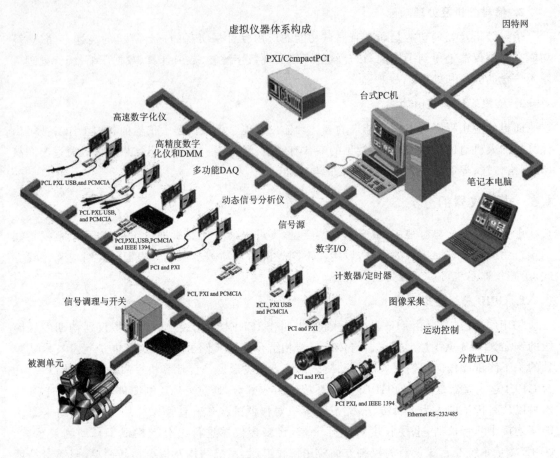

图 1.4　虚拟仪器体系图

在相关研究设计部门的产品开发和高校实验实训室的实践教学中应用比较广泛。

4. PXI 总线虚拟仪器

在 PCI 总线核心技术的基础上结合相关技术标准(多板同步触发总线技术)以及需求,形成了具有相邻模块高速通信局域总线的 PXI 总线。PXI 总线的扩展槽较多,其扩展性很好,利用 PCI - PCI 桥接器可将扩展槽增加至 256 个。当系统为多机箱时,使用 MXI 接口连接后可将 PCI 总线距离提高至 200 m。台式机 PCI 系统价格低廉,但最多只有 5 个扩展槽,因此结合台式机性价比高的优势与 PCI 总线在仪器领域扩展性强的优势,PXI 总线虚拟仪器在当前的虚拟仪器平台上具有广泛的应用前景。

5. VXI 总线虚拟仪器

作为一种高速 VME 总线在仪器方面的延伸,VXI 总线电源具有高稳定性、快速冷却能力,以及稳定的 RFI/EMI 屏蔽功能。当前 VXI 总线虚拟仪器的应用比较广泛,随着近年来技术的发展,VXI 系统的构建和功能使用也更加方便强大,突出体现在结构紧凑、定时和同步精确、支持的仪器厂家较多、模块可重复利用等方面。与传统仪器相比,VXI 总线虚拟仪器更适用于构建规模较大的自动测量系统以及对测量精度、响应效率较高的领域,但系统中机箱、嵌入式控制器及零槽管理器的价格较高,导致市场上该类型的测量仪器销售量逐年下降。

6. 外挂型串行总线虚拟仪器

外挂型串行总线虚拟仪器是利用当前计算机能够配置的标准总线,如 RS-232 总线、USB 和 IEEE1394 总线等,来解决 PCI 插槽数量较少,以及 PCI 总线的虚拟仪器在插拔卡时必须开启机箱,造成操作困难的问题。当计算机采集测试信号时,许多现场检测信号会直接进入计算机,对系统安全造成很大隐患;加上机器内部有较强的电磁干扰,对于被测信号的精确度也会造成影响,因此当前市场应用的主流是性价比较高的外挂式虚拟仪器测试系统。USB 总线目前应用最为广泛,但在复杂的测试系统中使用局限性很大;RS-232 总线主要在前文介绍的虚拟仪器中有所使用。IEEE1394 串行总线在利用虚拟仪器组件的自动测试系统中实用性更强,这是由于该总线串行速度高,能够以 200 MB/s 或 400 MB/s 的速率进行数据传输。在未来虚拟仪器的开发进程中,IEEE1394 总线是一个发展趋势,由这类总线构成的虚拟仪器可以将采集信号的硬件在采集盒或探头上进行集成,计算机运行软件;而且 IEEE1394 总线高传输速度、操作使用简便的优点使得其在市场中的前景广阔,通过技术的不断革新逐渐成为虚拟仪器的主流。

7. 网络化虚拟仪器

共享测试系统资源得到了现场总线、工业以太网和因特网的支持。作为网络通信的标准,工业现场总线使来自不同厂家的产品使用共同的协议,通过总线来实现通信。目前现场总线在工业领域应用越来越广泛,工业以太网也逐渐在工业现场中使用,连接网络后,通过浏览器即可随时观察监测测试运行状态;将虚拟仪器组建计算机网络后,可以通过网络对仪器设备进行操作调试。网络技术的使用有效降低了设备使用成本,价格较高的软硬件设备可以在网络上共享,不同区域、不同功能的测试设备也可以关联,方便用户使用。

这 7 种虚拟仪器的特点不同,适用领域也有所不同,对于性能和成本要求较低的系统可以选择 PC-DAQ、并行口式、串行口式系统;如果精度标准高、规模大,那么 GPB、VXI、PXI 比较适合;而大规模的网络测试中使用现场总线系统较多。随着 MCN(Measurement and Control Networks)方面的标准逐步完善,各种规模的自动测试系统可以根据实际需要构建,或将多种方案结合,建立混合测试系统。

1.6　虚拟仪器技术的应用现状

在测量测试方面,虚拟仪器的应用最为广泛。当前,随着硬件设备的改进以及 LabVIEW 等软件的优化,虚拟仪器技术在设计和控制领域也能够发挥作用,其应用范围越来越广。

1. 虚拟仪器技术应用在测量领域

测量是虚拟仪器技术的典型应用,市场上多数测量公司都在使用虚拟仪器技术;科学研究方面,公司的研究开发人员、产品测试验证工程师以及高校科研人员也在利用虚拟仪器技术进行分析测试。当前,在市场经济快速发展的背景下,产品的研发以及商品化的周期越来越快,公司之间的竞争更加激烈。此时需要一个适应能力较强的测试平台,作为快速测试的开发工具,该平台能够跟上研发创新的节奏、应用于产品开发的整个过程。高吞吐量的测试技术对于产品的研发上市和生产效率都有帮助,测试系统需要有高性能的及时测量功能,以满足用户对于多功能产品的测试需求;随着公司产品的创新和上市,测试系统能够随着新测试需求的改变做出调整,以适应种种具有革新性的挑战。虚拟仪器技术结合了软件的快速开发以及硬件模块化、灵活度高的特点，创建了用户自定义的测试功能，包括：

① 直观的软件工具，可以进行快速测试和开发；

② 模块化 I/O，基于创新商用技术，具有快速精确特点；

③ 基于计算机的平台，实现集成同步功能，测试精确度高、吞吐量高。

2. 虚拟仪器技术应用在产品设计中

研发人员在研究和开发过程中需要尽快构建和开发系统原型，而通过虚拟仪器可以实现这一需求。虚拟仪器在构建程序、测量系统原型、分析数据结果等方面所需要的时间远小于传统仪器完成相同任务时所需要的时间；除此之外，虚拟仪器还可以进行升级，这种开放式平台能够以多种方式展现，如嵌入式系统、分布式网络及台式机等。

产品在开发阶段需要软件硬件有效地集成衔接，而虚拟仪器的使用降低了连接的复杂程度，如利用 GPIB 接口连接传统仪器，或数据采集方面使用直接使用数据采集板卡、利用信号调理硬件采集数据。由于测试过程自动化程度高，因此虚拟仪器可以极大地减少人为因素造成的误差，测试结果的稳定性及重复性强。随着产品功能需求的提升，虚拟仪器中的内在集成系统能够随时优化扩展以适应最新的测试需求，研发人员只需要在测试平台中添加最新的功能模块即可完成最新的测试任务。得益于软件的灵活性以及硬件的模块化，当前虚拟仪器在缩短产品开发周期方面优势明显，受到研发人员的青睐。

3. 虚拟仪器技术应用在测试开发和验证

面对烦琐的测试体系，通过虚拟仪器灵活而丰富的功能可以相对容易地完成系统的建立。研究人员利用 LabVIEW 进行测试系统的建立，并与其他测试管理软件如 NI TestStand 等集成进行使用。在研发设计中，开发软件提供的开发代码是可以重复使用的，这是虚拟仪器技术应用的一个特点，将这些开发代码插入到各类功能工具中可以实现认证、测试等任务。

4. 虚拟仪器技术应用在生产中

针对当前工业生产对于系统稳定性、协同性以及安全性需求较高的问题，LabVIEW 很好地满足了这些要求，具备了如历史数据追踪、安全网络、工业 I/O、报警管理以及企业内部联网等功能，集成这些功能后可以在工业网络、插入式数据采集卡以及 PLC 控制技术等工业设备中集成使用。

5. 虚拟仪器技术应用在工业 I/O 和控制领域

过程控制离不开计算机系统的使用以及 PLC 控制技术的应用，计算机可以对软件进行设计和改进，提高了使用性能，PLC 能够确保工业生产测试过程的稳定。因此，考虑到当前控制过程的复杂化，研发人员对开发工具的要求也进一步提高，需要在保持高性能的同时具备良好的稳定性，而且工具可以不断优化，以适应复杂算法、控制工况的需求，而虚拟仪器技术结合可编程自动控制器（PAC）正好可以解决这一难题。

可编程自动控制器（PAC）集中了控制引擎，涵盖了 PLC 用户的多种需要，以及制造业厂商对信息的需求。允许用户根据系统实施的要求在同一平台上运行多个不同功能的应用程序，并根据控制系统的设计要求，在各程序间进行系统资源的分配。

1.7　虚拟仪器技术的前景

当前自动化过程控制领域的一个发展趋势是以软件为主的测试平台的改进优化，作为市场上最大的自动测试设备客户,美国国防部决定将测试系统的体系结构建立在模块化硬件与可重复配置的软件基础上,以降低测试系统使用成本、提高使用效率。这种体系结构代表了美国未来军用测试系统标准和发展前景,突出了可重复配置软件在测试系统中的重要地位。

虚拟仪器技术作为现代科技的产物,具有较高水平的智能化功能。虚拟仪器可依据机内、机外的基准进行反复、多次的自动化校验,并储存仪器系统中的固有误差,在实际检测操作过程中,自动完成检测结果中的系统误差扣除操作,进而提高检测的精准度。同时,虚拟仪器在正式测量操作前,可自动完成零点校验工作,即在接地输入时,储存飘逸电压,并自动完成检测数据中的扣除工作。通过反复、多次的数据测量、分析和处理,就会得出相对精准度最高的测量结果。

虚拟仪器概念包括集成式软件和硬件、灵活的模块化工具及所融合的商业技术,虚拟仪器为嵌入式开发也提供了众多选择和功能,通过虚拟仪器技术能够快速完成系统开发并长期使用。

【知识拓展】

在美国国防部高级研究计划局组织的城市挑战赛中,弗吉尼亚理工大学 VT 战队开发的无人驾驶汽车 Odin(见图 1.5)通过竞赛获得了第三名的成绩,该车的制造团队是由弗吉尼理工大学的学生、指导教师以及 TORC(a spin-off company)的工程师组成,系统是根据 NI 公司 LabVIEW 的图形化编程功能以及 NI 硬件进行程序开发、系统测试和建模的。

图 1.5　基于 LabVIEW 软件控制的无人驾驶汽车

根据城市挑战赛的规定,开发的无人驾驶汽车需要在 6 小时内完成 60 英里(约 96.6 km)的路程,比赛过程中除需要在固定位置接受检查外,还必须识别并根据实际路况做出相应调整,行车路线由自动导航完成。此外,行车过程中还需要考虑道路限速、交通堵塞以及设置的静态/动态障碍等问题,在交通规则允许的情况下应尽快到达指定的检查点。

赛前,无人驾驶汽车的开发时间很短,只有 12 个月,团队将任务进行拆分,通过 NI 公司的硬件和软件完成基础平台、感知、规划、通信四部分任务。NI 提供的硬件能够帮助使用人员提供车载系统的接口及控制界面;高层次的汽车行驶行为、通信架构、传感器处理和目标识别算法、激光测距仪和基于视觉的道路检测等功能则通过 LabVIEW 图形化编程环境进行开发。NI 公司的硬件以及 LabVIEW 软件层次结构如图 1.6 所示。

Odin 无人驾驶汽车是根据福特款汽车 Escape Hybrid 改装而成的,通过 NI 的 Compac-

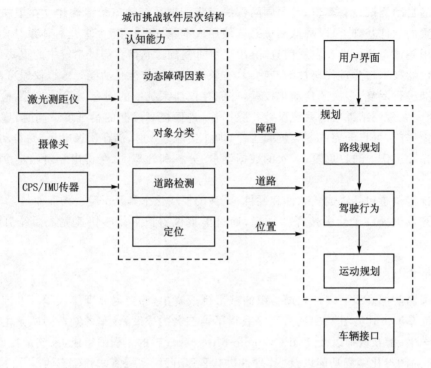

图 1.6　NI 硬件和 LabVIEW 在 VictorTango 软件架构中的应用框图

tRIO 系统与原福特汽车自带系统结合,实现了对驾驶中油门、方向、行驶轨迹等的自动控制。开发团队创建了一个单独的平台,可以在 CompactRIO 上运行 LabVIEW Real – Time 和 Lab-VIEW FPGA 模块,通过 LabVIEW 的仿真功能对道路曲率和速度控制系统进行了设计。

　　团队成员在系统设计过程中使用了如激光测距仪、高精度的 Novatel GPS/IMU 系统等多种传感器,并通过 NI 视觉开发模块结合摄像机和激光测距仪的数据来确定道路图各车道的位置,以达到准确判断无人汽车行驶过程中的路况及行驶位置等信息。由 LabVIEW 设计了整个通信框架,实现了由国际汽车工程师 AS – 4 无人驾驶系统技术委员会定制的无人驾驶协议框架,允许自动动态配置,体现出 LabVIEW 系统的可重用性和商业化潜力。

【思考练习】

　　1. 什么是虚拟仪器?其特点是什么?

　　2. 典型虚拟仪器的结构是怎样的?

　　3. 虚拟仪器与传统仪器有何区别?

　　4. 虚拟仪器可以分为哪几种类型?

任务2　虚拟仪器开发环境

【任务描述】

　　软件在虚拟仪器中处于重要的地位,应用软件开发环境是设计虚拟仪器所必需的软件工具。它肩负着对数据进行分析处理的任务,如数字滤波、频谱变换等。在很大程度上,软件是虚拟仪器能否成功运行的先决条件,必须提供给用户一个界面友好、功能强大的应用软件。本任务将对虚拟仪器软件开发环境进行简单介绍。

【知识储备】

2.1　高效的软件开发平台

作为虚拟仪器技术中主要的组成部分,软件工具可以配合特定的程序模块进行设计或者调用,方便用户快捷建立所需要的系统应用或友好的人机互动界面。虚拟仪器的编制有两种方式,一是采用如 VC++、VB、Delphi 等高级语言的传统编程方法;二是采用 NI 公司的 LabVIEW、LabWindows/CVI 软件,HP 公司的 VEE 等软件进行编程的图形化编程方法,这也是当前比较流行的方法。对于非编程专业的开发人员来说,采用图形化软件编程更加实用,因为其研发周期短,编程较容易上手。

1. LabVIEW 强大功能

LabVIEW(Laboratory Virtual Instrument Engineering Workbench),也称为实验室虚拟仪器工程平台,是由美国 NI 公司研发的、采用图形化编程方式的开发平台。LabVIEW 也是当前市场上用户最多、功能较为丰富的虚拟仪器开发平台。

作为测试领域标准图形化编程软件,LabVIEW 与多种软件、硬件的连接性很好,而且具备了强大的后续数据分析处理功能,能够根据用户需求设置数据的处理及存储方式,数据结果能够以图形化的方式呈现给用户。自 21 世纪以来,自动化、智能控制领域的研发工程师们使用 NI 公司的 LabVIEW 软件完成了信号采集、数据分析等各种复杂开发任务。

2. LabVIEW 的主要特点

(1) 图形化方式编程

LabVIEW 可以在计算机上创建图形化的操作界面,方便用户设计所需功能的虚拟仪器。

(2) 连接功能和仪器控制

LabVIEW 集成有丰富的硬件信息,通过成熟的函数库可以对多种独立的仪器设备进行集成,如 DAQ 设备、串口设备、机器视觉产品及 PLC 等,进而能够建立相对高效的测量和自动化解决方案。

(3) 开放式环境

为了方便用户快速熟悉使用 LabVIEW 软件,开发商建立了大量 LabVIEW 函数库和驱动程序;除此之外,通过共享库之间的开放式连接,LabVIEW 可以与许多开发工具如 ActiveX 软件、动态链接库(DLL)等建立联系;LabVIEW 提供的通信及数据存储方式也非常多样化,如 TCP/IP、SQL、OPC 数据库连接和 XML 数据存储格式。

(4) 降低研发成本

LabVIEW 对计算机的要求不是很高,安装程序后即可对多种程序进行开发,因此 LabVIEW 的开发成本远低于采购一台商用测试仪器。

(5) 支持多种平台使用

LabVIEW 在 Windows 的多种版本及嵌入式 NT 环境下都可以使用,而且还能够支持

Mac OS、Sun Solaris 与 Linux 系统;由于 LabVIEW 运行的独立性,它在一个系统平台下编写的虚拟仪器程序能够顺利地在其他虚拟仪器系统平台上继续使用。

（6）分布式开发环境

通过 LabVIEW 可以对分布式应用程序进行快捷地开发甚至是跨平台开发。一些需要密集处理的程序可以下载到性能更高的平台上进行处理分析,而这一过程只需要通过简易的服务器工具或创建远程监控系统来实现;得益于分布式的开发环境,许多复杂的、多主机的系统开发过程在先进的服务器技术下得到了简化。

（7）信号处理分析

在项目开发过程中,利用虚拟仪器采集信号后需要对复杂的信号进行处理和分析,通常是利用相关软件来实现这些功能。LabVIEW 除了提供多种高级分析功能库外,还有声音与振动工具包、信号处理工具套件以及阶次分析工具包等。

（8）测试结果可视化

测试数据的呈现方式有多种,LabVIEW 的用户界面中提供了许多内置的可视化工具,方便用户直观地对数据进行分析比对,如二维和三维、图片或图形等。此外,图形化编程以及界面属性定义也非常简便,显示界面的颜色、字号大小、图表类型等特征也可以直接进行调整;与绘图软件功能类似,结果可以进行旋转以及缩放;界面上的目标可以通过拖放工具移动至前面板上。

3. 其他虚拟仪器平台

除 LabVIEW 外,常见的虚拟仪器平台还有 VC++、VB、HP-VEE、Lab Windows/CVI 以及 Measurement Studio 等。VC++ 和 VB 对用户的编程能力要求较高,它属于通用编程平台,适用于虚拟仪器的开发,但周期很长;HP-VEE 平台的用户比较多,是一个基于图形的虚拟仪器编程环境,但程序运行速度很慢。除了上述平台外,用于传统的 C 语言的 Lab Windows/CVI 平台和微软 Visual Studio 的 Measurement Studio 平台也是性能比较好的虚拟仪器开发平台。

2.2 测试硬件平台

当今测试和测量的需求越来越复杂,这就需要有一个平台能够将硬件高度集成和模块化。模块化硬件产品的种类有很多,涵盖了声音和振动测量、数据采集、信号调理、视觉、运动、仪器控制、分布式 I/O 以及 CAN 接口等工业通信;实现的途径有很多,利用 PCI、PXI、PCMCIA、USB 或者是 IEEE1394 作为总线都能够选择到相应的硬件产品。

2.3 用于集成的软硬件平台

当前 PXI 平台已经成为测试测量以及自动化应用的标准平台,作为专门为测试任务设计的硬件平台,它在开放式架构、高灵活性以及低成本的计算机技术方面,对测试测量和自动化领域带来了较大的冲击。PXI 系统联盟是由 NI 公司发起的,当前已有 60 多家厂商,商品数量高达千种。

PXI 内有高端定时和触发总线,是一种用来采集工业数据以及自动化应用的定制模块化仪器平台,PXI 与各类模块化的 I/O 硬件以及相关测试测量软件相结合,可以开发建立高效的测试/测量的任务方案。PXI 平台在虚拟仪器技术领域的优势明显,依靠高性能的硬件平台,其在测试数据采集应用以及复杂的混合信号同步采集中均有广泛应用。

得益于良好的连通性,LXI平台(Lan extensions for Instrumentation)也受到了众多用户的关注,虽然当前还存在着如时间同步和网络传输延迟等问题,但其前景仍然非常光明。

2.4 LabVIEW 的使用

作为当前唯一的基于数据流的编译型图形编程环境,LabVIEW能够把复杂耗时的语言编程进行简化,用简单的图标提示的方式来选择相应功能,并用线条将各类图形进行连接,构成简单的图形。这种编程方式方便非编程专业的人员进行测试,能够快速建立自己需要的程序,构建仪器面板,降低人力、物力成本的同时提高了测量效率。

在使用LabVIEW时,如果程序出现语法错误,会立即提示用户而不需要事先编译,方便用户查找错误类型、错误原因以及错误具体位置。特别是处理复杂程序时,LabVIEW的这个优势特别明显。

LabVIEW的程序调试方式也非常人性化,最具代表性的就是程序测试中的数据探针工具。在程序调试运行过程中,用户可以在程序的任何位置插入数据探针,探针数量无要求,方便对任意一个中间结果进行检查,如果需要对探针数量进行增减只需单击鼠标即可。

LabVIEW的运行速度与传统编程语言相近,但其特有的图形编程方式可以节约60%的程序开发时间。在具备常见语言提供的常规函数的同时,LabVIEW集成了大量的图形界面模板、较为丰富的数值分析方法、数字信号处理等功能,并且对多种设备提供相应功能,如RS232、VXI、网络等。此外,LabVIEW具备了数十家仪器厂商提供的仪器驱动程序,为用户的仪器开发、测试编程节省了大量时间。

2.5 LabWindows/CVI 的使用

作为美国NI公司开发的虚拟仪器软件开发平台,LabWindows/CVI主要面向计算机测控领域,在多种操作系统下都可以运行,如WindowsXP、Mac OS和UNIX等,是一种基于ANSIC的、交互式C语言集成开发平台。

LabWindows/CVI可以为C语言编写提供集成开发环境,在该环境下能够对程序进行设计、编译、编辑、调试以及链接,通过C语言以及提供的库函数来实现。LabWindows/CVI的具体功能体现为:

- 交互式程序开发;
- 强大的数据采集、分析及显示功能;
- 用来创建数据采集和仪器控制应用程序的强大函数库;
- 为其他程序开发C目标模块、动态链接库(DLL)、C语言库;
- 利用向导开发IVI仪器驱动程序和创建ActiveX服务器。

ANSIC测试平台通过验证后,可以与LabWindows/CVI结合使用,从而提高开发效率,FPGA通信的复杂程度也得到了简化。而且,根据NI公司发布的LabWindows/CVI的Linux Run-Time模块和LabWindows/CVI实时模块,可以将开发环境进一步扩展,包括Linux和实时操作系统,其特点介绍如下:

① 并行运行引擎功能,可以帮助受限行业的开发者停止更新已验证的代码,通过将应用程序绑定到特定运行引擎的版本上来实现。

② 能够尽快找到代码的瓶颈,这是由于执行评测过程中能够提供运行时每个线程和函数所耗时间的图形化信息。

③ 丰富的新的射频应用高级分析函数,包括高达 100 多种的信号噪声发生、滤波器设计、分析函数以及窗口函数等。

④ 较高的实施目标的定时和控制功能,通过优化 LabWindows/CVI 实时模块实现。

与 LabVIEW 相比,LabWindows/CVI 在故障分析以及信息处理开发领域应用较多,更适用于大型复杂测试程序的开发;当遇到自动测量环境、过程检测系统以及数据采集系统的开发任务时,LabWindows/CVI 是研发人员的首选软件。

【知识拓展】

粒子加速器(Particle Accelerator)是一种产生高速带电粒子的装置,是研究原子核、粒子性质、相互作用以及内部结构的重要工具。显示器的阴极射线管、X 光管的装置是生活中常见的粒子加速器,当前粒子加速器在医疗器械、科学研究等领域均有广泛应用。

欧洲核子研究中心位于瑞士,该机构拥有世界上最大的粒子加速器,具备精度高、稳定性强的控制系统。作为世界上最大的粒子物理实验室,欧洲核子研究中心成立于 1954 年,重点研究领域为如何构成和物质之间的作用力。

如图 1.7(a)所示,大型强子对撞机周长 27 km,埋在地下 150 m 处,安装传感器后可以用来收集来自接近光速传播的粒子流碰撞的数据信息,有助于人们进一步了解宇宙的成因、粒子结构以及物质起源等物理难题。

用超导体做螺线圈,组成的电磁铁叫作超导磁铁。通常应用于超导悬浮铁道,为车辆的推进、悬浮、导向提供作用力。与永久磁铁相比,超导磁铁除了磁力稳定外还能提供高强磁场。图 1.7(b)所示为控制粒子流轨迹的超导磁铁,大型强子对撞机可以使接近光速的粒子流发生碰撞,其原理为将两束粒子流绕环形隧道反向运动,而超导磁铁可以控制大型强子对撞机的弹道,将每束粒子流的总能量提高至 350 兆焦,能量总量足以维持 400 吨的火车以 150 km/h 的速度行驶。

强子对撞机在运行过程中也会存在危险,如果高速运动的粒子流偏离轨道则会造成毁灭性的事故,因此这就需要提高控制系统的精度以及稳定性。研究人员通过配置准直管来避免粒子发生轨道偏移,一些能量较高的粒子当偏移粒子束后会被准直管中的重物质吸收,而准直管的控制则需要可重构输入/输出(I/O)模块来实现。

PXI 是一种由 NI 公司发布的坚固的基于 PC 的测量和自动化平台,能够在测试、测量以及数据采集等众多场合应用的机械、电气和软件规范。NI PXI 机箱是独立的,所有 I/O 模块可以安装在机箱内,构成一个 PXI 机箱的冗余系统。在常规配置状态下,一个 PXI 机箱可以控制 3 个准直管上的 15 个步进电机,通过固定时长的运动轨迹模型可以精确地控制重物质,达到同步的效果;而另外一个 PXI 机箱则用于对准直管的位置进行监测。

通过可重构 I/O 和 LabVIEW FPGA 来建立一个动态的运动控制和反馈系统,以达到精确的时间控制以及稳定性需求。在准直管的两个 PXI 机箱控制器上安装 LabVIEW 软件,可以保证系统的实时性以及稳定性,并通过在可重构的外部插槽 I/O 设备上运行 LabVIEW FPGA 来进行控制。采用 NI 公司研发的 SoftMotion 开发模块和可重构模块,可以建立一个运动控制器,使 600 多个步进电机同步使用,同步精度达到毫秒级。

(a) 装有探测器的大型强子对撞机

(b) 用来控制粒子流轨迹的超导磁铁

图 1.7　大型强子对撞机

【思考练习】

1. 编制虚拟仪器软件时有哪些方法？
2. LabVIEW 的功能和特点是什么？
3. 简述虚拟仪器的软件组成。
4. 描述你对虚拟仪器未来发展的想法。

项目小结

在学习 LabVIEW 之前,首先应该对虚拟仪器系统有一个基本的认识。本项目首先介绍了虚拟仪器的基本概念、组成和特点,然后介绍了虚拟仪器技术的应用及展望,最后对虚拟仪器的软件开发环境进行了叙述,使读者对虚拟仪器技术有一个大致的了解和认知,为以后构建虚拟仪器系统奠定了理论基础。

项目 2　LabVIEW 概述

LabVIEW 是一款先进的图形化系统设计软件,对于复杂的流程图式的测试及控制系统,使用者只需操作图表和连线即可创建;而且 LabVIEW 的内置功能丰富,能够兼容多类软件平台,在集成硬件的同时对应用类型也有较大的扩展。本项目重点介绍 LabVIEW 的功能、特点、前面板、程序框图、工具栏及其编辑原理,使读者对 LabVIEW 开发环境有一个初步的认识。

【学习目标】

➢ 了解 LabVIEW 的功能、特点及应用;
➢ 掌握 LabVIEW 2017 的安装方法;
➢ 熟悉 LabVIEW 的开发环境;
➢ 熟悉 LabVIEW 的基本组件。

任务 1　LabVIEW 简介

【任务描述】

LabVIEW 是一种功能强大而又复杂的编程语言,掌握其基本概念和常规操作就可以使用图形编程语言开发设计、控制和测试工程领域的虚拟仪器应用程序。本次任务主要帮助读者了解 LabVIEW 的基本情况。

【知识储备】

1.1　LabVIEW 概念

LabVIEW(Laboratory Virtual Instrument Engineering Workbench)是美国 NI 公司推出的以图形化编程语言为基础的虚拟仪器开发平台,作为一个标准的数据采集和仪器控制软件,LabVIEW 强大的图形化软件集成开发环境使其在测量领域及工业控制方面应用广泛。

与传统的文本编程语言不同,LabVIEW 使用的语言简称为 G 语言,即一种图形化的程序语言。其优势在于用户在编程过程中只需要搭建程序框图即可,不需要进行程序代码的编写,适用于非计算机专业的研究人员使用。虚拟仪器系统的研究过程得到了简化,压缩了系统开发和调试的时间,利用工程人员熟悉的术语、图标和概念也帮助用户将精力集中在系统设计和分析中,不再受烦琐的计算机代码编写的困扰。LabVIEW 极大地提高了研究人员测试测量的工作效率,可以说 LabVIEW 是一个面向最终用户端的工具。

1.2　LabVIEW 的功能与特点

LabVIEW 同时具备简洁的图形化开发环境以及实用的图形化编程语言,为使用者提供的编程环境相对直观,软件附加的开发工具如图形比较、程序码编写指导、应用程序以及源代码控制等,使其在集成开发、大型应用系统开发以及应用配置设计等方面有着突出的优势。

LabVIEW 可以为测量和自动化测试提供特定的应用程序开发环境,可以为快速设计工业原型和应用程序的高度交互式提供开发环境;LabVIEW 也可以看作是一种硬件设计工具,能够支持 FPGA 等硬件的使用。

LabVIEW 交互式的图形化开发环境使非软件专业人员也可以在短期内掌握仪器的开发方法,提高了虚拟仪器的开发效率,其包含的各种特性使其成为开发测试、测量、自动化及控制应用的理想工具。

G 语言这种图形化的编程语言是 LabVIEW 的突出特点之一。当程序的整体框架搭建好后,用户只需要像画流程图一样将系统提供的图形化的功能模块进行连接,即可实现所需要的测试功能。LabVIEW 中的程序叫作 VI(Virtual Instruments),是由前面板、框图程序以及图标/连接端口几部分构成的。

LabVIEW 不但具备了通常编程语言都具备的常规函数功能,还集成了丰富的表头、开关、旋钮、图表等生成图形界面模板,以及滤波器、信号发生器、FFT 变换等多种数值分析、信号处理功能。LabVIEW 提供了几百种世界著名仪器厂商的源码级仪器驱动,可以实现对RS-232、VXI、数据采集板卡等硬件设备的驱动,极大简化了非软件专业用户的设计开发流程。

LabVIEW 的功能灵活且强大,为了方便应用 TCP/IP、ActiveX 等软件,LabVIEW 内置了相关软件标准的库函数,包括数据采集、串口控制、数据显示、数据存储、GFIB 等。Lab-VIEW 也具备一些如以动画方式显示数据、通过子 VI 的结果执行、设置断点等常规的程序调试工具。对于不了解 C 语言、Basic 等专业编程语言的技术人员,LabVIEW 提供的图形化使复杂的虚拟仪器建立过程变得简单,因此 LabVIEW 也被称为工程师和科学家的语言。

1.3 LabVIEW 2017 的改动及优化

LabVIEW 2017 是美国 NI 公司推出的 LabVIEW 系列软件的版本,与原版本相比,2017版功能改动和优化介绍如下。

1. VI 加载及编译时间减少

在 LabVIEW 2017 版本中采用了更加强大的编译器,以构建 LabVIEW 开发环境和运行引擎,有效降低了 VI 的加载时间及编译时间。

2. 自动保持在移动对象时的连线连接

LabVIEW 2017 版本可以将对象在程序框图上进行移入和移出结构时保持连线。如果移入或移出结构的对象已连接至结构内的对象,通过创建或移出通道,可以保持对象的连线连接,在移动对象时按下键盘上的 W 键即可进行自动连线连接的切换。

3. 自适应 VI

LabVIEW 2017 包含有内嵌至其调用方 VI 的自适应 VI(.vim),此类型 VI 可以将每个接线端调整为相应的输入数据类型。自适应 VI 方便用户自行创建 VI,不需要对每种数据类型保存单独的 VI 副本即可对可接收的数据类型执行相同的操作。

相比于多台 VI,自适应 VI 在确定可接收的数据类型时更加灵活。多态 VI 使用一系列预定义的可接收数据类型,而自适应 VI 则通过计算判断是否接收某种数据类型。

自适应 VI 的创建步骤比较简单,通过依次单击"文件"→"新建",在弹出的对话框中选择"自适应 VI"即可完成。自适应 VI 使用.vim 文件扩展名,如果对现役的 VI 转换为自适应 VI,只需将文件扩展名更改为.vim 并保存即可完成。

> **说明:**只有标准 VI 可以转换为自适应 VI,而多态 VI、全局 VI 或 XControl 无法转换为自适应 VI。

内置自适应 VI 的图标背景为橙色,LabVIEW 提供了一系列自适应 VI 方便用户在应用程序中使用。

(1) 数组选板

- 数组元素减 1:将一维数组的指定元素减 1。如数组为时间标识数组,该 VI 将元素减 1秒。
- 数组元素加 1:将一维数组的指定元素加 1。如数组为时间标识数组,该 VI 将元素加 1秒。
- 重排一维数组:通过伪随机顺序重新排列一维数组元素。
- 重排二维数组:通过伪随机顺序重新排列二维数组元素。
- 排序二维数组:指定列或行中的元素升序排列,重新排列二维数组的行或列。

(2) 比较选板

值改变:如首次调用 VI 或输入值与上一次调用 VI 时发生改变,返回 TRUE。

(3) 转换选板

数值至枚举:查找匹配指定数值的枚举值,并返回对应的枚举项。

(4) 定时选板

暂停数据流:将连线的数据流延迟指定的时间长度。

4. 增加和修改的 VI 和函数

(1) 数据值引用的只读访问

元素同址操作结构的数据值引用,读取/写入元素边框节点允许对数值引用进行只读访问。在结构右侧的边框节点中右击鼠标,在弹出的菜单中选择"允许并行只读访问"。在右侧边框节点处于未连线状态时,LabVIEW 可以在不修改数值引用的状态下并行进行只读操作。

(2) 新通道模板

LabVIEW 2017 提供了事件消息器通道模板,方便从多个写入方向一个或多个事件结构传输数据。事件消息器通道每次完成写入操作后将触发一个事件,该通道允许通道语法与事件语法相结合,对用户界面事件以及生成的事件进行控制。通过 LabVIEW\examples\Channels\Event Messenger\Channel-Event Messenger.lvproj 可以了解更多关于事件消息器通道的使用案例。

5. 增加和修改的类、属性、方法和事件

LabVIEW 2017 提供了对获取 VI 名称和路径方法(依赖关系)的修改。"保留 Express VIs?"项重新命名为"保留 Express 和自适应 VI?"。例如"保留 Express 和自适应 VI?"项为默认值 FALSE,LabVIEW 返回位于 Express VI 和自适应 VI 之下的隐藏实例 VI 的名称;当其值为 TRUE 时,LabVIEW 返回 Express VI 和自适应 VI 作为依赖关系。如果希望得到编辑或运行时的依赖关系,可以通过调整"保留 Express 和自适应 VI?"的 TRUE 或 FALSE 来实现。但是不管怎样设置此项,LabVIEW 中引用 VI 的依赖关系都会包括实例 VI 的子 VI。

6. 应用程序生成器的优化

在 LabVIEW 2017 版本中,对 LabVIEW 的应用程序生成器和程序生成规范进行了改进,体现在以下几点。

(1) LabVIEW 运行时引擎的向后兼容性

LabVIEW 的早前几个版本中,无法在不重新编译的情况下加载和运行旧版本中构建的二进制文件和 VI。而 LabVIEW 的最新版本支持运行引擎的向后兼容性。比如 LabVIEW 2017 版本可以加载 LabVIEW 2017 创建的二进制文件和 VI,不用重新进行编译,新版本对于独立应用程序(EXE)、共享库(DLL)及打包项目库比较适用。

表 2-1 所列为不同程序生成规范下对应的对话框以及复选框。希望使二进制文件向后兼容,需要根据程序生成规范,勾选特定对话框中"高级"页面上的复选框。

表 2-1　不同程序生成规范下对话框中的复选框

程序生成规范	对话框	复选框
独立应用程序(EXE)	应用程序属性	允许未来版本的 LabVIEW 运行引擎运行该应用程序
打包项目库	打包库属性	允许未来版本的 LabVIEW 加载该打包库
共享库(DLL)	共享库属性	允许未来版本的 LabVIEW 加载该共享库

自 LabVIEW 2017 版本起创建的程序生成规范,在 LabVIEW 中这些选项都是默认启动的,用户可对这些选项进行禁用,并将程序生成规范绑定到指定版本的 LabVIEW 中。选项被禁用后能够避免性能配置文件发生更改,并防止编译器升级而出现的各种问题。对于实时应用程序来说,这些选项功能默认是启动状态,但是对话框中不会显示。

(2) LabVIEW 和其他语言之间调用的优化

在 LabVIEW 新版本中,其生成的共享库(DLL)的性能和稳定性有了明显的改进,特别体现在从 LabVIEW 和其他语言对 LabVIEW 生成的共享库的调用。比如从 C 语言应用程序对 LabVIEW 生成的共享库的调用能够运行在多线程执行系统。此外,从 LabVIEW 调用 LabVIEW 生成共享库时,可能发生死锁和原子性违规现象,而新版本的改进有效地避免了此类情况的发生。

在共享库属性对话框中的"高级"选项中勾选"在私有执行系统中执行 VI"复选框,即可启用该功能,在新程序生成规范时默认启用该选项。而在 LabVIEW 2017 以前的版本中,为了防止出现意外更改,该选项下的程序生成规范处于禁用状态。比如当从非 LabVIEW 应用程序调用 LabVIEW 生成共享库时,通过禁用该选项可以有效地防止依赖单线程执行的共享库在多线程执行系统中执行。而且为了避免出现性能抖动,在默认情况下该选项对 Linux RT 终端禁用。

随着版本的不断改进,LabVIEW 软件在众多工程技术研究领域的应用越来越广,如物理探伤、声学分析、射频信号处理、电子测量等。

1.4　LabVIEW 2017 的安装步骤

LabVIEW 2017 的软件安装包可直接下载获得,其详细安装步骤如下。

① 右击软件压缩包,选择"解压到 LabVIEW 2017",如图 2.1 所示。

② 右击打开 2017LV - WinChn. exe 文件,如图 2.2 所示。

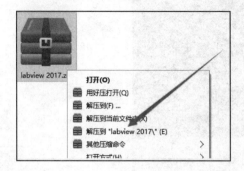

图 2.1　解压安装包

图 2.2　打开 2017LV - WinChn. exe 文件

③ 如图 2.3 所示,单击"确定"按钮。

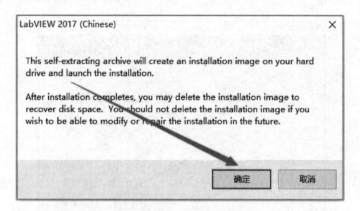

图 2.3　确定打开文件

④ 如图 2.4 所示,对文件进行解压,单击 Unzip 来完成。

⑤ 如图 2.5 所示,解压成功后单击"确定"按钮。

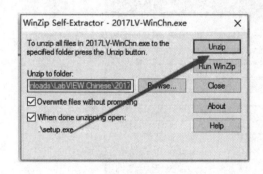

图 2.4　安装包解压开始界面

图 2.5　确定解压完成

⑥ 弹出安装界面,单击"下一步"按钮,即可进入如图 2.6 所示的安装程序初始化界面。

⑦ 安装程序初始化完成以后,会进入用户信息输入界面,如图 2.7 所示;填写用户信息后,单击"下一步"按钮,进入如图 2.8 所示的序列号输入界面。

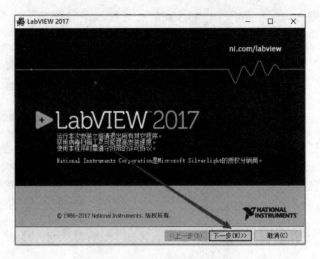

图 2.6　安装程序初始化界面

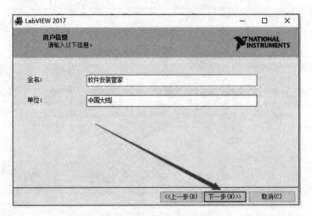

图 2.7　用户信息输入界面

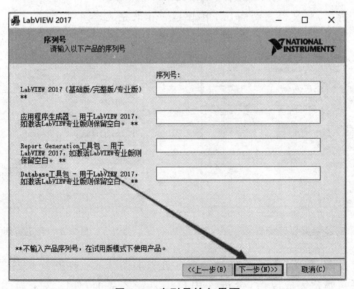

图 2.8　序列号输入界面

⑧ 单击"浏览"按钮,对安装路径进行修改。建议不要安装到 C 盘,可在 D 盘或者其他盘创建一个 LABVIEW 2017 文件夹,如图 2.9 所示。然后单击"下一步"按钮,此时出现如图 2.10 所示的选择安装组件界面,默认值可以不用更改,也可选择安装内容,单击"下一步"按钮。

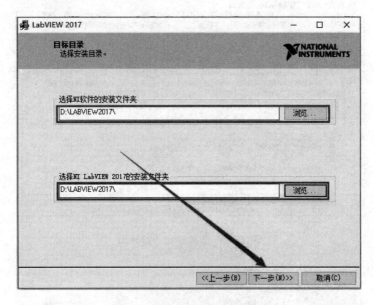

图 2.9 选择软件安装路径界面

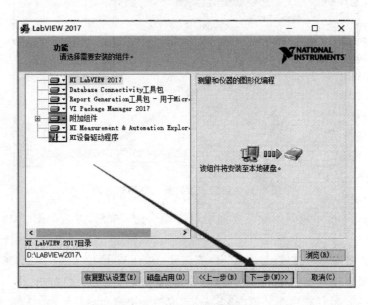

图 2.10 选择安装组件界面

⑨ 选择完需要安装的组件后,会进入如图 2.11 所示的选择产品通知界面,单击"下一步"按钮,将显示如图 2.12 所示的当前安装产品的新通知。

⑩ 如图 2.13(a)所示,勾选"我接受上述 2 条许可协议",并单击"下一步"按钮,出现如图 2.13(b)所示的界面,继续勾选"我接收上述 2 条许可协议",然后单击"下一步"按钮。

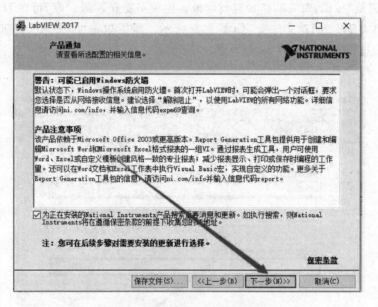

图 2.11　选择产品通知界面

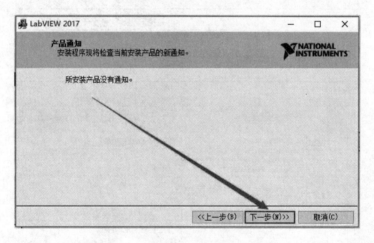

图 2.12　当前安装产品的新通知界面

⑪ 在如图 2.14 所示的开始安装界面中单击"下一步"按钮,进入如图 2.15 所示的正式安装界面。

⑫ 在安装进度条即将完成时,会弹出"安装 LabVIEW 硬件支持"界面,如图 2.16 所示。此处选择"不需要支持"(如需要支持硬件,需要下载安装),然后直接单击"下一步"按钮,进入如图 2.17 所示的安装完成界面。单击"下一步"按钮会提醒重启计算机,选择"稍后重启"。

⑬ 返回安装包中找到如图 2.18 所示的 NI License Activator,右击选择"以管理员身份运行"。

⑭ 找到 Base Development System、Debug Development System、Full Development System、Professional Development System、Student Edution、Application Builder 选项,分别右击弹出 Activate 按钮,单击它们将框由灰变绿。

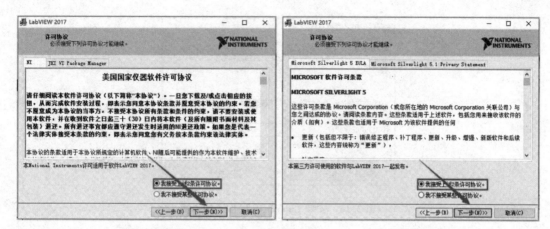

(a) 接受许可协议1   (b) 接受许可协议2

图 2.13 接受许可协议界面

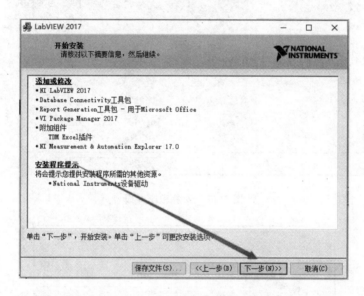

图 2.14 开始安装程序界面

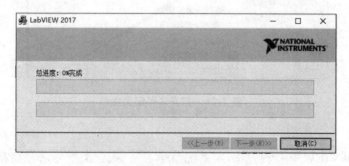

图 2.15 软件安装进度界面

⑮ 在开始菜单栏中找到并打开 LabVIEW 2017 软件,取消勾选"启动时显示"项,单击关闭后即可显示 LabVIEW 启动界面了。

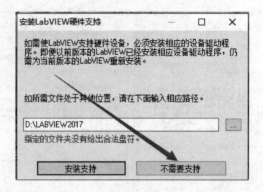

图 2.16　安装 LabVIEW 硬件支持界面

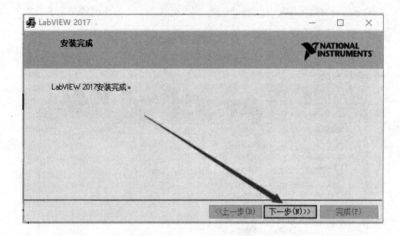

图 2.17　安装完成界面

图 2.18　打开许可证文件

【知识拓展】

通常初学 LabVIEW 有三种方法,即系统型学习法、探索型学习法和项目驱动型学习法。初学者根据个人习惯以及使用环境制订属于自己的学习计划,可以根据不同阶段选择不同的学习方法。

1. 系统型学习法

系统型学习法对讲授者的水平及教材的质量要求很高,需要初学者按照已制定好的学习方案循序渐进地学习,该方法是高校内学习 LabVIEW 的主要方式,美国 NI 公司也开发了相应的 LabVIEW 培训课程。

2. 探索型学习法

个人学习能力较强的用户可以采用此方法,尤其是习惯于自己研究的人。由于任何教材或课程都无法覆盖到 LabVIEW 每个知识点,用户可以直接打开不了解的菜单或面板进行尝试,遇到问题可以通过帮助窗口获取方法,逐渐了解其功能。

另外一种探索型的学习方式是阅读代码,通过学习分析他人遇到或解决问题的思路与方法可以拓展自己的视野,打破思维固有的局限。

3. 项目驱动型学习法

对于研究院和公司的员工,项目驱动型学习法是最有效的方法,在获取具体的研究任务或者项目需求后,通过向经验丰富的工程师或技术人员请教,学习相关知识,掌握的知识只需能够解决当前遇到的问题即可。

【思考练习】

1. 什么是 LabVIEW? 什么叫 G 语言?
2. LabVIEW 的发展经历了哪几个阶段?
3. LabVIEW 可以应用在哪些领域? 有什么优势?
4. LabVIEW 2017 有哪些新增功能?

任务 2　LabVIEW 开发环境

【任务描述】

作为一款虚拟仪器软件开发平台,LabVIEW 具备了高级数字信号处理、控制与仿真、模糊控制、PID 控制等丰富的附加软件包,以及在多种平台运行的工业标准软件的开发环境。本次任务将使读者了解 LabVIEW 的开发环境。

【知识储备】

2.1　LabVIEW 2017 的编程环境

当 LabVIEW 2017 版本安装完成后,LabVIEW 2017 的快捷启动方式"National Instruments LabVIEW 2017"会在开始菜单中自动生成。单击快捷方式后启动 LabVIEW 程序,弹出如图 2.19 所示的启动窗口。

LabVIEW 2017 版本的启动窗口中有四个菜单,即文件、操作、工具和帮助。启动窗口具备了创建项目、打开现有文件、查找驱动程序和附加软件、加入社区或请求技术支持以及学习 LabVIEW 用法这几个功能,此外窗口还提供了搜索 LabVIEW 文章、学习技巧的功能栏;通过

图 2.19　LabVIEW 2017 的启动窗口

菜单栏也可以在该窗口创建新 VI、打开最近编辑的 LabVIEW 文件、搜索范例或查看系统帮助。

当执行打开文件或创建新文件命令后启动窗口就会关闭,当将所有已打开的前面板和程序框图关闭后该窗口会再次出现。如果需要显示启动窗口可以通过在前面板或程序框图中依次单击"查看"→"启动窗口"项来实现。

在窗口中单击"创建项目"按钮,弹出如图 2.20 所示的"创建项目"面板。在该面板中用户可以实现新建一个空白项目、新建一个空白 VI 以及创建或执行具体应用程序等功能。在面

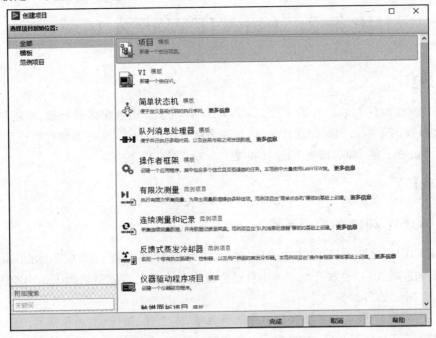

图 2.20　"创建项目"对话框

板左侧的搜索栏中用户可以通过输入关键词获取相关的帮助和支持。

如图 2.21 所示,单击启动窗口上的"新建 VI",可以建立一个空白的 VI。

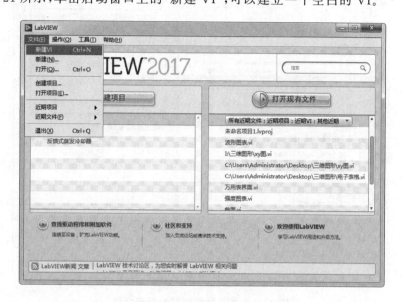

图 2.21　LabVIEW 2017 新建 VI

在启动窗口下的文件菜单中单击"新建"按钮,可以打开如图 2.22 所示的"新建"对话框,该对话框提供了多种建立文件的方式以及 3 种新建文件类型,即 VI、项目和其他文件。

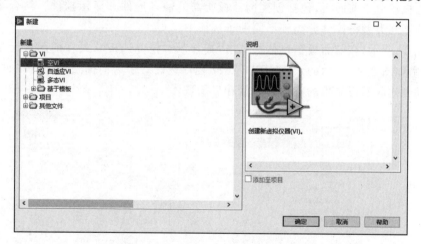

图 2.22　LabVIEW 2017 新建对话框

新建 VI 是最常使用的功能,分为新建空白 VI、自适应 VI、多态 VI 以及基于模板创建。选择空白 VI 后,VI 中所有空间都需要使用者根据需要自行添加;选择基于模板时,用户根据实际任务可以选择如图 2.23 所示的多种程序模板。

新建项目包括空白项目文件和基于向导的项目两种方式;新建其他文件包括库、类、全局变量、自定义控件等。

LabVIEW 2017 在提供的模板中为构成的应用程序预先设置了框架,用户在选定模板后,只需对程序进行简单修改,并完善功能,即可建立满足任务所需的应用程序。

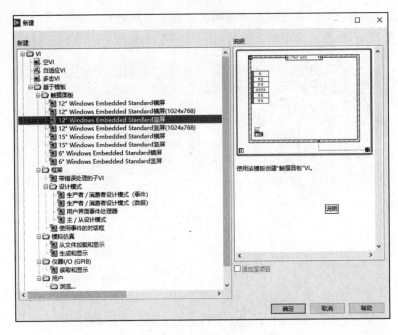

图 2.23　基于模板选项的新建文件

2.2　控件选板

控件选板仅位于前面板,包括创建前面板所需的输入控件和显示控件。结合输入控件和显示控件的不同类型将控件分类到不同的子选板中。

如图 2.24 所示,在前面板窗口依次单击"查看"→"控件选板",或在前面板活动窗口中右击,即可弹出如图 2.25 所示的 LabVIEW 2017 控件选板。作为前面板的设计工具,用户通过该面板可以创建前面板对象的各种控制量和显示量。

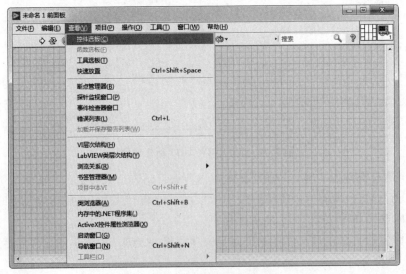

图 2.24　在前面板查看控件选板

图 2.25 LabVIEW 2017 控件选板

2.3 函数选板

函数选板仅位于程序框图,函数选板中包含创建程序框图所需的 VI 和函数。VI 和函数根据其类型的不同划分到不同的子选板中。如图 2.26 所示,在程序框图窗口依次单击"查看"→"函数选板",或者在程序框图活动窗口中右击,即可弹出如图 2.27 所示的 LabVIEW 2017 函数选板,该面板中根据功能可以分类存放函数、VIs 和 Express VIs。

图 2.26 在程序框图窗口查看函数选板

函数选板中的搜索栏可以将选板切换至搜索模式,如图 2.28 所示。通过文本搜索可以对选板上的控件函数进行查找。如需退出搜索模式可通过单击"返回"按钮显示函数选板。

如图 2.29 所示,当单击函数选板左上方的图钉标识将选板锁定后,可以显示"自定义"按

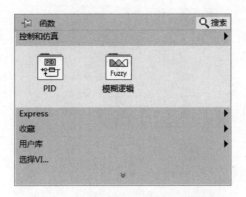

图 2.27　LabVIEW 2017 函数选板

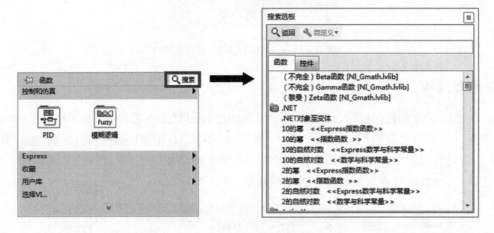

图 2.28　函数选板搜索模式

钮。通过自定义功能可以对当前选板的视图模式进行选择,包括显示或隐藏选板目录、将各项在文本或树形模式下按字母顺序进行排序。

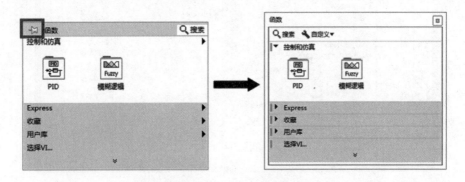

图 2.29　锁定函数选板

如图 2.30 所示,在锁定函数选板窗口单击"自定义"按钮中的"更改可见选板"项,系统弹出如图 2.31 所示的面板,用来调整选板尺寸以及选板的可见类别。

图 2.30　"更改可见选板"项的位置

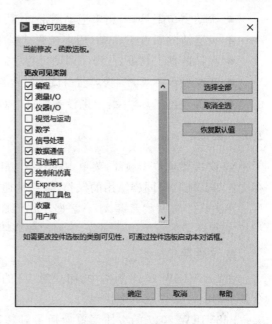

图 2.31　更改可见选板

2.4　工具选板

工具选板位于前面板和程序框图中,用户可以通过选择合适的工具对前面板和程序框图上的目标进行调整和修改。在确定需要编辑的对象后,按住 Shift 键并右击,光标所在的位置将会出现工具选板。当选定工具后,光标就会对应于选板上所选择的工具图标。

图 2.32 所示为 LabVIEW 2017 的工具选板,当开启自动工具选择功能时,光标移动到前面板或程序框图目标后,系统会自动从工具选板上选择对应合适的工具。通过工具选板可以对 LabVIEW 中的对象进行创建和修改,或对程序进行调试。

图 2.32　工具选板

工具选板中各类图标的含义及功能简要介绍如下:

- 自动选择工具 ：当启用该功能后,用户只需将光标移动到前面板或程序框图的对象上,系统会自动选择适合的工具;如需手动选择工具需要禁用该功能。
- 操作值工具 ：改变控件值。
- 定位调整大小选择工具 ：对目标对象进行定位、选择或调整大小。
- 编辑文本工具 ：可以创建标签或编辑标签文本。
- 进行连线工具 ：可以对后面板中两个对象的数据端口进行连接,连线工具靠近连接对象后,其数据端口会显示供用户连接;当开启帮助窗口后,如果连线工具置于某条连线上,该窗口会显示其具体数据类型。
- 对象快捷菜单工具 ：用该工具单击对象后可以显示该对象的快捷菜单。

- 滚动窗口工具 🖐:用来拖动图形,使用滚动窗口工具时不需要单击滚动条。
- 设置清除断点工具 ⊚:用来在调试程序过程时设置断点。
- 探针数据工具 ⊕:在程序调试过程中通过在代码中加入探针来监视数据的变化。
- 获取颜色工具 🖋:从当前窗口中提取颜色。
- 设置颜色工具 🎨:用来设置窗口中对象的颜色,包括前景色和背景色。

2.5 菜单栏

VI 窗口菜单位于顶部,菜单中除具备 LabVIEW 的一些特殊操作外,还可以实现打开、保存文件等其他程序同样适用的操作,是一种通用菜单。

熟悉软件的编程环境对于掌握 LabVIEW 的编写是非常重要的,而菜单是 LabVIEW 2017 编程环境的重要组成部分,下面简要介绍 LabVIEW 2017 菜单。

1. 文件菜单

在 LabVIEW 2017 版本中,用户对 VI 的所有操作命令基本都能在文件菜单中找到。

LabVIEW 2017 的文件菜单囊括了对其程序(VI)操作的几乎所有命令,文件菜单如图 2.33 所示,功能如下。

- 新建 VI:新建一个空白的 VI 程序。
- 新建:新建菜单,打开如图 2.22 所示的"创建项目"对话框,可以新建空白 VI、根据模板创建 VI 或者创建其他类型的 VI。
- 打开:打开一个 VI。
- 关闭:关闭当前 VI。
- 关闭全部:关闭所有打开的 VI。
- 保存:对当前编辑过的菜单进行保存。
- 另存为:将当前 VI 另存为其他 VI。
- 保存全部:对所有修改过的 VI 进行保存,包括子 VI。
- 保存为前期版本:将 VI 保存为前期版本,使当前编写的程序能在前期版本中打开。
- 创建项目:新建项目菜单。
- 打开项目:打开项目菜单。
- 页面设置:对打印当前 VI 的一些参数进行设置。
- 打印:打印当前 VI。
- VI 属性:设置当前 VI 的一些属性。
- 近期项目:快速打开近期打开过的项目。
- 近期文件:快速打开近期打开过的 VI。
- 退出:退出 LabVIEW 2017 系统。

图 2.33 文件菜单

2. 编辑菜单

编辑菜单如图 2.34 所示,涵盖了绝大多数对 VI 以及组件进行常规编辑的命令,各项指令简要介绍如下。

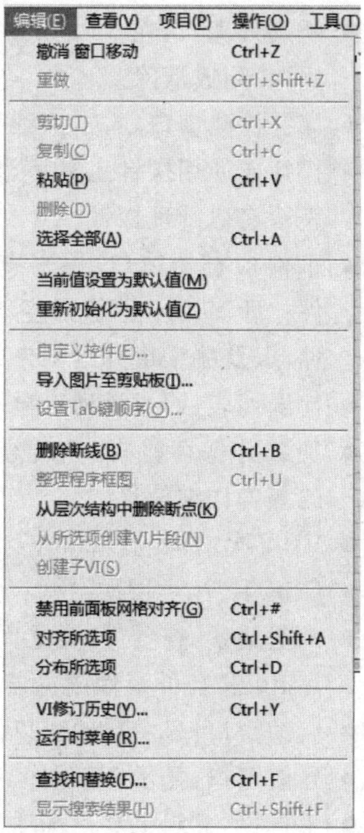

- 撤销窗口移动:撤销上一步操作,返回上一次编辑之前的状态。
- 重做:恢复被撤销的操作。
- 剪切:将选定对象放到剪贴板中并删除。
- 复制:将选定对象复制到剪贴板中。
- 粘贴:在当前光标位置放置之前剪贴板中的文本、控件或者其他对象。
- 删除:将当前选定的文本、控件或者其他对象删除。
- 选择全部:选中激活窗口中的所有对象。
- 当前值设置为默认值:将前面板的对象设置内容设为默认值,当下一次打开该 VI 时,该对象将被赋予该默认值。
- 重新初始化为默认值:对前面板的对象取值进行初始化,恢复为默认值。
- 自定义控件:对前面板中的控件进行定制。
- 导入图片至剪贴板:从文件中进行图片导入。
- 设置 Tab 键顺序:通过设定 Tab 键来切换前面板上对象的顺序。
- 删除断线:将 VI 后面板中由于连线不当造成的断线进行删除。

图 2.34　编辑菜单

- 整理程序框图:通过整理对象和调整信号以提高可读性。
- 从层次结构中删除断点:删除 VI 层次中的断点。
- 从所选项创建 VI 片段:在对话框中对要保存 VI 片段的目录进行选择。
- 创建子 VI:创建一个子 VI。
- 禁用前面板网格对齐:禁止前面板对齐网格。
- 对齐所选项:在激活窗口中对齐所选对象。
- 分布所选项:在激活窗口中分布所选对象
- VI 修订历史:记录 VI 的修订历史。
- 运行时菜单:在程序运行时对菜单项进行设置。
- 查找和替换:查找和替换菜单。
- 显示搜索结果:显示搜索到的结果。

3. 查看菜单

图 2.35 所示为 LabVIEW 2017 的查看菜单,包括程序中所有与显示操作有关的命令。

- 控件选板:显示 LabVIEW 2017 的控件选板。

- 函数选板：显示 LabVIEW 2017 的函数选板。
- 工具选板：显示 LabVIEW 2017 的工具选板。
- 快速放置：依据名称对选板对象进行指定，并将对象置于程序框图或前面板。
- 断点管理器：在 VI 的层次结构中对断电进行启用、禁用或清除。
- 探针检测窗口：右击连线后弹出快捷菜单，选择探针或使用探针工具可显示该窗口。通过探针查看窗口管理探针。
- 事件检查器窗口：用来查看运行时队列中的事件。即窗口还显示哪些 VI 事件结构有注册事件，以及哪个事件结构来处理这个事件。
- 错误列表：通过该列表显示 VI 程序的错误。
- 加载并保存警告列表：查看要加载或保存的项的警告详细信息。

图 2.35　查看菜单

- VI 层次结构：显示该 VI 与其调用的子 VI 之间的层次关系。
- LabVIEW 类层次结构：与浏览器功能类似，用于浏览程序中使用的类。
- 浏览关系：查看 VI 类之间的关系，可以浏览程序中所使用的所有 VI 之间的相对关系。
- ActiveX 控件属性浏览器：查看 ActiveX 控件的属性。
- 启动窗口：显示启动窗口。
- 导航窗口：显示 VI 程序的导航窗口。
- 工具栏：显示工具栏选项。

4. 项目菜单

图 2.36　项目菜单

图 2.36 所示为 LabVIEW 2017 的项目菜单，其包含 LabVIEW 中所有与项目操作相关的命令。

- 创建项目：新建一个项目文件。
- 打开项目：打开一个已有的项目文件。
- 保存项目：保存一个项目文件。
- 关闭项目：关闭项目文件。
- 添加至项目：在现有的项目文件中添加 VI 或其他文件。
- 筛选视图：从中挑选需要显示或隐藏的项。
- 显示项路径：在项目浏览器窗口打开路径栏，查看与项目项相关的文件路径。
- 文件信息：查看项目的信息。
- 解决冲突：可通过对冲突项重命名、使冲突项从正确的路径重新调用依赖项的方式来解决冲突。
- 属性：显示当前项目属性。

5. 操作菜单

图 2.37 所示为 LabVIEW 2017 的操作菜单,其包括对 VI 操作的基本命令。

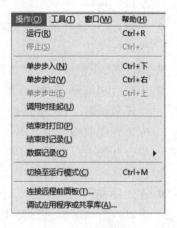

- 运行:运行 VI 程序。
- 停止:终止运行 VI 程序。
- 单步步入:单步执行进入程序单元。
- 单步步过:单步执行完成程序单元。
- 单步步出:单步执行退出程序单元。
- 调用时挂起:当 VI 被调用时将程序挂起。
- 结束时打印:当 VI 运行结束后打印该 VI。
- 结束时记录:当 VI 运行结束后在记录文件中记录运行结果。

图 2.37　操作菜单

- 数据记录:通过弹出下级菜单可以设置记录文件的路径等内容。
- 切换至运行模式:在运行与编辑模式之间切换。
- 连接远程前面板:设置与远程的 VI 连接、通信,单击该选项将弹出如图 2.38 所示的"连接远程面板"对话框。
- 调试应用程序或共享库:调试应用程序或共享库。单击该选项会弹出如图 2.39 所示的"调试应用程序或共享库"对话框。

图 2.38　"连接远程前面板"对话框

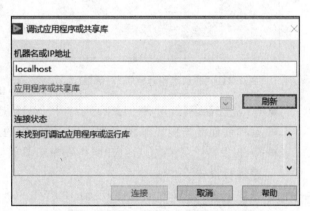

图 2.39　"调试应用程序或共享库"对话框

6. 工具菜单

图 2.40 所示为 LabVIEW 2017 的工具菜单,包括了编写程序的几乎所有工具。

- Measurement&Automation Explorer…:启动 MAX 程序。
- 仪器:单击该菜单可以打开仪器的子菜单,可以选择连接 NI 的仪器驱动网络或者导入 CVI 仪器驱动程序。
- 比较:比较子菜单能够比较两个 VI 的区别。如果两个复杂的 VI 比较相似,用户可以通过比较功能找出两个 VI 中的不同之处。
- 合并:访问合并函数,如合并 VI 函数及合并 LLB 函数。

- 性能分析：查看对 VI 的性能，对占用资源的情况进行比较。
- 安全：通过设置密码等方式对用户所编写的程序进行保护。
- 用户名：用来设置用户的名称。
- 生成应用程序的信息：显示通过 VI 生成应用程序对话框，可在创建的独立生成规范中添加应用程序属性对话框源文件页开始 VI 目录树中打开的 VI。LabVIEW 专业版开发系统和应用程序生成器支持该项。
- 源代码控制：单击后弹出源代码控制子菜单，可以进行设置和进行源代码的高级控制。
- LLB 管理器：VI 库文件管理器菜单，单击后弹出库文件管理器，包括新建、复制、重命名、删除，以及转换库文件等操作。
- 导入：可以向当前程序导入 .net 控件、ActiveX 控件、共享库等。

图 2.40　工具菜单

图 2.41　"注册远程计算机"对话框

- 共享变量：包含共享变量函数。依次单击"工具"→"共享变量"→"注册计算机"，弹出如图 2.41 所示的"注册远程计算机"对话框。
- 分布式系统管理器：显示 NI 分布式系统管理器对话框，用于在项目环境之外编辑、创建和监控共享变量。
- 在磁盘上查找 VI：搜索磁盘上指定路径下的 VI 程序。
- NI 范例管理器：用户通过管理器查找 NI 为提供的各种范例。
- 远程前面板连接管理器：管理远程 VI 程序的远程连接。
- Web 发布工具：单击后打开网络发布工具管理器窗口，对通过网络访问用户的 VI 程序进行设置。
- 查找 LabVIEW 附加软件：启动 JKI VI Package Manager（VIPM）software，可使用 VIPM 访问 LabVIEW 工具包网络（ni.com/labview－tools－network）上的 LabVIEW 附加软件和其他代码。如未安装 VIPM，单击本选项打开 LabVIEW 工具网络。
- 控制和仿真：可访问 PID 和模糊逻辑 VI 工具。
- 高级：单击后打开下级菜单，包含一些高级使用工具可以对 VI 进行操作。
- 选项：对 LabVIEW 以及 VI 的一些属性和参数进行设置。

7. 窗口菜单

图 2.42 所示为 LabVIEW 2017 的窗口菜单，利用该菜单可以打开 LabVIEW 2017 的各种窗口，如前面板窗口、程序框图窗口以及导航窗口等。

- 显示程序框图：显示当前 VI 的程序框图。

- 左右两栏显示：横向排布 VI 的前面板和程序框图。
- 上下两栏显示：纵向排布 VI 的前面板和程序框图。
- 最大化窗口：最大化显示当前窗口。

此外，当前打开的所有 VI 的前面板和程序框图都可以在窗口菜单的最下方显示，所以从窗口菜单的最下方直接进入 VI 的前面板或程序框图是一种简便的方式。

8. 帮助菜单

图 2.43 所示为 LabVIEW 2017 的帮助菜单，该菜单的帮助功能比较丰富。

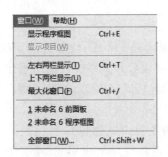

图 2.42　窗口菜单

图 2.43　帮助菜单

- 显示即时帮助：开启即时帮助窗口以获得即时帮助。
- 锁定即时帮助：对即时帮助窗口进行锁定。
- LabVIEW 帮助：显示 LabVIEW 帮助信息。
- 解释错误：显示关于 VI 错误的完整参考信息。
- 本 VI 帮助：直接查看关于本 VI 的完整参考信息。
- 查找范例：帮助查看 LabVIEW 中带有的所有范例。
- 查找仪器驱动：显示 NI 仪器驱动查找器，用于查找和安装 LabVIEW 即插即用仪器驱动。
- 网络资源：打开 NI 公司的官方网站并查找 LabVIEW 程序的帮助信息。
- 激活 LabVIEW 组件：该功能仅在 LabVIEW 试用模式下出现，用于显示 NI 激活向导以激活 LabVIEW 许可证。
- 激活附加软件：激活第三方附加软件，根据自动或手动激活一个或多个附件。
- 检查更新：在该窗口中通过 ni.com 查看 NI 可用的更新。
- 客户体验改善计划：将打开 National Instruments 客户体验改善计划窗口，用于收集客户对 NI 产品的反馈信息，以帮助改进产品。在窗口中选择接受或拒绝参加客户体验改善计划。
- 专利信息：显示 NI 公司的所有相关专利。

● 关于 LabVIEW：显示 LabVIEW 的相关信息。

2.6 工具栏

工具栏具备运行、中断、终止、调试 VI、修改字体、对齐、组合、分布对象功能，后文实例应用中会有详细讲解。

2.7 项目浏览器窗口

如图 2.44 所示的项目浏览器窗口可以对 LabVIEW 项目进行创建和编辑。依次单击"文件"→"新建项目"，即可打开项目浏览器窗口。也可以通过单击"项目"→"新建项目"或新建对话框中的项目选项来启动窗口。通常情况下，项目浏览器窗口包括以下各项：

① 项目根目录：标签是该项目的文件名，项目根目录包含了项目浏览器窗口中所有其他项。

② 我的电脑：能够作为项目终端使用的本地计算机。

③ 依赖关系：能够对某个终端下 VI 所需的项进行查看。

④ 程序生成规范：具备多种类型的编译配置，如对源代码发布编译配置、LabVIEW 工具包和模块所支持的其他编译形式的配置。当 LabVIEW 专业版开发系统或应用程序生成器已安装，可使用程序生成规范对独立应用程序（EXE）、动态链接库（DLL）、安装程序及 Zip 文件进行配置。

如果在项目中添加其他终端可以通过 LabVIEW 的项目浏览器窗口创建表示该终端的项，每个终端下均可添加文件，各个终端都包括了依赖关系和程序生成规范；项目浏览器窗口中的需作为子 VI 使用的 VI 可以被拖放到其他已打开 VI 的程序框图中。

通过编程配置、修改项目以及项目浏览器窗口可以使用项目属性和方法。

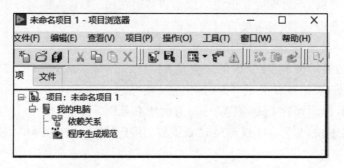

图 2.44 项目浏览器窗口

【知识拓展】

很多实用的 LabVIEW 的学习资源都可以在网上获取，推荐美国 NI 公司的交流论坛，该论坛有专业的技术支持和研发人员为用户提供帮助；除此之外，LAVA 是非官方的最大的 LabVIEW 社区，用户也可以通过浏览该社区得到有效的帮助；最后，还有一个 MSN 的 LabVIEW 讨论论坛（http://labview.groups.live.com），习惯使用 Windows Live Messenger 的用户可以通过 MSN 进行技术交流，可以得到比较及时的回复。

以下为常用的 LabVIEW 学习交流网站或论坛。

1. 常用的软件资源与学习网站：

① NI 公司官网,提供软件下载资源(http://www.ni.com)。

② 图形化设计门户网站(http://gsdzone.net)。

③ LabVIEW 之家(http://www.nilab.cn/index.html)。

④ LabVIEW 英文官网(http://lavag.org)。

2. 常用的技术论坛：

① 水木清华 BBS(http://www.newsmth.net/nForum/#!board/VI)。

② 电子发烧友论坛(http://bbs.elecfans.com/zhuti_labview_1.html)。

③ LabVIEW 的 Messenger 群组(http://labview.groups.live.com)。

【思考练习】

1. LabVIEW VI 包括哪几部分？如何在它们之间切换？

2. LabVIEW 开发工具有哪三个操作选板？其作用分别是什么？

3. 比较前面板工具条和程序框图工具条的相同与不同之处。

任务 3   LabVIEW 2017 的帮助系统

【任务描述】

为了让用户更快地掌握 LabVIEW,更好地理解 LabVIEW 的编程机制,并用 LabVIEW 编写出优秀的应用程序,LabVIEW 的各个版本都提供了丰富的帮助内容和完善的帮助系统,LabVIEW 2017 也不例外。2017 版提供了即时帮助、帮助文件以及丰富的实例构成基本的帮助系统,作为其帮助系统的重要组成部分,NI 的网络帮助系统也发挥着重要的作用,包括一些在线电子文档和电子书。本次任务将主要介绍如何获取 LabVIEW 2017 的帮助,这对于初学者快速掌握 LabVIEW 是非常重要的,对于一些高级用户也是很有好处的。

【知识储备】

3.1 即时帮助的使用方法

LabVIEW 对象的基本信息可以通过及时帮助窗口来查看,只需将光标移到对象上即可,确定 VI 或函数的连线位置也可以通过即时帮助窗口完成。在 VI、结构、属性、事件、项目浏览器、函数等常规项中均能找到即时帮助信息。

即时帮助窗口可以通过依次单击"帮助"→"显示即时帮助"来显示,也可以在工具栏中选择 ❓ 项来启动窗口,在 Windows 系统中的快捷键是"Ctrl+H"。

即时帮助窗口的尺寸根据显示的内容自动调整,打开窗口后 LabVIEW 会保留窗口的信息,在 LabVIEW 重启后其位置和尺寸不会改变。如果用户调整即时窗口的大小,窗口中的文本会进行自动换行;如果窗口过小其输入和输出端会在表格中列出。

依次单击即可选择"帮助"→"锁定即时帮助"对即时帮助窗口进行锁定或解锁,也可以单击即时帮助窗口上的锁定按钮🔒来实现,在 Windows 系统中的快捷键是"Ctrl+Shift+L"。

如需显示显示连线板的可选接线端和 VI 的完整路径,可以单击即时帮助窗口中的按钮🔲。

如果即时帮助窗口中的对象在 LabVIEW 帮助信息中也有描述,那么在即时帮助窗口中会出现一个详细帮助信息的地址,用户可通过访问该地址或者单击详细帮助图标来查看。

3.2 使用目录和索引查找在线帮助

考虑到即时帮助窗口功能提供的帮助虽然即时但不够详尽,不能满足编程要求较高的用户,LabVIEW 还提供了帮助文件目录和索引查找在线帮助的功能。

LabVIEW 的帮助文件如图 2.45 所示,可以通过依次单击"帮助"→"LabVIEW 帮助"来打开,启动后用户能够通过使用目录、搜索和索引来查找在线帮助。

在 LabVIEW 帮助文件中用户可以通过索引查看某个关注的对象的详细帮助信息,也可以通过搜索页直接输入关键词查询。LabVIEW 帮助文件是用户学习和使用 LabVIEW 的有效工具,其涵盖了每个对象的详细信息以及相关对象说明的链接。

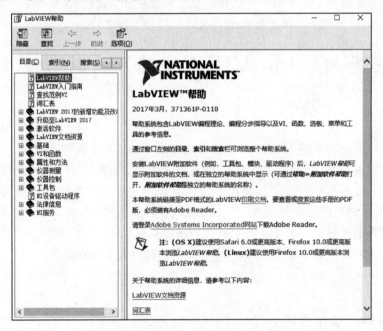

图 2.45 查看 LabVIEW 的帮助文件

3.3 查找 LabVIEW 范例

除了系统学习外,查看 LabVIEW 范例也是用户快速熟悉掌握 LabVIEW 相关领域知识的有效方法。"NI 范例查找器"如图 2.46 所示,依次单击"帮助"→"查找范例"启动该面板,LabVIEW 的范例按照任务和目录结构分门别类地显示出来,用户可以根据自身实际需求进行查找和学习。

此外,通过搜索关键字也可以进行范例的查找,单击"搜索"选项后其界面如图 2.47 所示。在 LabVIEW 2017 中,用户也可以向"NI 在线社区"提供自己编写的程序作为范例。

图 2.46 NI 范例查找器

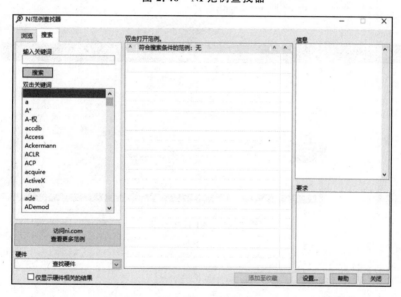

图 2.47 搜索界面

3.4 使用网络资源

LabVIEW 2017 版本不但为用户提供了人性化的本地帮助资源,网络上也有该版本丰富的资源或学习范例,为用户的学习提供了有力的帮助。

美国 NI 的 LabVIEW 的官方网站(http://www.ni.com/labview/zhs/)如图 2.48 所示,该网站介绍了 LabVIEW 2017 版本的详尽信息,用户也可以在此找到编写程序的详细帮助文件。

图 2.49 所示为 NI 公司网站上一个技术支持的社区,专门讨论 LabVIEW 存在的各种问题,用户除了可以在此找到关于 LabVIEW 的各种资源,还能够与不同地域的专业人员就 LabVIEW 使用中遇到的各种问题进行探讨。

图 2.48　NI 官网

图 2.49　NI 技术支持

【思考练习】

1. LabVIEW 的帮助系统由哪几部分构成？
2. 即时帮助和在线帮助有何区别？
3. 如何查看 LabVIEW 范例？
4. 如何使用 LabVIEW 网络资源？

项 目 小 结

　　LabVIEW 是一种功能强大而又灵活的开发工具，是特别针对科学家和工程师的需求而设计的。它使用图形化编程语言（G 语言）在程序框图中创建虚拟仪器（VI）的应用程序，用户通过前面板操控程序。LabVIEW 提供了许多内部函数，使编程过程变得更加容易。在后续项目中将介绍如何使用 LabVIEW 的众多功能。

项目 3 虚拟温度计的设计

本项目将设计一个虚拟温度计,通过设计一个虚拟仪器程序(VI)的过程,包括创建和编辑 VI 的方法、运行和调试 VI 的方法与技巧以及创建和调用子 VI 的方法等,帮助初学者了解编程的基本思路,为 LabVIEW 编程原理和技巧的深入学习奠定基础。

【学习目标】

➢ 掌握前面板和程序框图的设计方法;
➢ 掌握子 VI 的创建和调用;
➢ 了解属性节点的功能与设置;
➢ 掌握 VI 编程调试技术。

任务 1 前面板和程序框图设计

【任务描述】

前面板、程序框图、图标及连接器是构成 VI 的 3 个基本元素。前面板是用于与虚拟仪器进行人机交互的界面,相当于现实设备中的前面板;程序框图中含有程序源代码,这种类型的源代码是基于图形化语言的,可以对虚拟仪器需要实现的各种功能进行定义。图标及连接器中的图标可以对不同的 VI 进行区分,通过对连接器进行设置可以在其他 VI 中调用该 VI。本次任务为创建一个测量摄氏温度的 VI。

【知识储备】

1.1 前面板

前面板的通常形式如图 3.1 所示,它是进行虚拟仪器设计的平台。

输入和显示控件组成了前面板,其中输入控件是输入装置,如旋钮、开关、转盘等,通过模拟仪器的输入向 VI 的程序框图提供数据;显示控件是显示装置,如图表、指示灯等,通过接收程序框图输出的数据显示模拟仪器的形状。

1. 基本设计方法

在控件选板中可以找到设计该程序界面所用到的全部前面板对象。当控件选板上的对象被选定后,在前面板上进行拖放即可进行前面板的设计。

在控件选板上单击数值控制子选板,选择数值输入控件,然后双击标签并输入"数字 1",采用相同方法创建数值控件"滑动杆"和"旋钮"控件。前面板对象生成后如图 3.2 所示,在程

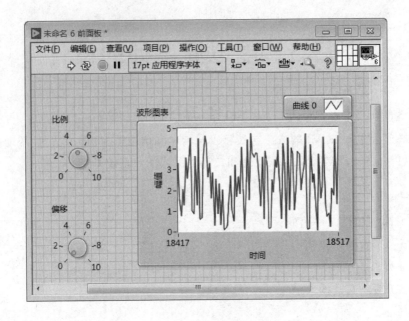

图 3.1　前面板

序框图窗口中会产生代表控件的变量符号。

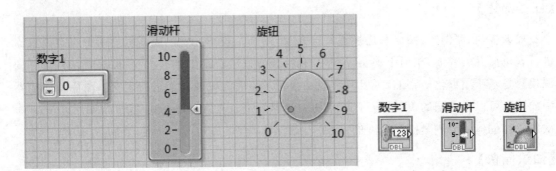

图 3.2　前面板对象的生成

在前面板中，一些控件同时具备了输入控件和显示控件的功能，右击控件后会弹出如图 3.3 所示的快捷菜单，单击"转换为显示控件"或"转换为输入控件"，即可实现输入控件与显示控件的切换。

2. 控件属性

每个在前面板中的控件都有各自的属性，如控件的极值、颜色、显示方式以及精度等，用户可以结合实际需要对各控件的属性进行设置。右击前面板中的控件，选择"属性"项即可弹出如图 3.4 所示的控件属性配置窗口。

图 3.3　改变控件的属性　　　　　　图 3.4　前面板控件的属性配置窗口

3. 前面板的修饰

得益于图形化的编程语言,LabVIEW 在图形界面设计方面有着明显的优势,设计出的程序界面同时具备美观、操作性强的特点;LabVIEW 提供多种方式对前面板进行修饰,并提供专门用于修饰前面板的控件。

（1）前面板对象颜色以及文字样式设置

前面板对象的两个主要属性是背景色和前景色（控件颜色）,二者的合理搭配是程序美观的前提,关于背景色和前景色的设置方法简要介绍如下。

在工具模板中选择"设置颜色"按钮 ,这时前面板会弹出如图 3.5 所示的"设置颜色"对话框。选择合适的颜色后单击前面板或程序框图,此时面板的背景色会调整为用户所选的颜色;前景色（控件颜色）的设置方法与之类似,弹出"设置颜色"对话框后选择合适的颜色,然后单击控件即可实现。

通过 LabVIEW 的工具栏中的字体按钮 `12pt 应用程序字体 ▼` 可以对前面板对象字体、颜色或其他样式进行合理设置。单击按钮后会出现下拉菜单用于对字体进行设置。在菜单中,用户可以选择字体的"大小""样式"和"颜色",也可以在菜单中通过图 3.6 所示的字体对话框来对字体的常用属性进行具体设置,LabVIEW 2017 的字体对话框几乎涵盖了关于字体设置的所有属性。

（2）多个对象的位置关系和大小设置

LabVIEW 程序设计中,前面板修饰过程的一项重要工作就是对多个对象的相对位置关系以及对象的大小进行设计。LabVIEW 2017 提供了专门的工具可以对多个对象位置关系和对象大小进行设置调整,这些工具位于 LabVIEW 的工具栏上。

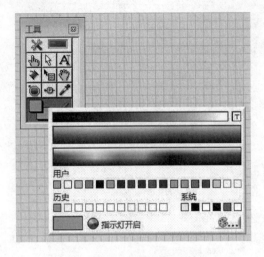

图 3.5　"设置颜色"对话框　　　　　　　图 3.6　LabVIEW 2017 中的字体对话框

图 3.7 所示的菜单为修改多个对象位置关系的工具,能够对多个对象的对齐关系以及对象之间的距离进行调整。

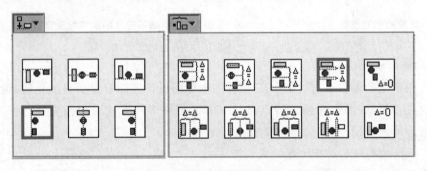

图 3.7　LabVIEW 2017 中"对齐对象"和"分布对象"菜单

图 3.8 所示的菜单为 LabVIEW 工具栏上对象属性设置的系列工具,具备了设置对象大小、设置或锁定对象前后位置的功能。

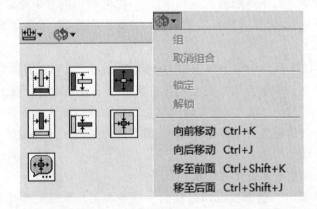

图 3.8　LabVIEW 2017 中"调整对象大小"和"重新排序"菜单

通过设置对象大小工具,用户可以根据实际任务需求调整对象的尺寸,或者在菜单中单击 具体设置控件的长和宽,从而完成对象尺寸的设置。通过群组工具可以将一系列对象设置为一组来对其相对位置关系进行固定;也可以将对象锁定,以防止对象在编辑过程中被移动。如果需要遮挡特定对象,可以根据移动对象前后相对位置工具来调整对象的前后位置。

（3）修饰控件的使用

为了提高界面可视化的效果,LabVIEW 提供了相关设计工具,包括线段、箭头、各类形状的多种修饰模块,这些模块不会影响程序的建立,但是可将界面元素进行合理地组合、搭配,能够提高界面的美观度,改善用户的使用感受。

如图 3.9 所示,LabVIEW 2017 中通过控件选板中的"修饰"子选板可以找到修饰前面板的控件。

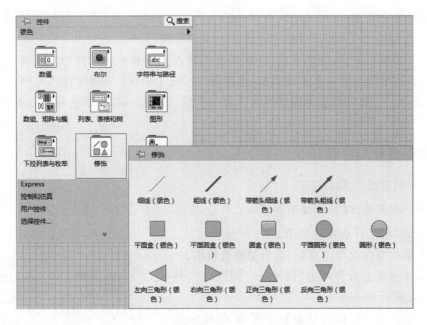

图 3.9　LabVIEW 2017 的"修饰"子选板

在"修饰"子选板中提供的控件只有前面板图形,是 LabVIEW 2017 比较特殊的前面板控件,其主要功能是对界面进行修饰,而在程序框图中没有图标与之对应。

1.2　程序框图

当在前面板添加控件后,为了对前面板中的对象进行控制,还需要创建相应的程序框图,每个程序前面板都会对应一个程序框图。作为图形化源代码的集合,程序框图这种图形化的编程语言也叫作 G 语言,由节点、连线、结构和图标/连接端口这四类要素构成,其概念简要介绍如下。

1. 节　点

节点是程序框图上具有输入输出端的对象,当 VI 运行时会进行运算。根据逻辑关系,节点之间有数据连线进行连接,构成了传统编程语言中的语句、子程序以及函数等。

2. 连　线

是连线的图标,通过对象连线可以在程序框图的各对象之间实现传递数据的功能。根据连接对象数据类型的不同,连线的颜色、样式、尺寸也会随之改变,对象之间的连线有手动连接和自动连接两种方式。

3. 结　构

作为 LabVIEW 实现程序结构控制命令的图形表示方式,结构包括循环控制、顺序控制、定时控制、条件分支控制、事件响应控制等,用户可以通过合理使用结构来控制 VI 的执行方式。

4. 图标/连接端口

图标可包含文字、图形或图文组合,是 VI 图形化的表示,代表了子 VI 中所有程序框图和前面板控件,可以在另外的 VI 框图中作为一个对象使用。

连接端口的图标是,能够显示 VI 中所有的输入控件和显示控件的接线端,与文本编程语言中调用函数时使用的参数列表类似,连接端口描述了子 VI 与调用它的 VI 间交换数据的输入/输出端口,子 VI 前面板上控件对应于每一个输入/输出端口,而且端口一般会在图标中隐藏。

1.3　虚拟温度计程序设计

创建一个测量摄氏温度的 VI。

1. 打开一个新的 VI 并创建前面板

创建的虚拟温度计前面板如图 3.10 所示。

① 在前面板空白处单击鼠标,显示控件选板图。

② 在控件选板上依次单击"数值"→"温度计",并将其拖放至前面板上。

③ 通过标签工具将温度计分别命名为"摄氏温度计""华氏温度计"。

④ 将摄氏温度显示对象的显示范围设置为"0.0 - 100.0"。利用文本编辑工具在容器坐标的 100 标度下双击,使其高亮显示。在坐标中输入数值 100 后在前面板中的其他位置单击鼠标,这时 0 到 100 范围内的温度会自动显示。

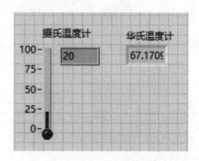

3.10　虚拟温度计的前面板

⑤ 在摄氏温度计旁设置数据显示功能。在温度计上右击,弹出快捷菜单后依次选择"显示项"→"数字显示"。

2. 切换到 VI 的程序框图后创建程序框图

① 右击程序框图空白位置,弹出函数选板;

② 在函数选板上依次右击"编程"→"数值"→"随机数"→"数值常量",将其拖放到程序框图;

③ 依次单击"编程"→"数值"→"乘"→"减"→"除",将其拖放到程序框图;

④ 依次单击"编程"→"数值"→"最近数取整",将其拖放到程序框图;

⑤ 按照公式 $C = 5(F - 32)/9$,将各个节点用连线工具进行连接,如图 3.11 所示。

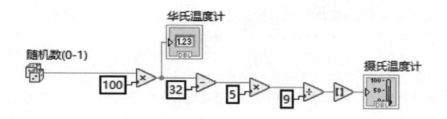

图 3.11 虚拟温度计的程序框图温度

⑥ 保存 VI,并且命名为"虚拟温度计 VI"。

⑦ 返回前面板,运行 VI。

【知识拓展】

虚拟仪表界面设计的水平直接关系到后期仿真实验的质量,以图 3.12 所示的万用表界面设计过程为例,介绍其制作方法。

万用表仿真界面的设置过程如下。

① 新建一个 VI 并进行命名和保存。

② 在前面板依次单击"控件"→"新式"→"修饰"→"上凸盒"进行控制件的添加。

③ 在工具面板中选择"编辑文本"工具,输入字符串"BiAnG",再将字体设为"MS UI Gothic",字号设置为"24""粗体",颜色设置为"白色"。

④ 输入字符串"DT 9006",再将字体设置为"黑体",字号设置为"24""粗体",颜色设置为"白色"。

⑤ 依次单击"控件"→"新式"→"修饰"→"上凸盒"进行小按键的绘制,绘制完成后再复制 2 次。

⑥ 通过工具面板的"设置颜色"工具,对绘制的 3 个小按键进行颜色设置,依次设为"浅灰色""深灰色"和"红色"。

⑦ 输入字符串"BLIGHT""kHz/MHz"和"POWER",并将颜色设置为"白色"。

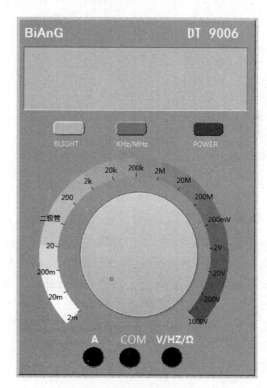

图 3.12 万用表仿真界面

⑧ 通过"对齐对象"工具中的"水平对齐"项,将所有按键和字符串分别对齐在相应的水平

线上。

⑨ 依次单击"控件"→"新式"→"修饰"→"下凹圆形"进行小插孔的绘制,并将圆心染成"黑色"。

⑩ 对绘制的小插孔再复制两次,并通过对齐操作使其处于同一水平线上。

⑪ 输入字符串"A　COM　VΩHz",并将颜色设为"白色"。

⑫ 依次单击"控件"→"新式"→"数值"→"转盘"进行转盘的添加,并调整转盘的大小。

⑬ 切换至程序框图窗口,在旋钮图标上右击,弹出快捷菜单后选取"属性"项。

⑭ 在出现的对话框中选取"文本标签",并通过"插入"和"下移"按钮进行文本标签的添加和输入。

⑮ 在"标尺"选项卡中勾选"显示颜色梯度",然后在"外观"选项卡中选择"显示数字显示框"。

用户按照步骤设置并根据需求进行调整后即可得到高质量的制作效果。运行该程序后,通过"操作值"工具旋钮,能够观察显示框的信息随着指向标签变化的情况。

【思考练习】

1. 程序框图由哪些对象构成?有哪几类节点和接线端?

2. 用 LabVIEW 的基本运算函数编写以下算式。

$$\frac{28+57\times6}{168-45\div6}+\frac{1\,780-658}{131+34\times9}$$

$$239+\frac{156}{6+374\times13.4-8.9\div41}$$

3. 怎样修改前面板的对齐网格?

4. 怎样改变程序界面的颜色和程序中显示的字体?

任务2　子 VI 的设计

【任务描述】

在程序框图中,当 LabVIEW 中的一个 VI 被其他 VI 调用时,该 VI 称作子 VI。类似于传统文本编程语言的函数、过程和子程序,合理地利用 LabVIEW 中的子 VI(SubVI)能够简化程序框图结构,在提高 VI 运行效率的同时还使其更加简单、易于理解。

如果 VI 编辑了图标/连线板,那么任何一个 VI 都可以被用户当作子 VI 来调用。因此可以认为子 VI 是在虚拟仪器的前面板和程序框图都被编辑好后,用户再进行图标/连线板编辑工作来实现的。实际使用中建议用户对每个 VI 的图标/连线板都进行编辑,这样不但可以单独运行 VI,而且可以当作其他程序的子 VI 进行调用。

【知识储备】

2.1　图标和设置连线板的创建

图标和连线板可以认为是文本编程语言中函数原型的作用,如图 3.13 所示,每个 VI 以图标的形式显示在前面板和程序框图窗口的右上方。

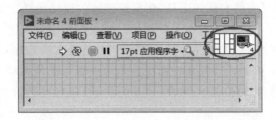

图 3.13　图标和连线板在前面板上的位置

1. VI 图标

作为 VI 的图形化表示,VI 图标包括文字、图形以及图文组合等形式,位于程序框图和函数选板上。若将一个 VI 用作子 VI,那么表示该子 VI 的图标将在程序框图上显示,默认图标中有一个提示启动 LabVIEW 后打开新 VI 个数的数字,如果用户需要进行自定义或编辑图标操作只需双击图标即可。

> **说明:**建议用户根据实际任务对 VI 图标进行定制,以提高程序阅读和理解效率。但如果用户使用 LabVIEW 默认的图标也不会影响功能的实现。

执行以下步骤,可以进行图标的创建或编辑。

① 打开图标编辑器。这里介绍三种打开方式。

● 在前面板或程序框图右上角的图标上双击。

● 创建或编辑 VI 图标。在前面板窗口右上角的图标处右击,弹出的快捷菜单中选择"编辑图标"后显示图标编辑器对话框。

● 依次单击"文件"→"VI 属性",从"类别"下拉菜单中选择"常规"项,再单击"编辑图标"按钮,打开如图 3.14 所示的"图标编辑器"对话框。

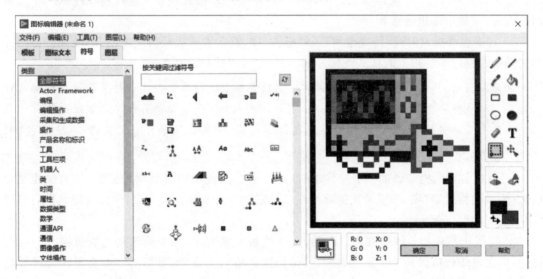

图 3.14　"图标编辑器"对话框

该对话框中建立的图标与程序框图上的图标显示会有一些区别,这是因为图标编辑器对话框中显示的彩色图标是 24 位的,而 LabVIEW 在程序框图上显示的彩色图标只有 8 位。

② 利用图标编辑器对话框左侧的工具,在编辑区域内设计图标。在编辑区域右侧的图框中出现了常规大小的图像。图标的剪切及复制粘贴操作都可以通过"编辑"菜单实现。如果选择了图标的一部分并进行了图像粘贴操作,LabVIEW 会根据所选区域的尺寸重新对图像的大小进行调整。也可以在前面板或程序框图的右上方放置一个从文献系统任意位置拖动来的图形,LabVIEW 会将该图形转换为 32×32 像素的图标,还可以通过文件设置方法进行编程来完成 VI 图标的设置。

③ 通过位于图标编辑器对话框右边的"复制于"选项,完成彩色或黑白图标的复制操作,选中"复制于"选项后,单击"确定"按钮来完成修改。

> **说明**:用户可以建立一个低于 32×32 像素的自定义 VI 图标,以实现图标上的区域留白。如果设置背景色是白色,在选择工具上双击并通过键盘删除键即可将黑色边框在内的图标完全删除。在自定义图标绘制过程中需要在图标上添加封闭的外框。图标编辑器中的三个图标必须占用合理的程序框图空间,因此需要覆盖与 VI 图标相同的区域。

2. 连线板

连线板可以显示 VI 中所有输入控件和显示控件的接线端,与文本编程语言中函数调用使用的参数列表类似,能够与该 VI 进行连接的输入/输出端都在连线板中标明,方便了该 VI 作为子 VI 的调用。在输入端收到数据后,连线板通过前面板的输入控件传输到程序框图的代码中,运算结果传输到输出端后会显示在前面板的显示控件中。

> **说明**:VI 的接线端不宜过多,最好不超过 16 个,以保证 VI 的可读性以及可用性。

按照下列步骤,为 VI 设置连线板。

① 右击前面板窗口右上角的图标,弹出快捷菜单后选择"显示连线板",此时图标会变成默认模式为 4×2×2×4 的连线板。可以使用默认模式来保留未分配接线端,以便对 VI 预留的一些输入/输出端进行修改。

② 右击连线板,弹出快捷菜单后选择"模式"项,有多种连线板模式方便 VI 选择。与图标相关的模式将以实心边框的样式高亮显示,用户也可以选择其他模式。

> **说明**:选择连线板模式时,建议控制接线端数量高于实际需求数。这样多余的接线端可以在需要的时候直接向 VI 添加额外的连线,因此调用该 VI 的其他 VI 不需要重新连接至该子 VI。当选定某种连线板模式后,可对模式进行添加、删除或旋转等自定义操作,以适应 VI 的输入/输出。

③ 用户希望向模式添加一个接线端时,可以右击需要添加接线端的位置,弹出快捷菜单后选择"添加接线端"项;如果希望删除接线端只需要在接线端位置右击,弹出快捷菜单后选择"删除接线端"。

④ 连线板模式的空间排列可以改动,在连线板位置右击,如需要改动连线板模式的空间排列,可在连线板位置处单击鼠标右键,弹出快捷菜单后选择"水平翻转""垂直翻转"或"旋转90 度"进行调整。

⑤ 用前面板输入控件或显示控件为每个连线板接线端进行指定。通常输入接口位于连线板左边,输出接口位于连线板右边。

⑥ 如果用户需要修改连接,可以将断开端口和控件之间的连接删除后进行重新创建。具体步骤为在希望删除的端口位置右击,弹出快捷菜单后选择"断开本地连接接线端",此时端口变为白色,连接消失。需要注意的是,快捷菜单中"删除接线端"项不但可以断开端点和控件连接,而且可以删除接口板上的端口;而快捷菜单中的"断开连接全部接线端"表示将所有的连接全部删除。

⑦ 如果程序框图上的一个 VI 调用另一个 VI 作为子 VI,那么当子 VI 的连线板发生改变时,需要在调用方 VI 的程序框图上右击子 VI,弹出快捷菜单后选择"重新链接至子 VI"项,对子 VI 重新链接。若不执行此操作会导致该 VI 包含的子 VI 因处于断开状态无法运行。

连线板可拥有多达 28 个接线端,当前面板上的控件超过 28 个时,其中的一些对象可组合为簇,这样组合的簇可以分配到连线板上的接线端。

2.2　调用子 VI

在调用该 VI 的程序框图中,子 VI 的控件和函数可以接收数据,并且能够将数据返回至该处。如果想创建一个被调用的子 VI,可以单击函数选板上的"选择 VI...",选择目标 VI 后将其移动到程序框图中,即可完成对该 VI 的调用。在一个程序框图中含有相同子 VI 节点的数目与该子 VI 被调用的次数是相等的。

在程序框图上通过操作或定位工具双击子 VI,即可对该子 VI 进行编辑。当对子 VI 进行保存时,所有调用该子 VI 的程序都会由于子 VI 的改动受到影响,而不只是当前程序。

当 LabVIEW 对子 VI 进行调用时,该子 VI 仅运行而不显示前面板。如需要求所有子 VI 在被调用的同时显示前面板,可以在该 VI 上右击,弹出快捷菜单后选择"设置子 VI 节点...";如要求所有子 VI 在被调用时都显示前面板,可以依次单击"文件"→"VI 属性",弹出类别下拉菜单后选择"窗口外观",并单击"自定义"项。

如果被调用的 VI 程序对图标和连线板进行了编辑和设置,那么任何一个 VI 程序框图窗口都能够将其他 VI 程序作为子程序进行调用,方法为在函数模板下单击"选择 VI...",弹出对话框后用户可以对需要调用的 VI 进行选择,如图 3.15 所示。

如果在一个程序框图中,有几个相同的子 VI 节点,就表示该子 VI 节点被调用了几次,但是该子 VI 的拷贝并不会在内存中存储多次。

如果几个同样的子 VI 节点出现在一个程序框图中,说明该子 VI 节点被调用了同等次数,但该子 VI 拷贝不会多次存储在内存中。

【知识拓展】

1. 多态 VI 的概念

一套子 VI 构成了多态 VI,这些子 VI 的连接板模式相同,各自处理数据的类型不同。如图 3.16 所示,单个子 VI 是多态 VI 的一个实例,多态 VI 需要对数据执行 A+B×2 运算,此时数值、数组和波形则由 3 个子 VI 完成这类运算。

2. 使用多态 VI

有多种多态 VI 可以在"函数"选板中进行选择,其中一些属于手动选择输入数据类型,另一些则属于自动选择数据类型。

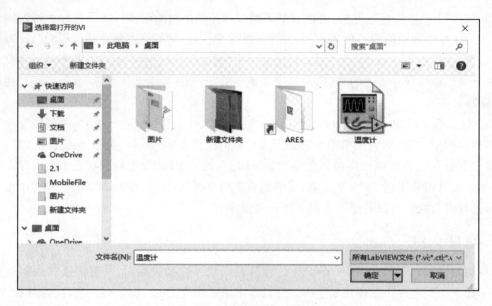

图 3.15　子 VI 的调用

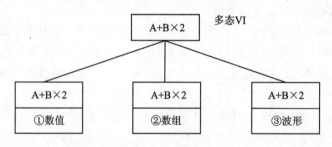

图 3.16　多态 VI 的结构

可以自动选择数据类型的多态 VI,在进行数据类型选择时可以使用"自动"功能选项,使用这个选项时,对哪一个子 VI 进行调用则由其所连接的数据类型决定。

如果希望手动选择数据类型,多态 VI 会转变为当前实例 VI,其数据类型不再自动选择;如果多态 VI 没有对应数据类型的子 VI 与其连接,则会出现错误连线问题。

3. 创建多态 VI

多态 VI 的创建方法如下:依次单击"文件"→"新建(N)",在弹出的"新建"窗口中依次选择"VI"→"多态 VI",此时会打开如图 3.17 所示的窗口,然后按照步骤创建多态 VI。

① 首先单击"添加"按钮,出现对话框后将之前已创建的对不同数据类型进行 A+B×2 运算的"P1、P2、P3"3 个子 VI 分别在"实例 VI"栏中进行调入。

② 如需要对 VI 图标进行编辑,可通过"编辑图标"功能完成。

③ 依次单击"文件"→"保存"项对 VI 进行保存后,通过"文件"→"关闭"命令来关闭 VI。创建的多态 VI 在调入程序框图后以之前编辑的图标方式显示,在默认情况下子 VI 选择器是不显示的。如果在 Windows 文件系统中打开,则以图 3.17 所示的窗口样式启动。

4. 在设计多态 VI 时的注意事项

只有有限种数据类型可以被多态 VI 处理,如实例 VI 处理的多种数据类型。但数据类型数目

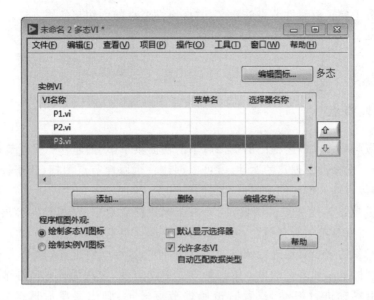

图 3.17　创建多态 VI 的对话框

是无法统计的,例如,有两个整数的簇可以作为一种数据类型,但包含三个整数的簇就变成另一种数据类型。因此 LabVIEW 无法创建一个加法函数一样处理无限种数据类型的像多态 VI。

在多态 VI 中,每个实例 VI 的前面板、程序框图以及使用的子 VI 等都可以是完全不一样的。通常情况下,用一个多态 VI 对一种算法进行处理,每种数据类型都由一个实例 VI 负责,易于使用者理解。此外,每个实例 VI 中接线方块的接线方式都必须保持一致。

需要注意的是,多态 VI 不能当作其他多态 VI 的实例 VI 来嵌套使用。

【思考练习】

1. 什么是子 VI? 它和 VI 有什么区别?

2. 怎样设置一个 VI 的显示图标?

3. 在子 VI 运行中要显示出此界面,该如何操作?

4. VI 层次结构有什么作用? 分别有几种查看层次的方式?

任务 3　属性节点

【任务描述】

LabVIEW 的前面板对象有多种样式,通过合理应用前面板对象,能够设计并建立仪表化人机交互界面。如果想获得较完善的人机交互功能,不能只依靠多样的前面板对象,在实际使用过程中还需要随时对前面板的相关属性进行调整,如颜色、大小以及可见性等。以生产过程中的实时监控系统为例,用户希望当出现参数误差较大或者指数异常等情况时,系统能够及时反馈并提醒用户,此时通过改变对象颜色来实现是最方便的方法,而颜色这一属性变化是在程序运行过程中由某一逻辑条件触发的,并非预先定义。因此,LabVIEW 提出了属性节点的概念,在程序运行过程中,通过调整前面板对象属性节点的属性值,可以动态地改变前面板对象属性。本次任务主要了解属性节点的含义,掌握属性节点的创建与使用方式。

【知识储备】

3.1 创建属性节点

单击前面板对象或在程序框图的端口后单击快捷菜单中"创建"→"属性节点",在"属性节点"的下拉菜单中选择需要创建的属性,就可以创建一个属性节点图标(位于程序框图窗口)。图 3.18 所示为数值输入控件创建的可见属性节点。

用操作工具单击属性节点的图标,或单击图标快捷菜单中的"属性",会出现一个下拉菜单,其列出了前面板对象的所有属性,可以根据需要选择相应的属性。

对前面板对象的多个属性进行调整通常有两种方式,可以创建多个属性节点,也可以在一个属性节点的图标上添加多个端口。第二种方式更加方便,方法为找到属性节点图标的边缘尺寸控制点,用鼠标进行拖动,或者右击属性节点图标,弹出菜单后选择"添加元素"项。图 3.19 所示为选择值属性。

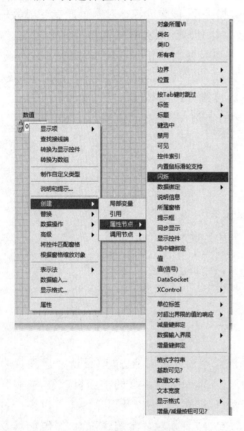

图 3.18 属性节点的创建

图 3.19 创建一个对象的多个属性

3.2　使用属性节点

通过改变属性方向箭头的位置可以对属性值进行读取或写入切换,当方向箭头在右侧时为读取属性值,在左侧时为写入属性值。其属性值的数据流向可以通过单击菜单栏中的"转换为写入"及"转换为读取"进行修改,如需对全部属性节点的数据流向进行修改可以单击"全部转换为读取"或"全部转换为写入"项。

节点对各属性按照自下至上的顺序执行,一旦一个属性出现错误,节点会在该属性上停止执行,返回一个错误后不再执行其他属性。用户在菜单栏中的"忽略节点内部错误"项中右击,可忽略所有错误,其他属性可继续执行。当选择"忽略节点内部错误"项后发生了错误,那么属性节点会返回该错误,错误输出簇会报告引起错误的具体属性。

前面板对象因为类型不同导致属性的种类多种多样,在此重点讲解各类前面板对象都需要用到的属性的用法。

1．可见属性

可见属性能够设置前面板窗口中是否可以观察到前面板对象,属性的数据类型是布尔型。前面板对象的状态是否可见取决于 Visible 值,当 Visible 值为 T(Ture)时处于可见状态;当 Visible 值为 F(False)时处于隐藏状态,如图 3.20 所示。

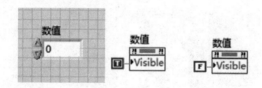

图 3.20　可见属性

2．禁用属性

VI 处于运行状态下,禁用属性可以对用户是否能够访问一个前面板对象进行控制,数据类型是整型。如图 3.21 所示,输入值为 0 时用户可以对该前面板对象进行访问,前面板处于正常状态;而输入值为 1 时,前面板对象只是外观处于正常状态,用户无法访问该前面板对象;当输入值为 2 时,前面板对象在禁用状态下,这种情况下用户同样不能访问该前面板对象。

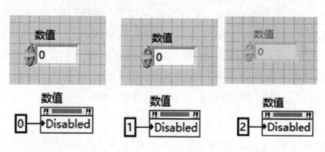

图 3.21　禁用属性

3．键选中属性

键选中属性用来对前面板对象是否处于键盘焦点状态进行控制,数据类型是布尔型。如

图 3.22 所示,当输入值为 T 时前面板对象在键盘焦点状态下;当输入值为 F 时,前面板对象处于失去键盘焦点状态。

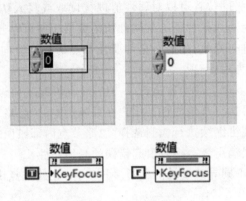

图 3.22　键选中属性

4. 闪烁属性

闪烁属性能够对前面板对象是否闪烁进行控制,数据类型为布尔型。如图 3.23 所示,当输入值为 T 时,前面板对象是闪烁状态;输入值为 F 时,前面板对象处于正常状态。

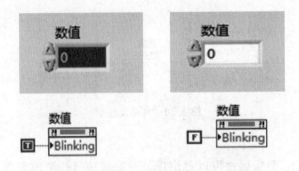

图 3.23　闪烁属性

通过设置可以调整前面板对象的闪烁频率和颜色,但属性节点不能对这两个属性进行调整。需要注意的是,当 VI 在运行过程中时,只要闪烁的频率和颜色确定了,这两个属性的值就不能再进行更改了。单击 LabVIEW 菜单工具栏中的"选项"项,会弹出相应的面板,在该面板中可以对闪烁的频率和颜色进行设置。图 3.24 所示为闪烁前景色和背景色的设置界面,在选项面板左侧选择"环境"项,即可通过"闪烁前景""闪烁背景"功能对闪烁属性进行设置。

图 3.25 所示为闪烁速度的设置界面,在选项面板的左侧选择"前面板"项,通过"闪烁延迟"等功能对闪烁速度进行设置,如保持默认则为 1 000 ms。

5. 位置属性

位置属性的全部元素有居左和置顶,用来调整前面板窗口中前面板对象的位置,其中居左和置顶属性分别可以设置前面板对象中水平方向和竖直方向的位置。用户依次单击"位置"→"全部元素",其数据类型是具有两个元素的簇,两个元素都是整数,分别是前面板对象图标左边的 x 坐标以及前面板对象图标上方的 y 坐标。图 3.26 所示为位置属性的具体应用示例,窗口左上角是坐标原点,x 轴水平向右,y 轴竖直向下。

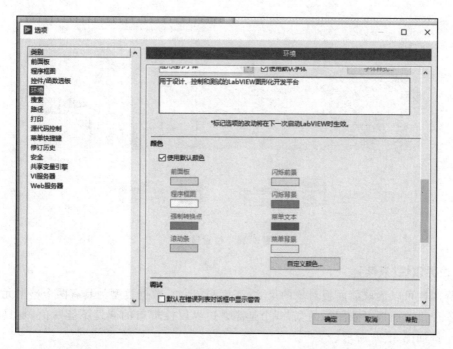

图 3.24　设置闪烁的前景色和背景色

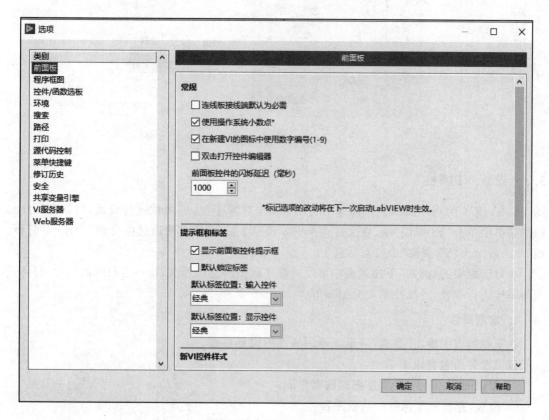

图 3.25　设置闪烁的速度

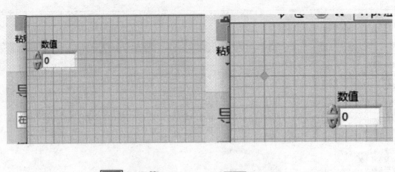

图 3.26　位置属性

6. 边界属性(只读)

边界属性可以读取前面板对象的尺寸(高度和宽度),数据类型为具有两个整型元素的簇,两元素一个是前面板对象图标的宽,一个是高。边界属性端口的属性不能赋值,是只读状态,其应用示例如图 3.27 所示。

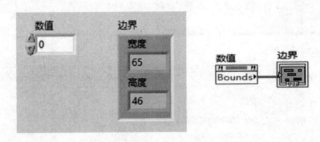

图 3.27　边界属性

3.3　设置 VI 属性

LabVIEW 为用户提供了 3 种弹出属性对话框对程序 VI 的属性进行设置,包括在程序图标的菜单中单击"VI 属性"项、在文件菜单中单击"VI 属性"或直接通过组合键"Ctrl+I"打开。图 3.28 所示为"VI 属性"设置对话框。

在对话框中的"类别"下拉列表中可以对程序框图的窗口外观、窗口运行时的位置、打印选项等属性进行设置,各属性简要介绍如下。

1. 常规属性

在下拉列表中单击"常规"项进入通用属性的设置界面。

该设置界面包含以下功能:

① 编辑图标:显示 VI 程序图标编辑界面;

② 位置:查看程序保存的当前路径;

③ 当前修订版:调取从上一次保存至今的程序修改记录;

④ 列出未保存的改动:显示指定 VI 中全部未保存的改动;

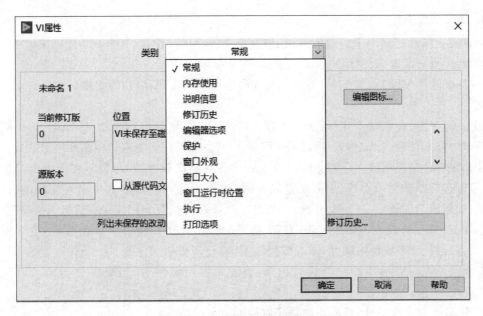

图 3.28　"VI 属性"设置对话框

⑤ 修改历史：可以对程序修改的信息进行保存或查看。

2. 内存使用属性

该界面可以查看系统内存在当前程序中的使用情况以及磁盘容量的占用大小，但程序中用到的子 VI 不包括在内。由于用户在编辑和运行程序时，VI 需要占用非常大的内存容量，所以建议用户在不用的时候及时对占用大量内存的程序框图等进行保存并关闭。将子 VI 的前面板和程序框图关闭也是一种释放内存的方法。

使用属性页包含如下功能：

① 前面板对象：对当前 VI 的前面板的内存使用情况进行显示；

② 程序框图对象：对当前 VI 的流程图的内存使用情况进行显示；

③ 代码：对当前编译代码大小进行显示；

④ 数据：对当前 VI 的数据空间占用情况进行显示；

⑤ 总计：对当前 VI 内存总和的占用情况进行显示；

⑥ 磁盘中 VI 大小总计：对当前程序占用的磁盘空间进行显示。

3. 说明信息属性

说明信息属性界面，可以对程序信息进行描述，将程序信息链接至 HTML 文档或者帮助文档，其主要功能介绍如下：

① VI 说明：当输入 VI 描述信息后，用户移动鼠标至程序图标上，即时帮助窗口中会显示描述信息；

② 帮助标识符：提供了 HTML 文档的路径和需要链接的帮助文档的关键词；

③ 帮助路径：提供了菜单窗口链接路径；

④ 浏览：可以搜索文件窗口中选择进行链接的文件。

4. 修订历史属性

修订历史属性界面用于对当前 VI 的修改历史选项进行设置,其主要功能如下:

① 默认历史设置:取消用户自定义设置,恢复系统默认。

② 每次保存 VI 时添加注释:当用户对程序进行调试或保存时,历史窗口中会自动产生记录信息。

③ 关闭 VI 时提示输入注释:如修改打开后的 VI,即使已保存改动,LabVIEW 仍提示在历史窗口中添加注释;如未修改 VI,LabVIEW 将不会提示在历史窗口中添加注释。

④ 保存 VI 时提示输入注释:如 VI 在上一次保存后已被修改,可提示在历史窗口中添加提示;该复选框默认为未勾选;如需在完成 VI 修改而不是在编辑模式中输入注释,可以使用该选项;如果取消勾选该复选框,在选择"文件"→"保存"时,直到完成保存前将无法修改历史;如未修改 VI 或仅修改 VI 历史,LabVIEW 将不会提示在历史窗口中添加注释;也可使用历史,即保存时提 示添加说明属性,通过编程向 VI 修订历史添加注释。

⑤ 对 LabVIEW 生成的注释进行记录:当程序发生调整时,历史窗口会自动出现记录信息。

⑥ 显示当前修改记录:查看当前程序修改的历史记录。

5. 编辑器选项属性

编辑器选项属性界面,能够对对齐网格的大小和创建输入控件/显示控件的样式进行设置。对齐网格大小通过设置前面板和程序框图完成;控件样式有三种,即新式、经典和系统。

6. 保护属性

保护属性界面可以对程序的安全性进行设置。

① 未锁定无密码:用户可以对 VI 的前面板和程序框图进行查看和编辑;

② 已锁定无密码:只有开启 VI 后,用户才可以对程序进行编辑;

③ 密码保护:VI 受到密码保护,用户只有通过密码验证后才能编辑 VI;

④ 更改密码:重新设置程序密码。

7. 窗口外观属性

窗口外观属性界面可以对程序运行时的窗口界面进行设置,如果将程序设置为对话框窗口,可以使用户在运行 VI 过程中不再打开其他应用程序。滚动条和工具栏的显示或隐藏属性可以在程序运行时进行设置,图 3.29 所示为自定义窗口外观的选项窗口。

8. 窗口大小属性

窗口大小属性界面可以对前面板的尺寸进行设置,以实现当显示器分辨率不同时保持窗口比例不变,或窗口大小进行调整时对前面板所有对象进行缩放。

9. 窗口运行时位置属性

位置属性界面可以对窗口运行时的位置状态进行设置,当程序运行时,前面板的尺寸以及显示屏中的位置坐标也可以详细设置。

10. 执行属性

执行属性界面可以对程序运行的优先级以及执行系统的首选项进行设置。只有在程序调用的子 VI 数较大时建议修改执行属性以提高程序的运行效率;通常情况下建议用户在默认

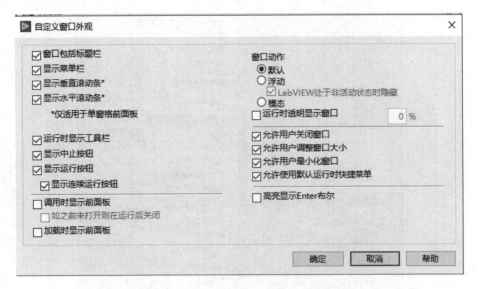

图 3.29　自定义窗口外观的选项窗口

设置状态下进行 VI 编辑。

11. 打印选项属性

打印选项属性界面可以对与打印相关的属性进行设置,如页边尺寸、前面板缩放、程序框图缩放等。

【知识拓展】

引用是对象打开时的临时指针,也可以看作是对象的标识。与对象有关的所有属性和方法都可以通过引用功能来引用并传递到相应的节点。

与直接创建前面板中控件的引用效果类似,用户可以创建通用引用,并利用其特有的属性节点和方法节点等对引用所指向的对象进行修改。

LabVIEW 中的数据存在形式主要有输入控件、显示控件和常量三种。用户在使用通用引用时需要注意,通用控件引用自身也是一种特殊的控件。

通过前面板控件的快捷菜单可以快速创建控件的属性节点、调用节点、局部变量等,图 3.30 所示为多列列表中利用控件快捷菜单创建引用。

和控件的快捷菜单使用方法类似,程序框图中的控件接线端子之后也可以利用其快捷菜单创建指向控件的引用、调用节点、属性节点等项,如图 3.31 所示。

直接创建前面板中控件的属性节点和调用节点时,不用连接引用,这是由于快捷菜单创建过程中 LabVIEW 能够判断创建的节点是指向特殊控件的。此外,控件的属性节点和调用节点也可以通过控件的引用间接创建,图 3.32 所示为应用控制函数选板中的多种与引用有关的操作。

方框中的使用节点和调用节点是通用的,但不指向任何特定控件,使用过程中必须与控件的引用进行连接。图 3.33 所示为指向特定控件的引用,只有连接一个引用的情况下才会指向一个特定控件或特定的控件类型。

图 3.33 右侧方框部分的功能与框图左侧类似,能够利用控件的引用、方法节点和通用属

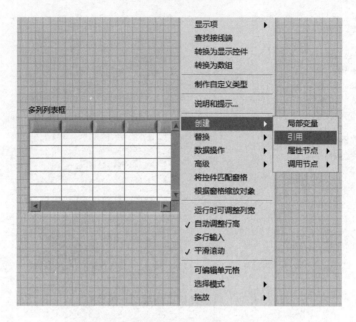

图 3. 30　利用控件的快捷菜单创建引用

图 3. 31　利用接线端子的快捷菜单创建引用

性节点来实现。需要注意的是,通用属性节点和调用方法最大的特点在于能够与通用控件引用相结合,而不是仅适用控件的属性节点和方法节点。

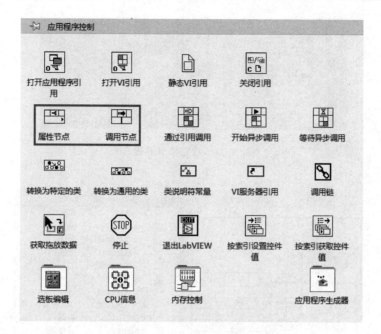

图 3.32 函数选板中与引用有关的操作

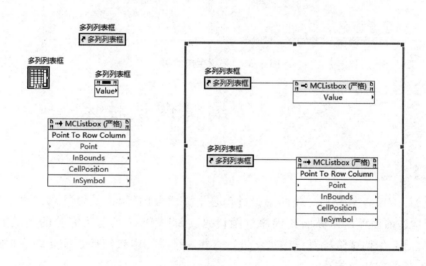

图 3.33 指向特定控件的引用

【思考练习】

① 利用"报警信息"控件的 blinking 属性,实现输出报警信息的同时伴随闪烁,如图 3.34 所示。为看到闪烁效果,采样间隔设到 5 s 以上。

② 将 for 循环部分封装为子 VI,利用编程生成如图 3.35 所示的树。

③ 程序运行中,用旋钮控件改变图形曲线的颜色。建立波形图表的属性节点,改为可写,并指定为曲线 Plot 的颜色 Color 属性。

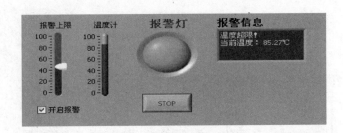

图 3.34　报警信息界面

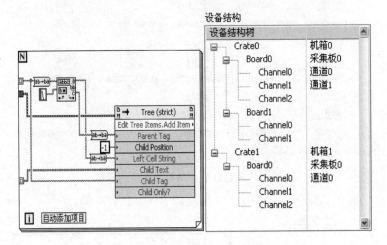

图 3.35　编程生成的树

任务 4　VI 编辑调试技术

【任务描述】

在创建 LabVIEW 程序时，VI 的编辑过程是十分重要的，用户编辑技术的水平直接决定了能否顺利构建前面板用户界面或程序框图代码。LabVIEW 具备了完善的调试工具，方便用户在 VI 完成后的调试阶段对程序错误进行查找和排除。本次任务主要介绍 VI 编辑技术，运行和调试 VI 的方法与技巧。

【知识储备】

4.1. VI 的编辑技术

VI 的编辑功能图标如图 3.36 所示，编辑技术包括运行、连续运行、终止运行、暂停等。

LabVIEW 具备了运行和连续运行两种运行方式，在前面板窗口或程序框图窗口的快捷工具栏中单击"运行"项，能够运行一次 VI，VI 在运行过程中运行按钮的样式会变为。在快捷工具栏中单击"连续运行"项，能够持续执行程序，直到单击"终止执行"项，VI 的运行被强制停止。"终止执行"功能用处很大，特别是当程序处在无响应状态时通过单击该按键

图 3.36　VI 编辑技术工具在快捷工具栏中的位置

能够安全将运行的程序停止。单击快捷工具栏中的"暂停"项 ‖ 可以将运行的程序暂停,再次单击可以恢复 VI 的运行。

4.2　VI 的调试技术

LabVIEW 良好的编译环境为 VI 程序的调试提供了多种手段,既有单步执行、断电、探针这类传统仪器支持的调试方法,还具有高亮执行-实时显示数据流动画的独特调试技术。图 3.37 所示为快捷工具栏中 VI 的调试工具,多种 LabVIEW 调试技术简要介绍如下。

图 3.37　VI 的调试技术工具在快捷工具栏中的位置

1. 找出语法错误

当一个 VI 程序出现语法错误时,程序将不被执行,面板工具条上的运行会转变为断裂的箭头 ↯。此时单击断裂的箭头图标会弹出如图 3.38 所示的错误列表,双击列表中的任何错误,则出错的对象或端口高亮显示。

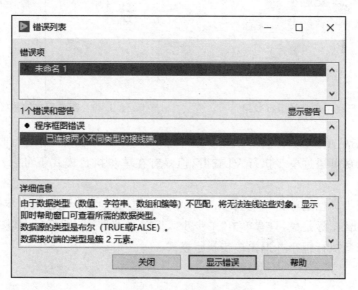

图 3.38　错误列表

2. 设置程序高亮执行

单击高亮显示执行过程图标 💡 后会变成高亮状态 💡,再单击运行图标 ↯ 后,VI 程序会低速运行。此时代码为灰色,表示该代码未被执行,而执行后则以高亮显示,而且数据值会在数据流线上显示。程序框图上的数据通过沿着连线移动的圆点从一个节点移动到另一个节点的过程,在执行过程中以高亮形式显示,以便追踪程序的执行状态,图 3.39 所示为执行程序高亮的运行效果。

3. 断点与单步执行

在工具选板中可以找到"设置/清除断点"图标 🔴,在节点、VI、函数和结构上可以对断点进行设置,以实现在断点处暂停,用户也可以设置程序按照单个节点顺序执行,以便查找程序中的逻辑错误。对于节点或图框,断点以红框形式显示;对于连线则以红点表示。当 VI 程序运行到断点设置处,程序会闪烁并在将要执行的节点处暂停。单击"单步执行"按钮后会执行闪烁节点,此时下一个将要执行的节点变为闪烁状态,也可以单击"暂停"按钮,这时程序将连续执行一直到下一个断点,如图 3.40 所示。

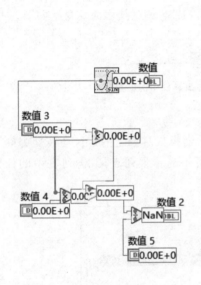

图 3.39　执行程序高亮的运行效果

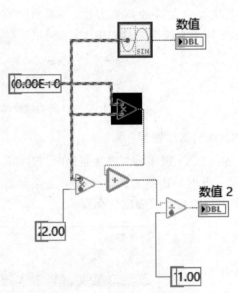

图 3.40　断点程序的执行过程

单步执行包括"单步步入" ⤵、"单步步过" ⤴ 和"单步步出" ⤴。VI 运行时程序框图上 VI 的每个执行步骤都可通过单步执行 VI 查看,但只有在单步执行模式下可以对 VI 或子 VI 的运行造成影响。

在程序框图工具栏上单击"单步步入"或"单步步过"图标,即可进入单步执行模式。默认状态下"单步步出"图标是 ⤴,只有单击"单步步入"或"单步步过"图标后,其图标会变为 ⤴,单击"单步步出"图标执行程序并退出单步执行模式。

4. 探　针

探针能够对 VI 运行时连线上的值进行检查,在工具选板上可以找到"探针数据"图标 🔵,其具体设置方法介绍如下:

① 在 Tools 工具模板选择"探针数据"项,程序框图鼠标样式为 🔵,在连接线处单击。

② 从流程图中利用"选择"项或"进行连线"项,在连接线处右击,在连线快捷菜单中的单击"探针"项。

③ 依次单击"工具选板"→"自动选择工具"并运行程序,在连接线单击进行探针的动态

设置。

通过上述三种方法设置探针后弹出的探针监视窗口都是相同的,如图3.41所示。

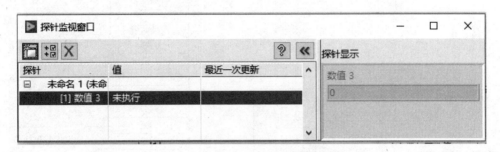

图3.41 探针监视窗口

探针的管理可以通过探针监视窗口实现,该窗口功能简要介绍如下:

① 独立窗口中打开:选定要查看的探针并在独立的探针窗口中打开。

② 全选探针:在探针监视窗口中高亮显示VI和全部探针。

③ 删除探针:删除所选探针,也可选定VI并删除VI和探针监视窗口中对应的探针。

④ 显示探针或隐藏探针显示:通过对探针进行延伸和缩进,控制窗口右侧的探针显示方式。

⑤ 探针列表:将内存中VI探针全部显示在列表中,探针按照创建时间和所属VI进行排序。

● 探针:在目录树中进行探针的显示和创建操作,目录树的根是具有探针的VI。

● 值:显示最后流经探针连线的值。默认值为未执行。

● 最近一次更新:最后流经探针的数据在时间标识符中显示。

⑥ 探针显示:显示流经探针连线的数据。

调试工作量大、逻辑复杂的程序,建议同时使用多种调试工具以达到最佳效果。

【知识拓展】

Express VI是特殊的VI函数,最早由LabVIEW 7 Express引入,Express VI具有丰富、完善的功能,现以仿真信号Express VI为例简要介绍。

依次在函数选板中单击"Express VI"→"输入"→"仿真信号",仿真信号的图标如图3.42所示。可以看到,图标中心是一个小图标和VI的名称,小图标的两侧有代表输入和输出的箭头,在名称的下方有下拉箭头。

图3.43所示的Express VI没有显示端口名称,可以在下边缘的尺寸控制点处拖动光标,将其显示出来,名称旁边小箭头的位置指明了端口的输入/输出属性。

Express VI还具备了自动调整VI宽度的功能。如果端口由于名称过长不能完全显示的话,可以右击图标,弹出快捷菜单后选择"调整为文本大小"项,如图3.44所示。

图3.42 "仿真信号"
Express VI的图标

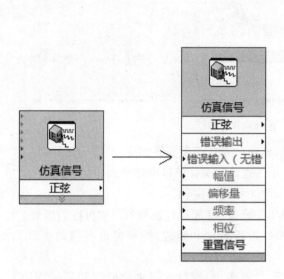

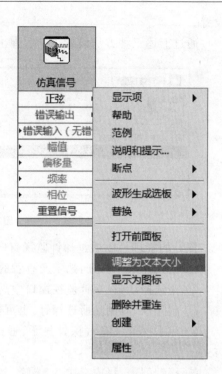

图 3.43　显示 Express VI 的属性　　　　**图 3.44　自动调整 Express VI 的宽度**

　　如果希望将大图标调整为小图标显示，可以右击 Express VI 图标，弹出快捷菜单后选择"显示为图标"项，如图 3.45 所示。

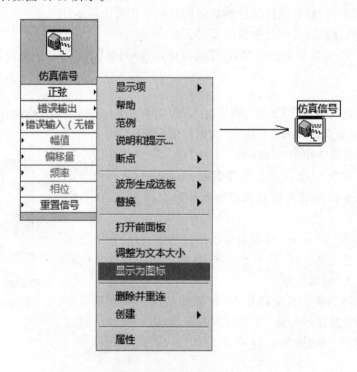

图 3.45　Express VI 的小图标

用户在使用时,Express VI 比标准 VI 更方便,将处于默认设置状态下的 Express VI 放置在程序框图中,会弹出 Express VI 的属性设置对话框;也可以在编程过程中通过双击 Express VI 图标打开"属性设置"对话框。

【思考练习】

1. VI 的调试工具有哪些?
2. VI 编辑技术包含哪些内容?
3. 如何设置断点? 如何放置探针?

项目小结

本项目通过实例介绍了 LabVIEW 2017 的一些基础知识和基本操作方法,即 VI 的创建、编辑、程序的运行和调试、子 VI 的设计和属性节点的设置等。读者在掌握基本操作后,可以更快地进入 LabVIEW 的设计领域,了解图形化设计的优势。

项目4 虚拟函数发生器的设计

函数发生器是一种非常重要的通用信号源，主要用来产生标准信号。这种电子仪器在产品的生产测试、仪器检测维修、实验室运行等高新领域均有广泛应用。当今仪器改进的一个热点趋势就是将仪器与计算机相结合，本项目重点讨论基于 LabVIEW 设计函数发生器。通过 LabVIEW 进行简易函数发生器的编程设计，并通过调试来实现预期功能。

【学习目标】

➢ 了解函数信号产生方法；
➢ 掌握 LabVIEW 程序结构中的两种循环结构：For 循环和 While 循环；
➢ 熟悉局部变量和全局变量的使用；
➢ 掌握函数发生器前面板和程序框图设计。

任务1　程序结构——循环结构

【任务描述】

通过数据流可以驱动 LabVIEW 程序，而程序设计与程序结构的使用是密不可分的。LabVIEW 具备了多种控制程序流程的结构，是 LabVIEW 编写程序的核心，如顺序结构、循环结构、事件结构以及条件结构等。这些结构也体现了 LabVIEW 相较于其他图形化开发环境的独特之处。

For 循环和 While 循环是 LabVIEW 的两种循环结构类型，类似于其他高级语言的循环功能，该结构可以控制循环体内的代码被多次执行。但两种循环结构还是有区别的，具体表现为 For 循环必须指定循环次数，如果执行完指定次循环会自动退出循环；While 循环无须指定循环次数，需要根据条件来判断是否退出循环。

【知识储备】

1.1　For 循环

作为 LabVIEW 最基本的结构之一，For 循环根据预先设定的次数重复执行某段程序，在已知代码循环次数的情况（如数组操作）下比较常用。本节重点讲解如何通过 For 循环来控制程序运行。

1. 创建 For 循环

如图 4.1 所示，在 LabVIEW 的程序框图中函数选板的"函数"→"编程"→"结构"子选板中可以找到程序结构。通过在程序框图中指定 For 循环的开始位置和结束位置来创建 For 循环，具体操作为在"结构"子选板中选择"For 循环"，在程序框图中单击选择放置 For 循环的起始位置,拖动鼠标至 For 循环结束处,再次单击完成操作。创建 For 循环后,For 的大小可以通过拖动循环框图周围的句柄来进行调整。系统默认 For 循环的边框可以根据循环的内容自动调节。

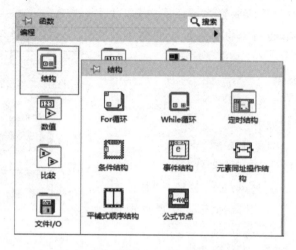

图 4.1　For 循环在函数选板上的位置

图 4.2 所示为 For 的基本循环结构,主要由循环框、循环次数端口和计数端口组成。

For 循环具有两个接线端,具体介绍如下:

① **N**:总数接线端/循环次数端口(输入端)。它的值表示总循环次数,即重复执行子程序框图的次数。设置总循环次数 N 的基本步骤如下,右击选择"N",在快捷菜单列表中选择"创建常量"项,将默认值"0"改为指定值。设置完毕后,For 循环如图 4.3 所示。

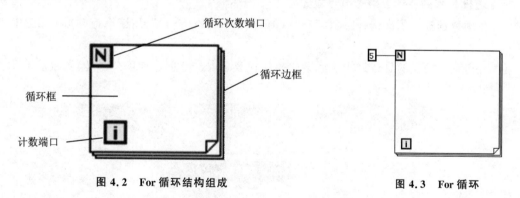

图 4.2　For 循环结构组成　　　　　　　**图 4.3　For 循环**

② **i**:计数接线端/计数端口(输出端)。输出端显示已完成的循环次数,即当前的循环次数。需要说明的是,当前循环次数 i 是从"0"开始计数的,每执行一次循环自动加 1,假设循环 n 次,则 i 的值为 n−1。For 循环只有在完成循环后才能停止,在执行过程中是不能中断的。

说明:循环次数和循环计数端口的数值范围为 0~$2^{31}-1$ 的长整型数,当对 N 的赋值为 0 时,程序一次也不执行。

2. For 循环的工作流程

图 4.4 所示为 For 循环的步骤,具体工作流程如下:

① 在开始 For 循环之前需要从循环次数端口读入循环次数,从计数端口输出 0 值。

② 按照 For 循环框内框图执行代码程序,每执行一次计数端口值自动加 1。

③ 如果循环次数到达设定值,则会退出循环。

循环程序的所有对象都应放置在循环框内,既可以在循环框内直接添加,也可以将事先建立的循环对象拖入循环框内。

3. For 循环应用举例

根据所学的 For 循环来设计一个 For Loop VI,并显示随机数,具体步骤如下。

(1) 创建一个 VI 并创建前面板

① 右击前面板空白处,弹出控件选板。

② 在控件选板上依次选择"Express"→"数值控件"→"数值显示控件",并用鼠标拖动放置在前面板上。

③ 通过标签工具将其命名为随机数。

④ 如图 4.5 所示,按照上述步骤创建一个循环计数显示控件并命名,操作完成后切换到 VI 的程序框图。

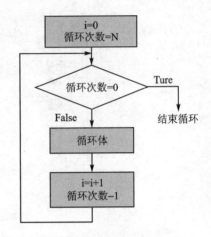

图 4.4　For 循环执行流程图

(2) 创建程序框图

① 右击程序框图空白处,弹出函数选板。

② 在函数选板上依次选择"编程"→"结构"→"For 循环",用鼠标拖动放置在程序框图中,并将随机数和循环计数两个节点放置在 For 循环框中。

③ 在函数选板上依次选择"编程"→"数值"→"随机数(0-1)",用鼠标拖动放置在程序框图中。

④ 右击 For 循环的总数接线端后会弹出快捷菜单,选择"创建常量"项并输入数值 100,如图 4.6 所示。

> **说明**:总数接线端值设置为 100(默认值为 0)表示子程序框图将被循环执行 100 次。

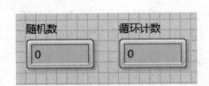

图 4.5　For Loop 前面板

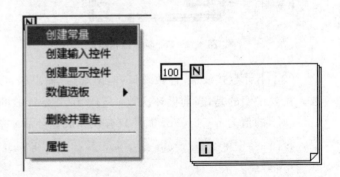

图 4.6　设置总数接线端值为 100

⑤ 通过连线工具将各个节点进行连线,如图 4.7 所示。

⑥ 保存 VI，以 For Loop 命名。

⑦ 返回前面板并运行 VI，图 4.8 所示为程序运行界面。

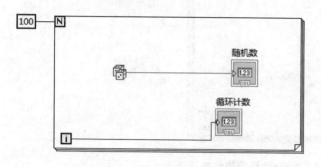

图 4.7　For Loop 程序框图

图 4.8　程序运行界面

> **说明：** 读者在使用中会发现，程序运行时循环计数控件数值是 0～99 而不是 1～100，这是因为计数接线端计数是从 0 开始的，第一次循环时计数接线端返回值为 0。

1.2　While 循环

While 循环与编程语言中 Do 循环或 Repeat‑Until 循环类似，其特点是在到达某个边界条件前能够重复执行循环体的图形化代码，While 循环无须指定循环次数，这是区别于 For 循环之处。由于 While 循环仅在满足循环退出条件时才会退出循环，因此当用户不知道循环要运行的次数时，While 循环的优势明显。例如，用户希望通过某种逻辑条件从一个正在执行的循环中跳转出去，可以用 While 循环来代替 For 循环。While 循环会按照子程序框图重复执行，直至达到某个条件或条件端子接收到的布尔值为 False 才会停止。

（1）创建 While 循环

如图 4.9 所示，在程序框图中依次选择函数选板的"函数"→"编程"→"结构"，在子选板中可以找到"While 循环"。While 循环也需要通过用户拖动来控制大小和定位，这点与 For 循环类似。

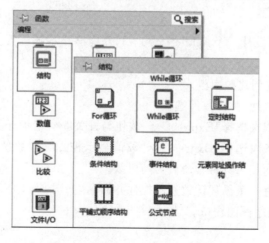

图 4.9　While 循环在函数选板上的位置

如图 4.10 所示,循环框、条件端口和计数端口构成了 While 循环。

图 4.10　While 循环结构组成

While 循环具有两个端子,分别为:

① ◉:条件接线端(输入端子),等同于 For 循环的条件接线端。

② ⓘ:计数接线端(输出端子),等同于 For 循环的计数接线端。

> **说明**:需要注意的是,每次循环结束时程序都会检查条件接线端,因此 While 循环至少要执行一次,无论条件接线端的条件是否满足。

(2) While 循环的工作流程

① 条件端口控制循环是否停止。

② 条件端口的使用状态有两种:

- 当使用状态为 Stop if True 时,输入值为 Ture 表示停止循环;输入值为 False 表示继续执行下一次循环。
- 当使用状态为 Continue if True 时,输入值为 Ture 表示继续执行下一次循环;输入值为 False 表示停止循环。

③ 条件端口的值只有在循环结束后才去检测,所以无论条件是否成立,循环也至少要执行一次。

(3) 应用举例

根据所学 For 循环设计一个 While Loop VI,并能够显示随机数。

设置步骤如下:

① 创建一个 VI,并创建前面板。

- 右击前面板空白处,弹出控件选板。
- 在控件选板上依次选择"Express"→"按钮与开关"→"滑动开关",并拖动至前面板上。
- 在控件选板上依次选择"Express"→"数值显示控件"→"数值显示控件",并拖动至前面板上。通过标签工具将其命名为随机数。
- 采用此步骤创建一个循环计数显示控件并命名,如图 4.11 所示。

② 切换至 VI 的程序框图窗口。

③ 创建程序框图。

- 右击程序框图空白处,弹出函数选板。
- 在函数选板上依次选择"编程"→"结构"→"While 循环",用鼠标拖动至程序框图中,并将随机数和循环计数的两个节点置于 While 循环框中。

● 在函数选板上依次选择"编程"→"数值"→"随机数（0－1）"，并拖动至程序框图中。

● 使用连线工具对各个节点进行连线，完成后如图 4.12 所示。

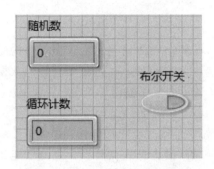

图 4.11　While Loop 前面板

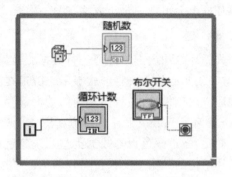

图 4.12　While Loop 程序框图

④ 保存 VI，命名为 While Loop。

⑤ 返回前面板并运行 VI，如图 4.13 所示，可以看到循环计数控件的值持续增加，如果停止循环可以将布尔开关置于关位置。

图 4.13　程序运行界面

说明：假设布尔开关置于 While 循环框外面，如图 4.14 所示，此时 While 循环将如何执行？（注意：布尔开关的值只在循环开始前被读取一次）。

假设随机数显示控件置于 While 循环框外面，如图 4.15 所示，此时 While 循环将如何执行？（注意：随机数显示控件的值仅在循环执行完以后更新一次）。

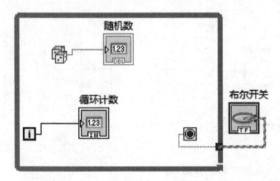

图 4.14　布尔开关置于 While 循环框外面

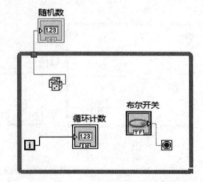

图 4.15　随机数显示控件于 While 循环框外面

1.3 隧道与数据交换

通过连线将循环框内外的节点对象连接起来可以使循环结构直接与外部代码交换数据，这时循环框上会出现一个小方格，叫作隧道。

1. 隧 道

作为循环结构内部与外部进行数据交换的通道，循环结构数据隧道位于循环结构的边框上，以空心或实心的小方格形式显示。隧道在输入/输出端均有作用，它将循环外的数据保存到框架通道内以供输入，将循环内的数据保存到框架通道内以供输出。

For 循环和 While 循环的隧道如图 4.16 所示，传入/传出循环结构前后其数据类型和值不发生变化，隧道颜色也与数据类型系统颜色相同，如橘色代表浮点型数据通道颜色。

循环结构的数据不受执行循环结构程序过程的影响，因为进入循环结构之前已经完成对输入循环结构中数据的赋值；而循环执行过程中不需要输出数据，只有在循环执行完毕以后进行。

图 4.16(b)展示了循环结构的三种隧道形式，即移位寄存器、最终值和索引。如图 4.17(a)所示，通过右击弹出快捷菜单可以对三种隧道形式进行切换。

2. 索 引

如图 4.16(c)所示，作为 LabVIEW 中 For 循环和 While 循环特有的功能，索引可以将循环框外面的数组成员逐个加入循环框内；也可以将循环框内的数据累加成一个数组输出到循环框外面，如图 4.16(b)所示。

For 循环和 While 循环都具备了自动索引功能，但二者还是存在差异，主要体现为：自动索引功能在 While 循环下是默认关闭的，并用实心的隧道标志表示，如图 4.18(a)所示；而 For 循环下自动索引功能是默认打开的，用空心隧道标志表示，如图 4.18(b)所示。当隧道的自动索引功能有效时每一次循环会产生一个新的数据并在循环的边框通道上进行存储，待循环结束以后，产生的 6 个数据将传送到一个数组指示器中；而当自动索引功能无效时，只有最后一次 For 循环产生的 1 个随机数传到循环外。

如果循环不需要索引功能，可以按照图 4.17(b)所示的方法，在数组进入循环的通道上右击调出快捷菜单，单击"禁用索引"选项；反之，可以按照相同方法弹出快捷菜单并选择"启用索引"选项。

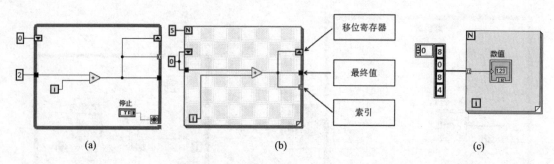

图 4.16 For 循环和 While 循环的三种隧道结构

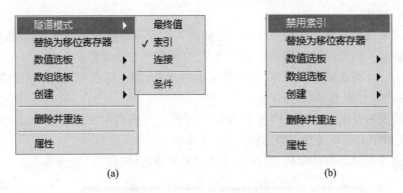

图 4.17 循环结构隧道的切换方式

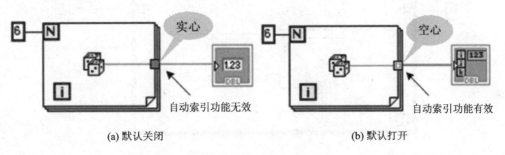

图 4.18 For 循环自动索引

3. 最终值

最终值隧道形式将数据在循环开始时传入循环,或将最后一次循环结束后的值传出循环。

1.4 移位寄存器

移位寄存器也可以解释为数据缓冲存储器,是一种在若干相同时间脉冲下工作的以触发器为基础的器件,常用于循环结构中迭代运算的实现。

移位寄存器能够保存运算结果,使运算结果在下一次运算中继续使用。在循环框架的左右两侧,有向上和向下的两个图标,用来表示移位寄存器运行前后的两个不同状态。保存数据用右侧的图标来表示,下次运行后,数据会被移动到右侧的图标来进行保存,并且新数据将会继续存入右侧。此过程会循环执行,直至达到条件要求结束循环。

为了进一步了解移位寄存器的使用步骤,以计算 N! 为例进行说明。

首先需要在前面板放置数值输入控件和数值输出控件各一个,以便输入 N 值和显示 N! 的计算结果,其设置界面如图 4.19 所示。

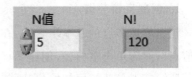

4.19 计算 N! 的界面

图 4.20 所示为计算 N! 的程序框图,具体设置步骤介绍如下:

① 在后面板添加一个 While 循环,通过右击 While 循环边框弹出快捷菜单来添加移位寄存器。

② 生成起始值、增量值都为 1 的计数器,方法为在 While 循环的内部添加一个加 1 函数,

并与循环变量 i 相连。

③ 设置阶乘的初始值。在循环外部为左侧的移位寄存器添加一个常量,设置取值为 1。

④ 将数值输入控件的图标拖动至循环内部,并添加一个乘函数。

⑤ 建立一个计算连乘的功能体,其由常量 1、乘函数、加 1 函数和移位寄存器构成,计算结果可由数值输出控件来显示。

⑥ 限定阶乘的范围。向循环内部添加一个小于 N 的判别函数,该函数与加 1 函数、值输入控件一起组成结束循环条件,循环条件端口与其相连。

⑦ 选中并右击循环条件端口,在弹出的快捷菜单中选择"真(T)时继续"。

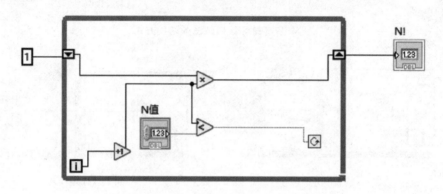

图 4.20　计算 N! 的程序框图

设计完成后可自行验证设计是否符合要求,在前面板由数值输入控件输入 4,计算应该是 4! =1×2×3×4=24,此时在数值输出控件中看到结果为 24,说明程序设计正确。

1.5　反馈节点

反馈节点的功能为在循环结构间传递数据,与移位寄存器的运行原理类似,反馈节点数据存储也是在循环结束后进行的,也能够将数据传送到下一个循环。不足之处在于反馈节点不能任意增添缓冲的容量,只能看作是有一个左侧端子的移位寄存器。当函数对象的输出端与输入端相连时,反馈节点自动形成。

数字、字符串和数组等都是反馈节点支持的数据类型,图标上箭头的指示方向是其数据的传送方向。

1. 创建反馈节点

创建反馈节点的基本步骤为:在程序框图窗口中依次单击"函数"→"编程"→"结构"→"反馈节点",然后单击空白处,创建图标为 。

反馈节点具备初值初始化功能,为标有"＊"的输入端连接一个常量即可。

2. 反馈节点应用举例

为了进一步讲解反馈节点的功能,以 1 计算到 N 的累加和为例,基本设置方法介绍如下。

① 创建一个 VI,在前面板放置数值输入控件、数值输出控件和数值显示控件各一个,并对控件标签进行修改,如图 4.21 所示。

② 在后面板建立一个 For 循环结构,将循环次数输出端连接至数值输入图标。

③ 实现从 1 开始计算累加和功能。在循环结构框架内放置一个与循环计数器 i 相连的加 1 函数。

图 4.21　计算累加和界面

④ 将一个加函数和一个反馈节点放置在循环结构框架内,连接加 1 函数的输出端与加函数的一个输入端,然后连接反馈节点的输出端与加函数的另一个输入端,最后连接加函数的输出端与反馈节点的输入端连,至此实现 1 到 N 的累加计算。

⑤ 右击反馈节点处,在弹出的快捷菜单中选择"将初始化器移出一层循环",此时一个初始化端子出现在循环框架的左侧。接下来为初始化端子添加一个数值为 0 的常量。

⑥ 用两个数值显示图标连接加函数的输出端,此时会出现错误提示。解决办法为右击此连线的"自动索引隧道"处,通过快捷菜单选取"隧道模式"下的"最终值"项,可以发现此时连线恢复正常,图 4.22 所示为设置完成后的程序框图。运行程序,通过每步的计算结果可以检查程序是否正确。

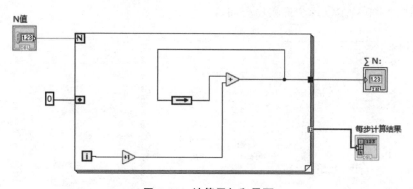

图 4.22　计算累加和界面

【知识拓展】

对采集的数据进行数据平滑处理是虚拟仪表设计中一项重要的工作,这样可以降低脉动数据对数据分析准确度的影响。数据平滑处理的设计基本思路如下:根据移位寄存器的缓冲作用,用多个连续数据的均值来替代原始采集值的方法,以达到平滑数据的作用。图 4.23 和图 4.24 所示为平滑处理前后的波形。

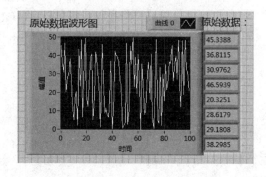

图 4.23　原始数据波形图

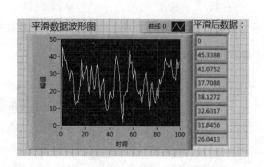

图 4.24　平滑数据波形图

利用移位寄存器实现数字平滑滤波,基本设置方法如下:

① 新建一个 VI,保存并命名。

② 在前面板放置波形图控件和数组控件各两个,再向两个数组控件中分别添加一个数值显示控件以显示数组元素值。

③ 根据用途对波形图和数组的标签更改说明功能。

④ 模拟采集的数据,在后面板创建一个 For 循环,将循环次数 N 设置为100。

⑤ 在循环内部添加随机数函数和乘法函数各一个,将产生的模拟数据放大至 0~50 之间。

⑥ 在循环控件上添加一个移位寄存器并增加缓冲器的容量,方法为右击控件左侧,在弹出的快捷菜单中单击"添加元素"。

⑦ 将模拟数据的输出与移位寄存器的右端子、原始数据波形图及原始数据组相连。尝试运行程序,观察是否出现原始数据和波形。

⑧ 连接移位寄存器的左端子,将初值设置为 0。

⑨ 按照图 4.25 所示设置全部程序框图。

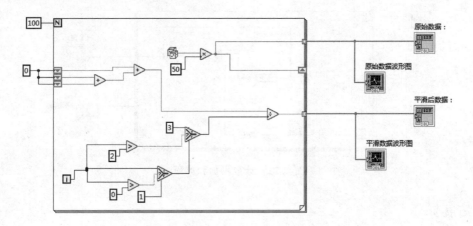

图 4.25 平滑处理程序框图

设计简洁是利用移位寄存器实现数字平滑滤波的最大特点,一般情况下,平滑处理的方式是简单的算术平均,这在移位寄存器未被采集数据完全填充前是不正确的,而该程序针对采集数据的数量来完成平均处理步骤,在程序运行的前几拍时已经起到了平滑的作用。

在数字平滑处理过程中,缓冲器的容量与平滑效果呈正相关关系,缓冲器的容量必须合理,否则捕捉功能会出现差错,使某些关键数据淹没在平滑中。

【思考练习】

1. For 循环和 While 循环的区别是什么?

2. 用两种方法求连续生成的 10 个随机数的最小值。

3. 产生 100 个随机数,求其中的最大值、最小值和这 100 个数的平均值。

4. 利用 For 循环的移位寄存器求 0+5+10+15+⋯+45+50 的值。

5. 移位寄存器和反馈节点的功能分别是什么?

任务 2　局部变量和全局变量

【任务描述】

在 LabVIEW 中,数据访问可以通过前面板对象的程序框图接线端来进行,一个前面板对象只对应一个程序框图接线端。但在某些情况下应用程序必须从几个位置对接线端的数据进行访问,这时可以引入局部变量和全局变量概念,帮助应用程序中无法连线的位置间进行信息传递。

【知识储备】

2.1　局部变量

局部变量可通过一个 VI 的不同位置对前面板对象进行访问,在单个 VI 中进行数据传输,前面板上的输入控件及显示件的数据可以利用局部变量进行读写,写入一个局部变量也可以看作是将数据传递给其他接线端。因此,通过局部变量,前面板对象既可作为输入访问,也可作为输出访问。

1. 创建局部变量

创建局部变量的方式主要有两种:

① 直接为前面板对象创建。创建数值型变量,在前面板对象或程序框图接线端右击,弹出相应快捷菜单后依次单击"创建"→"局部变量",如图 4.26 所示。局部变量创建成功后程序框图上会出现局部变量图标。

② 通过函数选板创建。在函数选板上选择一个局部变量并放置在程序框图上,如图 4.27 所示。

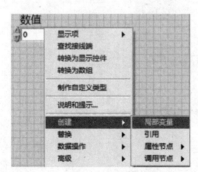

图 4.26　创建局部变量方法一

局部变量

图 4.27　创建局部变量方法二

此时创建的局部变量节点并没有关联一个输入控件或显示控件,下一步在局部变量节点处右击,在相应的快捷菜单中单击"选择项",弹出的快捷菜单会列出所有带有自带标签的前面板对象。由于 LabVIEW 中变量和前面板对象相关联的方式是通过自带标签完成的,所以需要用描述性的自带标签对前面板控件和显示件进行标注。

2. 局部变量的属性

局部变量属性有读取、写入两种,默认情况下局部变量属性为边框较细的写入变量。如需转换可以在局部变量中右击,弹出相应的快捷菜单后单击"转换为读取",此时局部变量转变为边框较粗的读取变量。写入变量意味着要改变局部变量的值,类似于显示控件。读取变量意味着改变局部变量的值,类似于输入控件。

3. 局部变量应用举例

① 使用局部变量访问同一个控件。将前面板输入空间命名为温度,创建两个局部变量。其中一个局部变量属性保持默认状态(写入属性),另一个设置为读取属性。下一步需要在写入属性的局部变量中输入温度控件的值,并从另一个局部变量中进行读取,如图 4.28 所示。

② 使用布尔开关对两个并行的 While 循环进行控制,要求同时停止运行并使开关复位。在前面板上创建一个停止布尔开关并设置机械动作为释放时转换,如图 4.29 所示。在程序框图中使用了两个产生正弦波和三角波的 While 循环,并为同时为布尔开关创建两个局部变量,属性分别为写入和读取。程序框图中布尔开关的端口与 While 循环的条件接线端相连接,布尔开关的局部变量需要连接到另一个 While 循

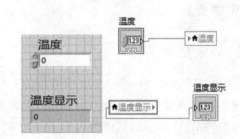

图 4.28 局部变量使用举例

环的条件接线端子上。采用此方法,两个 While 循环可以同时被一个布尔开关控制。将布尔开关的初始值设置为真并在程序运行中进行操作,当开关的状态变为假时,结束循环。退出循环后开关值和局部变量值都为假,这是因为开关值与变量值相同。如果通过非节点可以将值转变为真,写入开关局部变量后可以使开关返回到初始真值。

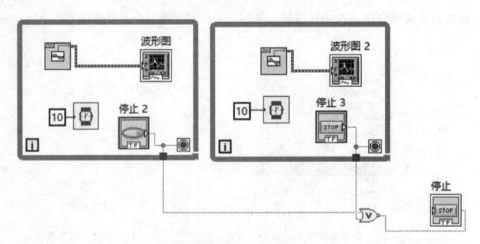

图 4.29 使用局部变量控制两个并行的 While 循环

说明:由于第一个读取带有触发动作的布尔控件的本地变量值将被重设,变为默认值,因此机械动作不能在含有局部变量的对象中使用触发。

2.2　全局变量

通过前文学习了解到,在 VI 范围内局部变量可以数据共享。全局变量可以同时在多个运行的 VI 之间进行数据访问和传递,这些 VI 可以是并行形式,也可以是不方便通过接口传递数据的主程序和子程序。

如果现在有两个 VI 同时运行且每个 VI 有一个 While 循环,数据点会写入下一个波形图表,第一个 VI 中有一个布尔控件可以终止两个 VI 的运行。那么这时候可以利用全局变量,通过一个布尔控件来终止两个循环;只有当同一个 VI 的同一张程序框图上存在两个循环才可以利用一个局部变量来终止。

1.　创建全局变量

相比于局部变量的两种创建方式,创建全局变量更加复杂,即创建多个仅含有一个前面板对象的全局 VI,或创建一个含有多个前面板对象的全局 VI 并将相似的变量归为一组,第二种创建方法更为实用。

① 从函数选板上选择一个全局变量 ,将其移动至程序框图上,此时程序框图会出现一个带问号的全局变量节点 。

② 用操作工具或定位工具双击该全局变量节点,或右击全局变量节点打开快捷菜单,单击"打开前面板"项来打开全局 VI 的前面板,如图 4.30 所示。与标准前面板一样,一个或多个输入控件和显示控件都可以放置在该前面板上。

> **说明:**只有前面板而没有程序框图是全局变量 VI 的一个特点,作为前面板对象的存储器,全局变量在 VI 中使用前必须完成存盘。

③ 如图 4.31 所示,将一个温度输入数值控件和一个停止布尔开关放置到前面板上,每一个控件都作为一个全局变量。

> **说明:**LabVIEW 中全局变量需要用自带标签来表示,所以对于前面板输入控件和显示控件应使用描述性的自带标签来标注。

④ 对全局 VI 进行保存并以"全局变量"命名后,关闭全局 VI。

⑤ 返回至原 VI 的程序框图,右击全局变量节点,弹出快捷菜单后单击"选择项",选择一个前面板对象,快捷菜单列出了前面板上有自带标签的对象;也可以用操作工具或标签工具,通过单击全局变量节点,在弹出的快捷菜单上选择"前面板对象",如图 4.32 所示。

2.　全局变量的属性

全局变量也具备读取、写入两种属性,这点与局部变量类似。默认情况下全局变量属性为边框较细的写入变量。如需转换可以在局部变量中右击,弹出相应的快捷菜单后单击"转换为读取",此时局部变量转变为边框较粗的读取变量。如需转换回写入全局变量,可以再次右击全局变量

图 4.30　右击打开全局变量前面板

节点,从快捷菜单中选择"转换为写入"。

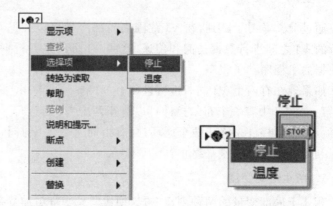

图 4.31　全局变量 VI 前面板　　　　图 4.32　选择前面板停止布尔开关作为全局变量

3. 全局变量应用举例

根据所学知识利用全局变量传递波形数据,方法如下:

创建 1 个全局变量和 2 个 VI,在第 1 个 VI 中会产生正弦波数据,如图 4.33 所示,并写入"正弦波数据"至全局变量中,如图 4.34 所示;第 2 个 VI 可以从全局变量中将波形数据读出,并以图 4.35 所示的形式显示在前面板上。

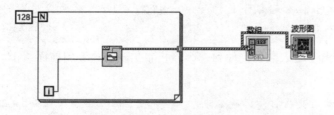

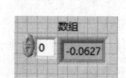

图 4.33　第 1 个 VI　　　　　　　　图 4.34　全局变量前面板

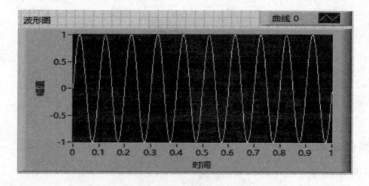

图 4.35　第二个 VI 前面板和程序框图

4. 局部变量和全局变量的使用提示

如何合理使用局部变量和全局变量是 LabVIEW 编程的难点。数据流的编程模式是

LabVIEW 程序的特色,但数据流的组成部分中不包含局部变量和全局变量。对于初学者来说,局部变量和全局变量的使用会让程序变得较难理解,所以在实用中需要注意以下两点。

① 局部变量和全局变量的初始化操作。局部变量和全局变量的 VI 在运行使用前,两个变量的值是相应的前面板对象的默认值。假设运行前无法确定这些值是否符合 VI 运行的要求,就必须对变量值进行初始化,以避免运行 VI 时出现错误。

② 计算机的内存在局部变量和全局变量的使用过程中也需要考虑。作为相应前面板对象拷贝的一个数据副本,局部变量需要占用一定的内存。因此在程序运行中需要对局部变量的数量进行控制,尤其是含有大量数据的数组,一旦使用数组较多就会占据大量内存,导致程序的运行变得缓慢。

从一个全局变量读取数据时 LabVIEW 会相应创建一个该全局变量的数据副本,所以当具有大型数组或字符串时,操作全局变量需要占用更多的时间以及内存。全局变量需要从多少个不同的位置进行读取就会建立相应数量的数据缓冲区,降低了整体运行效率。

【知识拓展】

DataSocket 技术概述

在实际工程应用和编写程序过程中,经常会遇到如在程序框图中多个位置访问同一个前面板对象、在几个同时运行的 VI 之间传递数据等通信问题,而且随着社会的进步,新一代网络化测试技术快速发展,通过网络在多台计算机之间进行数据通信显得更加重要。LabVIEW 在数据通信技术方面具备了许多强大的功能和便捷的处理方法,除了前文介绍的局部变量和全局变量之外,还包括 DataSocket 技术和 Web 服务器功能。

1. DataSocket 的特点

DataSocket 是由 NI 公司提供的一种网络传输技术,虽然建立在 TCP/IP 协议的基础之上,却无需进行复杂的底层 TCP 编程就可以通过计算机网络向多个远程终端同时广播现场的测量数据,有效简化了数据在应用程序之间以及计算机之间传输的过程。甚至可以说,用户使用 DataSocket 技术传输数据,就像把插头插进插座就能用电一样方便。在使用 DataSocket 传输数据时,无论是通过编程的方法,还是通过前面板对象数据绑定的方法,都可以在程序运行后自动查找计算机中的网络设备及其配置,并在局域网或 Internet 的网络服务器上进行连接。

针对用户测试与自动化的需求,DataSocket 技术设计为不需像 TCP/IP 编程那样把数据转换为非结构化的字节流,它可以利用自己独有的编码格式对各种类型的数据进行传输,如数字、波形、字符串以及布尔量等,还能够建立现场数据和用户之间的联系一起传输。

2. DataSocket 传递数据的方式

由 DataSocket API 和 DataSocket Server 两部分构成了 DataSocket,使用 DataSocket 传输数据的过程如图 4.36 所示。

图中数据发布 VI 和数据订户 VI 都是 DataSocket Server 的客户,数据发布 VI 向 DataSocket Server 中写入数据后,由数据订户 VI 从 DataSocket Server 中进行数据读取。实际上,一个 VI 既可以是数据发布 VI,又可以同时是数据订户 VI。两种 VI 的传输数据形式包括使用图形程序代码以及前面板对象数据绑定。

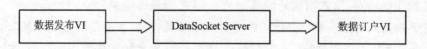

图 4.36　DataSocket 传输数据的过程

通过编程的方法可以使用 DataSocket API 与 DataSocket Server 通信来进行数据的传输。DataSocket API 提供的单一接口可以用于多样编程语言、多种数据类型通信。在 LabVIEW 中，DataSocket API 由"数据通信"至"DataSocket"函数子选板中的"读取 DataSocket"和"写入 DataSocket"等一组函数组成；发布数据的程序自动根据"写入 DataSocket"函数将用户数据转换为在网络上传递的字节流，接收数据的程序根据"读取 DataSocket"，可以将字节流还原到初始形式。

DataSocket 传递数据由数据发布 VI、数据订户 VI 和 DataSocket Server 三个部分组成，都可以放在一台机器上运行，但更合理的做法是将发布数据的程序和 DataSocket Server 放在一台机器上，在其他机器上运行接收数据的程序。

DataSocket 使用的端口号为 3015。

3. DataSocket Server

DataSocket Server 作为一个简洁独立运行的程序，可以为发布数据的程序进行数据输出，为输入数据的程序接收数据。

当安装 LabVIEW 开发环境后，Windows 的程序菜单中会出现 National Instruments→DataSocket 选项，此时存在 DataSocket 的两个组件，即 DataSocket Server Manager 和 DataSocket Server。

4. 统一资源定位符(URL)

利用 DataSocket 传输数据时可以采用统一资源定位符（Uniform Resource Locator，URL）来说明使用的通信协议和数据资源的位置，这与 WWW 浏览器相似，OPC、DSTP、FTP、file 和 Logos 都是可以采用的协议。

【思考练习】

1. 局部变量和全局变量的区别是什么？各适用于什么场合？
2. 设计 VI，利用全局变量将一个 VI 产生的字符串输入给另一个 VI 并显示。
3. 比较局部变量与全局变量的可读/可写性及有效作用范围。

任务3　前面板和程序框图设计

【任务描述】

设计一个能够产生方波、三角波、正弦波、锯齿波的函数发生器。其控制对象参数设置如下：

● 信号频率：10 Hz；

- 采样频率：1000 Hz；
- 采样点数：100；
- 幅度：1；
- 相位：0；
- 占空比：50；
- 重新设定相位控制：ON。

由于采样频率设为 1000 Hz，信号频率为 10 Hz，因此在一个信号周期内采样 100 次。

【任务实施】

3.1　前面板创建步骤

函数发生器的前面板如图 4.37 所示。

① 打开一个新的前面板窗口。

② 添加项目到前面板：

- 依次添加信号频率、采样频率、采样点数、幅度、相位、占空比等数值型控制对象；
- 按图 4.37 所示，添加两个布尔型控件。
- 添加波形图表。
- 添加信号源控件。此控件为枚举型，不需要知道该选项所代表的值，其作用是从一个列表中选择某一项，与该选项代表的值会通过 LabVIEW 自动传递给程序，图 4.38 所示为创建过程。

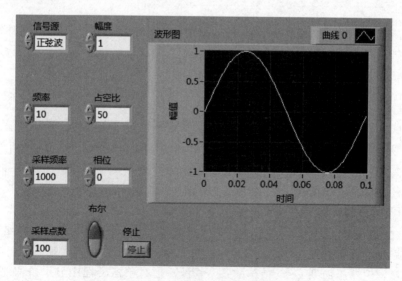

图 4.37　函数发生器的前面板

本次任务的信号源需要列举出的波形有四种，即锯齿波、三角波、方波和正弦波。

首先在枚举型控件中写入"正弦波"，然后右击控件，在弹出的快捷菜单中选择"在后面添加项"，如图 4.39 所示，按照此方法将三角波、方波和锯齿波依次导入。

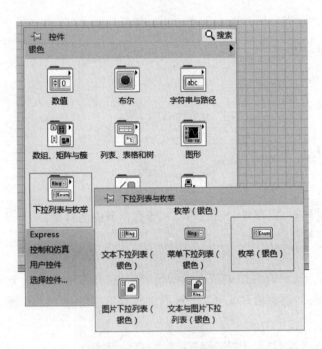

图 4.38 枚举型控件的创建

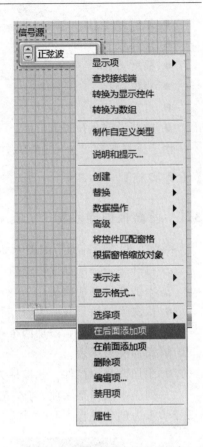

图 4.39 信号源控件的项目添加

3.2 程序框图创建步骤

函数发生器的程序框图如图 4.40 所示。

① 条件(Case)结构包含的程序有很多种,它只是执行所选定 Case(情况)下的子程序。

② 将信号源与 Case 结构进行连接 ,在缺省条件下,Case 结构包括两种。在此例中信号源枚举控制则包含四种元素,需要添加两种以上 Case(情况)到 Case 结构。在 Case 结果上右击,在弹出的快捷菜单中选择"在后面添加",按照此方法重复操作,直到得到所需的 Case(情况)。

③ 创建 采样频率 ,右击采样频率 DBL ,弹出快捷菜单后依次单击"创建"→"局部变量",即可完成创建。此过程得到的函数是显示量,通过右击可以转换为控制量。

④ 将波形发生器添加到 Case 结构的各个情况。通过单击子程序显示条两侧的增加或减少箭头,可以在不同情况直接进行转换。

- 将正弦波 VI 添加到正弦波情况结构,在"信号处理"的"信号生成"中选择"正弦波"项。通过连线工具连接"正弦波"的连线端点与采样点数、幅度、频率、采样频率、相位。
- 按照上述方法,将三角波 VI 添加到方波情况结构。
- 按照上述方法,将方波 VI 添加到方波情况结构。
- 按照上述方法,将锯齿波 VI 添加到锯齿波情况结构。

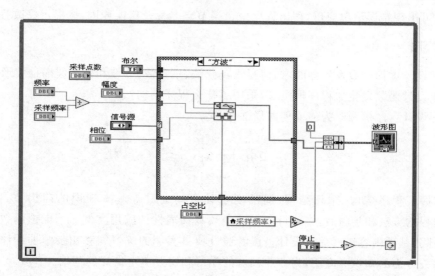

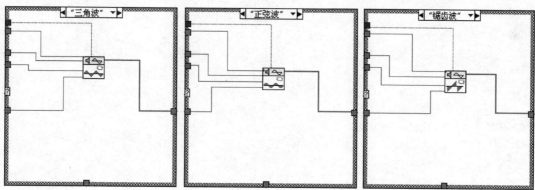

图 4.40 函数发生器的程序框图

3.3 程序运行与分析

(1) 前面板参数输入

- 信号频率：10；
- 采样频率：1000；
- 采样点数：100；
- 幅度：1；
- 相位：0；
- 占空比：50；
- 重新设定相位控制：ON。

(2) 开始运行并观察结果

单击运行按钮开始运行程序。可以通过不同的幅度、采样频率和采样点数，观察波形的差别。对于方波程序还可以设置不同的占空比观察波形的变化。

(3) 对程序的修改及运行、分析原因、解决方法

运行时如果面板工具栏上的运行按钮 ⬛ 变为折断箭头 ⬛，说明程序存在错误。单击折

断箭头则可出现错误清单窗口,列出程序中错误节点名称及错误原因,按提示修改程序即可。

【思考练习】

1. 在设计虚拟函数发生器时,如何写入正弦波、三角波、方波和锯齿波四种波形数据?
2. 在设计函数发生器程序框图时,采用了什么程序结构?
3. 在设计程序框图时为何要创建局部变量?

项目小结

在掌握了程序结构-循环结构、局部变量和全局变量等基本知识的前提下,熟悉 Lab-VIEW 编程的方法和步骤后,本项目通过一个颇具代表性的应用实例——虚拟函数发生器的设计,对部分基础内容进行综合设计。读者通过项目实例的练习能够初步掌握程序结构和数据传输相关方面的知识和应用,为专业领域的学习和实践奠定良好的基础。

项目5　越限报警程序设计

越限报警是指当测量值超越相应的上限值或下限值时,系统会发出一定的报警信息,以便监视设备的运行情况。在工业、农业、科研、国防乃至人们的日常生活中,越限报警功能都起着至关重要的作用,所以对相关参数的测量、显示、处理与控制显得尤为突出。本项目将对越限报警系统的程序设计过程进行介绍。

【学习目标】

> 掌握条件结构、顺序结构和事件结构三种程序结构的使用方法;
> 掌握公式节点的使用方法;
> 掌握越限报警前面板和程序框图的设计。

任务1　程序结构——条件结构、顺序结构和事件结构

【任务描述】

LabVIEW 编程方式中的结构是程序中数据流向的控制节点,是把基于文本的编程语言的循环和选择等程序结构用图形化的方式表现出来。在程序框图中利用结构来重复使用部分代码,或是以某种条件控制代码的执行,或以某种次序执行相应的代码。

在项目4中已经介绍了程序结构中的循环结构,本次任务将对条件结构、顺序结构和事件结构的使用方法进行介绍。

【知识储备】

1.1　条件结构

条件结构是执行条件语句的一种方法,类似于文本编程语言中的 switch 语句或 if…then…else 语句。条件结构包含多个子程序框图(也称“条件分支”),这些子程序框图就像一叠卡片,一次只能看到一张,根据传递给该结构的输入值执行相应的子程序框图。

1. 创建条件结构

右击程序框图空白处,弹出函数选板,单击“编程”→“结构”→“条件结构”,如图5.1所示。将其拖放在程序框图中,此时按住鼠标左键拖动鼠标确定条件结构图标的大小。条件结构可以包括一个或多个子程序框图或分支,图标如图5.2所示。

条件结构每次只能显示一个子程序框图,并且每次只执行一个条件分支。输入值将决定执行的子程序框图。

条件结构说明如下:

① |◀真▶|:条件选择器标签,位于条件结构顶部,由结构中各个条件分支对应的选择器

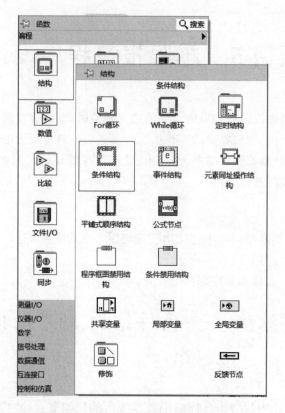

图 5.1　条件结构在函数选板上的位置

值的名称以及两边的递减和递增箭头组成。单击递减和递增箭头可以滚动浏览已有条件分支。也可以单击条件分支名称旁边的向下箭头,并在下拉菜单中选择一个条件分支。

②■:选择器接线端,可置于条件结构左边框的任意位置。将一个输入值或选择器连接到此接线端即可选择需要执行的条件分支。

连接至选择器接线端的值可以是整型、布尔型、字符串型和枚举型,用于确定要执行的分支。右击结构边框,可添加或删除分支。可使用标签工具来输入条件选择器标签的值,并配置每个分支处理的值,图 5.3 所示为条件结构与多种数据类型连接的情况。

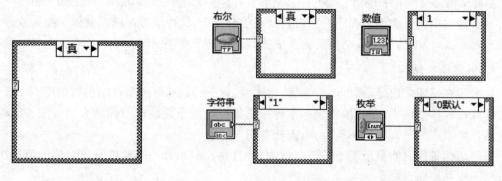

图 5.2　条件结构　　　　　　　　　**图 5.3　条件结构与多种数据类型连接**

2. 设置条件结构

（1）分支选择器值和数据类型

① 如果选择器接线端的数据类型是布尔型，则条件结构只有真和假两个分支。

② 如果是整型、字符串型或枚举型，则该结构可以包括任意个分支。可以直接使用标签工具输入和编辑选择器标签。可以指定选择器的标签值为单个值、数值列表或数值范围。数值列表中的各个值之间用逗号分开，如一1，0，2，10。对于数值范围输入形式如1..10，这表示包含从 1 到 10 之间的所有数字（包含 1 和 10）。也可以采用如..0 和 10..的表示形式，..0 表示小于或等于 0 的数，10..表示大于或等于 10 的数。

③ 在条件选择器标签中输入字符串型和枚举型值时，这些值将显示在双引号中，比如"red""green"和"blue"。但是在输入这些值时并不需要输入双引号，除非字符串或枚举值本身已包含逗号或范围符号（","或".."）。在字符串值中，反斜杠用于表示非字母数字的特殊字符，比如，\r 表示回车，\n 表示换行，\t 表示制表符。

> **说明：**①条件结构必须设置处理超出范围值的默认分支。设置默认分支的方法为，在需要显示默认的子程序框图边框上右击，在弹出的快捷菜单中选择"本分支设置为默认分支"，将当前分支设置为默认分支；或选择一个需要设为默认的分支，用标签工具单击选择器标签并输入默认，注意不要在默认外添加引号，如添加引号则表明输入值是一个字符串而不是默认分支。
>
> ②当条件结构选择器接线端与一个枚举型数据连接时，必须在前面板使用标签工具为各枚举选项输入字符串。如果输入的选择器值与连接到选择器接线端的数据类型不同，那么选择器值以红色显示，同时 VI 处于中断状态。选择器标签值不能为浮点型数据。

（2）输入和输出隧道

可为条件结构创建多个输入和输出隧道。所有输入都可供条件分支选用，但条件分支不需要使用每个输入。但是，必须为每个条件分支定义各自的输出隧道。在某一个条件分支中创建一个输出隧道时，所有其他条件分支边框的同一位置上也会出现类似隧道。只要有一个输出隧道没有连线，该结构上的所有输出隧道都显示为白色正方形，如图 5.4 所示，而且程序无法运行，产生错误提示"隧道未赋值"。正确的连接如图 5.5 所示。每个条件分支的同一输出隧道可以定义不同的数据源，但各个条件必须兼容这些数据类型。右击输出隧道并从快捷菜单中选择"未连线时使用默认"，所有未连线的隧道将使用隧道数据类型的默认值。

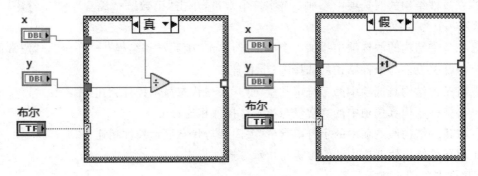

图 5.4　不正确的连接

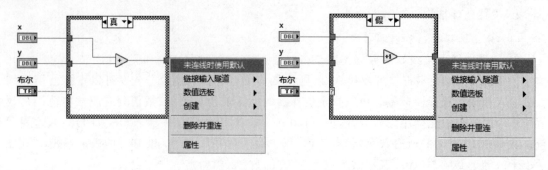

图 5.5　正确的连接

3. 条件结构应用举例

（1）通过开关改变指示灯颜色，并显示开关状态信息

1）前面板设计：

① 添加 1 个开关控件：单击"控件"→"新式"→"布尔"→"垂直滑动杆开关"，将标签改为"开关"；

② 添加 1 个字符串显示控件：单击"控件"→"新式"→"字符串与路径"→"字符串显示控件"，将标签改为"状态"；

③ 添加 1 个指示灯控件：单击"控件"→"新式"→"布尔"→"圆形指示灯"，将标签改为"指示灯"。

程序前面板如图 5.6 所示。

2）程序框图设计

① 添加 1 个条件结构：单击"函数"→"编程"→"结构"→"条件结构"；

② 在条件结构的真选项中添加 1 个字符串常量：单击"函数"→"编程"→"字符串"→"字符串常量"，值为"打开！"；

③ 在条件结构的真选项中添加 1 个真常量：单击"函数"→"编程"→"布尔"→"真常量"；

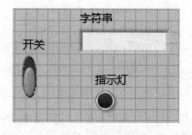

图 5.6　程序前面板

④ 在条件结构的假选项中添加 1 个字符串常量：单击"函数"→"编程"→"字符串"→"字符串常量"，值为"关闭！"；

⑤ 在条件结构的假选项中添加 1 个假常量：单击"函数"→"编程"→"布尔"→"假常量"；

⑥ 将开关控件与条件结构的选择端口 ? 相连；

⑦ 将条件结构真选项中的字符串常量"打开！"与状态显示控件相连；

⑧ 将条件结构真选项中的真常量与指示灯控件相连；

⑨ 将条件结构假选项中的字符串常量"关闭！"与状态显示控件相连；

⑩ 将条件结构假选项中的假常量与指示灯控件相连。

程序框图如图 5.7 所示。

3）运行程序

执行"连续运行"，在前面板单击开关，指示灯颜色发生变化，状态框显示"打开！"或"关

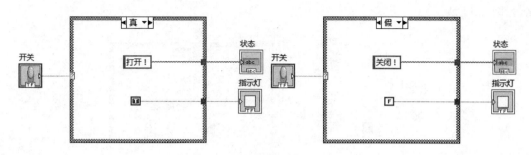

图 5.7　程序框图

闭!",如图 5.8 所示。

（2）通过滑动杆改变数值,当该数值大于等于设定值时,指示灯颜色改变。

1）前面板设计

① 添加 1 个滑动杆控件:单击"控件"→"新式"→"数值"→"水平指针滑动杆",标签为"滑动杆";

② 添加 1 个数值显示控件:单击"控件"→"新式"→"数值"→"数值显示控件",标签为"数值";

③ 添加 1 个指示灯控件:单击"控件"→"新式"→"布尔"→"圆形指示灯",标签为"指示灯"。

程序前面板如图 5.9 所示。

图 5.8　程序运行界面

图 5.9　程序前面板

2）程序框图设计

① 添加 1 个条件结构:单击"函数"→"编程"→"结构"→"条件结构";

② 添加 1 个比较函数:单击"函数"→"编程"→"比较"→"大于等于?";

③ 添加 1 个数值常量:单击"函数"→"编程"→"数值"→"数值常量",值改为 5;

④ 将滑动杆控件与数值显示控件相连,再与比较函数"大于等于?"的输入端口 x 相连;

⑤ 将数值常量 5 与比较函数"大于等于?"的输入端口 y 相连;

⑥ 将比较函数"大于等于?"的输出端口"x>＝y"与条件结构的选择端口🗝相连;

⑦ 在条件结构的真选项中添加 1 个真常量:单击"函数"→"编程"→"布尔"→"真常量";

⑧ 将指示灯控件的图标移到条件结构的真选项中;

⑨ 将条件结构真选项中的真常量与指示灯控件相连。

程序框图如图 5.10 所示。

3）运行程序

执行"连续运行",在前面板单击滑动杆触点,当其数值大于等于 5 时,指示灯颜色发生变化,如图 5.11 所示。

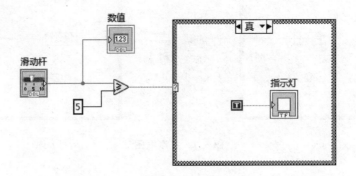

图 5.10 程序框图

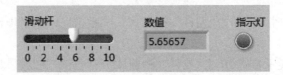

图 5.11 程序运行界面

1.2 顺序结构

在基于文本的传统编程语言中,默认情况是程序语句按照排列顺序执行。但在 LabVIEW 中不同,它是一种图形化的数据流式编程语言,只要一个节点满足"所有需要输入的数据全部到达"这一条件就开始执行。但是有时需要某个节点先于其他节点执行,这时就可以采用顺序结构来强行控制节点的执行顺序。

顺序结构图标看上去是电影胶片的样子,可以包含一个或多个子程序框图,每一个子程序框图称为一个帧(frame)。顺序结构顺序地执行子程序框图,位于函数选板下的"编程"→"结构"中,如图 5.12 所示。顺序结构包括平铺式顺序结构和层叠式顺序结构两种,平铺式顺序结构像一卷展开的电影胶片,所有的子程序框图在这一个平面上,如图 5.13 所示。

图 5.12 顺序结构在函数选板上的位置

1. 创建顺序结构

在程序框图中放置顺序结构的方法与前文中的条件结构是一样的。

创建的顺序结构如图 5.13 所示,为单帧顺序结构。但大多数情况下用户需要按顺序执行多步操作,因此需要在单帧基础上创建顺序结构。在顺序结构的边框上右击,弹出快捷菜单后选择"在后面添加帧"或"在前面添加帧",如图 5.14 所示。多帧顺序结构如图 5.15 所示。

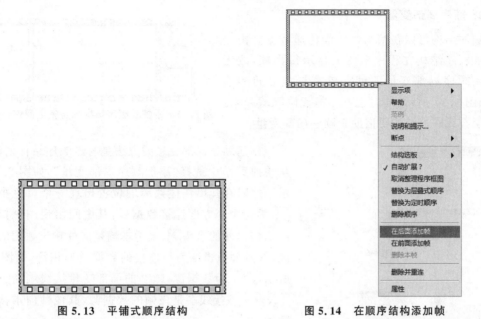

图 5.13 平铺式顺序结构　　　　　图 5.14 在顺序结构添加帧

顺序结构说明如下：

① 当平铺式顺序结构的每一帧都连接可用数据时，结构的帧按照从左至右的顺序执行。每帧执行完毕后会将数据传递至下一帧。

② 右击平铺式顺序结构，在快捷菜单中选择"替换为层叠式顺序"，可将平铺式顺序结构转换为层叠式顺序结构。层叠式顺序结构转换为平铺式顺序结构的方法亦然。层叠式顺序结构的子程序框图像一摞卡片一样重叠在一起，需要一层层地打开，之后向这些子程序框图输入代码，如图 5.16 所示。

③ 层叠式顺序结构将所有的帧依次层叠，因此每次只能看到其中的一帧，并且按照帧 0、帧 1……直至最后一帧的顺序执行。层叠式顺序结构仅在最后一帧执行结束后返回数据。

④ ⏮ 0 [0..2] ⏭：层叠式顺序结构顶部的顺序选择标识符，显示当前帧号和帧号范围，0..2表示顺序结构的帧的范围是 0～2。层叠式顺序结构的帧标签类似于条件结构的条件选择器标签。帧标签包括中间的帧号码以及两边的递减和递增箭头。单击递减和递增箭头可以循环浏览已有帧。单击帧号旁边的向下箭头，从下拉菜单中选择某一帧。与条件选择器标签不同的是，不能往帧标签中输入值。

图 5.15 多帧顺序结构

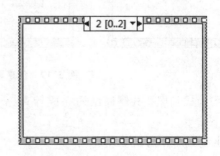

图 5.16 层叠式顺序结构

2. 顺序局部变量

顺序结构可以在帧与帧之间传递数据。由于平铺式顺序结构在程序框图上显示每个帧,故无须使用顺序局部变量即可完成帧与帧之间的连线,如图 5.17 所示,同时也不会把代码隐藏起来。但是层叠式顺序结构要借助于顺序局部变量。

图 5.17　平铺式顺序结构帧与帧之间传递数据

图 5.18　添加顺序局部变量的位置

创建顺序局部变量的方法是右击顺序结构的边框,从快捷菜单中选择“添加顺序局部变量”,如图 5.18 所示。这时在弹出快捷菜单的位置出现一个黄色小方框▢,为这个小方框连接数据后,其中间出现一个指向顺序结构框外的箭头▣,表示本帧是向外输出数据的数据源,并且颜色也变为与连接的数据类型相符,如图 5.19 所示,帧 1 为数据源,帧 2 的局部变量接线端箭头向内▣,表示该接线端是该帧的数据源,其他帧向本帧传递数据。

创建的顺序局部变量在帧的边框上,连接在局部变量上的数据可以在其后各帧使用,而创建局部变量之前的帧不能使用,如图 5.19 中的 0 帧不能使用 1 帧顺序局部变量向外发送的数据。

要删除顺序局部变量只需在局部变量上右击,弹出菜单后选择“删除”。

与条件结构不同,顺序结构的输出通道只能有一个数据源。输出可以由任一个帧发出,且此数据一直要保持到所有帧全部完成执行时才能脱离结构。

3. 顺序结构应用举例

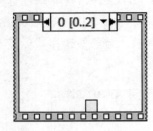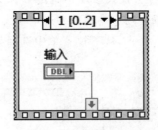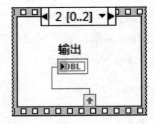

图 5.19　创建顺序局部变量

利用平铺式和层叠式顺序结构完成计算$(x+y)^2$,要求:求和运算和平方运算放在顺序结构的两个帧里。

（1）平铺式顺序结构实现过程

平铺式顺序结构比较简单,创建程序如图 5.20 所示。

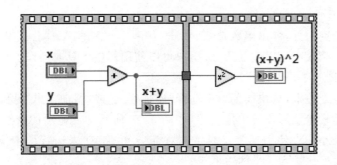

图 5.20　平铺式顺序结构实现过程

（2）层叠式顺序结构实现过程

① 创建一个顺序结构，由于 LabVIEW 2017 结构选板内默认的是平铺式顺序结构，所以在刚创建的顺序结构上右击边框，在快捷菜单中选择"替换为层叠式顺序结构"选项，将其改变为层叠式顺序结构。

② 在第 0 帧编写（x＋y），添加顺序局部变量并连线。

③ 在第 1 帧将前 1 帧创建的局部变量图标通过连线与本帧平方运算相连。图 5.21 给出了层叠式顺序结构的设计过程。

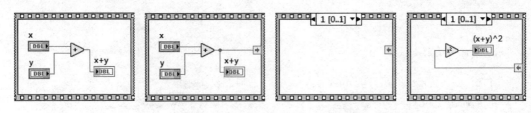

图 5.21　层叠式顺序结构实现过程

（3）运行程序

执行"连续运行"，在前面板输入 x 和 y 的值，查看运行结果，如图 5.22 所示。

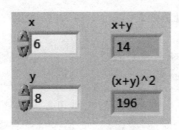

图 5.22　程序运行界面

1.3　公式节点

在程序框图中，如果需要设计较复杂的数学运算，框图将会十分复杂，工作量大，而且不直观。公式节点是便于在程序框图上执行数学运算的文本节点，允许用户使用类似于多数文本编程语言的句法编写一个或多个代数公式。

1. 创建公式节点

右击程序框图空白处,弹出函数选板,单击"编程"→"结构"→"公式节点",如图 5.23 所示。公式节点是一个大小可以改变的框,用户可以使用标签工具或操作工具,将数学公式直接写入节点框内,如图 5.24 所示。

右击公式节点的边框,从快捷菜单中选择"添加输入"或"添加输出",可以为输入变量或输出变量创建一个输入接线端或输出接线端,如图 5.25 所示。在显示的接线端中输入变量名,注意变量名区分大小写。使用标签工具或操作工具可在 VI 未运行的情况下随时编辑变量名。输出变量的边框比输入变量的边框粗。

图 5.23 公式节点在函数选板上的位置

图 5.24 公式节点

图 5.25 公式节点添加输入(或添加输出)

> **说明**:两个输入或两个输出不能使用相同的名称,但在将输出作为输入时可使用同一个名称,即输出与输入可以有相同的名称。

接下来在公式节点框内输入公式,每个公式语句必须以分号";"结束。将公式节点的输入端和输出端连接到程序框图上的对应接线端。必须连接所有输入端,但不必连接所有输出端。

公式节点尤其适用于含有多个变量或较为复杂的方程,以及对已有文本代码的利用。例如方程式 $y = x^2 + x + 1$,如果用常规的 LabVIEW 数值函数实现,如图 5.26 所示。使用公式节点计算如图 5.27 所示。

2. 公式节点的语法

公式节点的帮助窗口中列出了可供公式节点使用的操作符、函数和语法规定。一般来说,它与 C 语言非常相似,大体上一个用 C 语言编写的独立的程序块都可能用到公式节点中。但是仍然建议不要在一个公式节点中写过于复杂的程序代码。可以给语句添加注释,注释内容放在一对"/ ＊ "和" ＊ /"之间,或在注释前添加两个斜杠//。公式节点常用的操作符如表 5 - 1 所列。

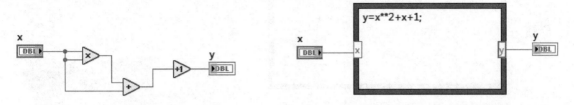

图 5.26　使用数值函数计算方程式　　　　　图 5.27　使用公式节点计算方程式

表 5 - 1　公式节点常用的操作符

运算符号	意　义
＊ ＊	指数
＋、－、!、~、＋＋、－－	加、减、逻辑非、补位、前向加、后向加
＊ 、/、%	乘、除、取模(求余)
＞＞、＜＜	算术右移、算术左移
＞、＜、＞＝、＜＝	大于、小于、大于等于、小于等于
! ＝ 、＝＝	不相等、相等
&、|、^	按位与、按位或、按位异或
& & 、||	逻辑与、逻辑或
? :	条件判断
＝ 、op＝	赋值、计算并赋值

3. 公式节点的使用说明

① 一个公式节点中包含的变量或方程的数量不限。

② 两个输入变量或两个输出变量不可使用相同名称,但一个输出可与一个输入名称相同。

③ 右击变量,从快捷菜单中选择"转换为输入"或"转换为输出",可指定变量为输入或输出变量。

④ 公式节点内部可声明和使用一个与输入或输出连线无关的变量。

⑤ 必须连接所有的输入接线端。

⑥ 变量不能有单位。

接下来在公式节点中编辑复杂公式:在右边框上添加输出"y",在公式节点中输入公式"y＝(x ＊ ＊ 3＋sqrt(x)＋exp(x))/(tan(x)＋sin(x)＋cos(x));"。创建数值显示控件,连接至"y"端口(见图 5.28)。运行程序,查看运行结果(见图 5.29)。

4. 表达式节点

表达式节点用于计算含有单个变量的表达式,适用于表达式中仅有一个变量的情况,如出现多个变量,情况会比较复杂。表达式节点接受任何非复数数值数据类型。它位于函数选板上的"编程"→"数值"中,如图 5.30 所示。

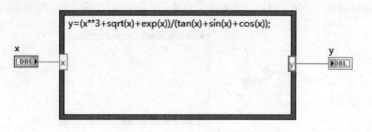

图 5.28 编辑公式

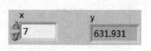

图 5.29 运行结果

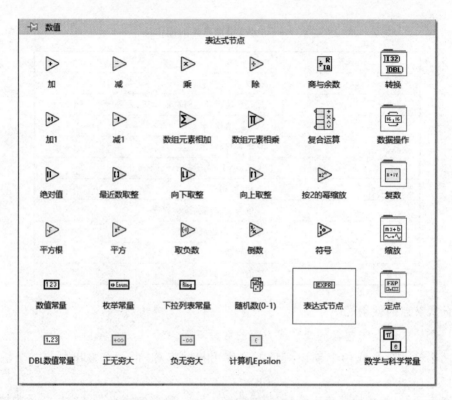

图 5.30 表达式节点在函数选板上的位置

表达式节点使用外部传递到变量输入接线端的值作为该变量的值,并由输出接线端返回计算结果。将表达式节点的输入端连接至为其提供变量值的 VI、函数、输入控件或常量。也可右击表达式节点的输入端,从快捷菜单中选择"创建"→"输入控件"或"创建"→"常量",创建一个输入控件或常量。将表达式节点的输出端连接至 VI、函数或显示控件可接收表达式的值。也可右击表达式节点的输出端,从快捷菜单中选择"创建"→"显示控件",创建一个显示控件。

例如条件表达式 x≥=5? 1:2 可以用表达式节点表示,如图 5.31 所示。

表达式节点输入接线端的数据类型和与之相连的控件或常量的数据类型相同。输出接线端与输入接线端也具有相同的数据类型。表达式节点只使用句点"."作为小数点。

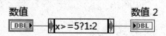

图 5.31 表达式节点

1.4　事件结构

1. 事件驱动的概念

LabVIEW 是一种数据流编程环境,数据流决定了程序框图元素的执行顺序。事件触发编程功能扩展了 LabVIEW 的数据流环境,在允许用户直接与前面板进行交互的同时允许其他异步活动影响程序框图的执行。

事件可以来自用户界面、外部 I/O 或程序的其他部分。用户界面事件包括鼠标单击、键盘按键等动作。LabVIEW 支持用户界面事件和通过编程生成的事件,但不支持外部 I/O 事件。

在事件驱动程序中,一般是用一个循环等待事件发生,然后按照对应指定事件的代码对事件进行响应,以后再回到等待事件状态。

使用事件设置,可以达到用户在前面板的操作与图形代码同步执行的效果。用户改变前面板控件的值、关闭前面板、退出程序等动作,都可能即时被程序捕捉到。

2. 创建事件结构

右击程序框图空白处,弹出函数选板,单击"编程"→"结构"→"事件结构"或"编程"→"对话框与用户界面"→"事件"→"事件结构",如图 5.32 所示,事件结构如图 5.33 所示。

事件结构包括一个或多个子程序框图或事件分支。当结构执行时,仅有一个子程序框图或分支在执行。事件结构将等待直至某一事件发生,并执行相应条件分支从而处理该事件。右键单击结构边框,可添加新的分支并配置需处理哪些事件。在程序框图上放置一个事件结构时,超时事件分支为默认分支。

事件结构说明如图 5.34 所示,具体内容如下。

① ⊠:超时接线端,位于事件结构边框左上角,给此端口连接一个值,以指定事件结构等待某个事件发生的时间(单位为 ms)。其默认值为 −1,即结构无限地等待一个事件的发生,永不超时。

② ◄ [1] 键按下? ▼:事件选择器标签,位于事件结构边框上方,表明由哪些事件引起了当前分支的执行。单击分支名称旁的向下箭头,从快捷菜单中选择和查看其他事件分支。

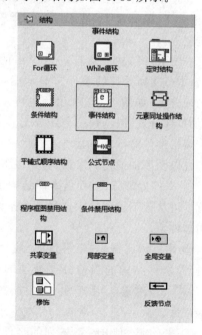

图 5.32　事件结构在函数选板上的位置

③ ▌时间▐:事件数据节点,位于每个事件分支结构的左边框内侧。该节点用于识别事件发生时 LabVIEW 返回的数据。根据事先为各事件分支所配置的事件,该节点显示了事件结构每个分支中不同的数据。可以缩放事件数据节点显示多个事件的数据项。

④ ▌放弃?▐:事件过滤节点,位于过滤事件分支的右边框内侧。该节点用于识别在事件数据节点中事件可修改的部分数据。它根据分支处理的不同事件而显示不同的数据。默认状态下,这些数据项与事件数据节点中的数据项相对应。

⑤ ⊠+:动态事件接线端,仅用于动态事件注册。

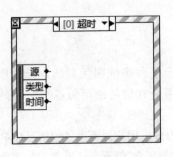

图 5.33　事件结构

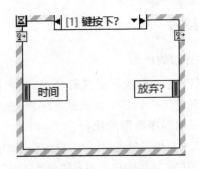

图 5.34　事件结构说明

3．配置事件结构

LabVIEW 事件分为三类：VI 事件、应用程序事件及控件事件。

① VI 事件：反映当前 VI 的状态改变。例如：键按下/键释放/键重复,鼠标进入/鼠标离开,菜单选择(应用程序/用户),菜单激活/快捷菜单激活,前面板大小调整,前面板关闭等。

② 应用程序事件：反映当前应用程序的状态改变。例如：应用程序实例关闭、超时等。

③ 控件事件：用于处理某个控件状态的改变。例如：值改变,鼠标按下/进入/离开/释放/移动,键按下释放重复等。

右击事件结构的边框并从弹出的快捷菜单中选择"编辑本分支所处理的事件",显示编辑事件对话框以编辑当前分支,如图 5.35 所示。也可从快捷菜单中选择"添加事件分支"以创建一个新分支。

编辑事件对话框如图 5.36 所示。该对话框用于配置事件以及添加或复制事件,包括以下几个部分。

① 事件处理分支：列出事件结构条件分支的总数及名称。可从该下拉菜单中选择一个条件分支并为该分支编辑事件。

② 事件说明符：列出事件源(应用程序、VI、动态或控件)及事件结构的当前分支处理的所有事件的名称。按钮 **＋　添加事件** 用于添加事件,按钮 **Ｘ　删除** 用于删除事件。

③ 事件源：列出按类排列的事件源,对其进行配置以生成事件。

④ 事件：列出在该对话框的事件源和事件部分选中的事件源的可用事件。通知事件旁标有绿色箭头,过滤事件旁标有红色箭头。

⑤ 锁定前面板直至本事件分支完成：当事件进入队列后锁定前面板,LabVIEW 将一直保持前面板的锁定

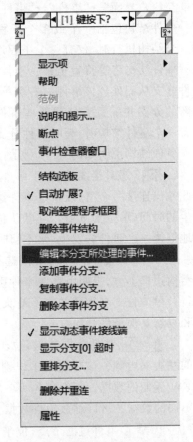

图 5.35　编辑本分支所处理的事件

状态直至所有事件结构都完成处理该事件。该选项可设置为通知事件而非过滤事件。

配置的事件结构将出现在事件选择器标签的选项中,事件数据节点将显示该分支处理的所有分支通用的数据。

图 5.36　编辑事件对话框

4. 用户界面事件分类与事件注册模式

（1）用户界面事件分类

用户界面事件有两种类型:通知事件和过滤事件。

通知事件表明某个用户操作已经发生,比如用户改变了控件的值,LabVIEW 在改变了控件的值以后发出一个"值改变事件"通知事件结构,控件的值被改变了。如果事件结构内有处理该事件的分支,则程序转去执行该事件分支。

过滤事件指出某个用户动作已经发生,但是可以在程序中制定如何处理这个事件。这类事件的名称之后都有一个问号"?",如"前面板关闭?",以便与通知事件区分。在过滤事件的事件结构分支中,可在 LabVIEW 结束处理该事件之前验证或改变事件数据,或完全放弃该事件以防止数据的改变影响到 VI。

说明:通知事件在 LabVIEW 处理用户操作之后发出,而过滤事件是在 LabVIEW 处理用户操作之前发出。

（2）事件注册模式

LabVIEW 可产生多种不同的事件。为避免产生不需要的事件，可使用事件注册来指定希望 LabVIEW 通知的事件。LabVIEW 支持静态和动态两种事件注册模式。

静态注册可指定 VI 在程序框图上的事件结构的每个分支具体处理该 VI 在前面板上的哪些事件。LabVIEW 将在 VI 运行时自动注册这些事件，故一旦 VI 开始运行，事件结构便开始等待事件。每个事件与该 VI 前面板上的一个控件、整个 VI 前面板窗口或某个 LabVIEW 应用程序相关联。

动态事件注册通过将事件注册与 VI 服务器相结合，允许在运行时使用应用程序、VI 和控件引用来指定希望产生事件的对象。动态注册在控制 LabVIEW 产生何种事件和何时产生事件方面更为灵活。但是，动态注册比静态注册复杂。

> **说明**：事件结构必须放在 While 循环中，因为当一个事件完成后，程序需要去等待下一个事件的发生。应避免在循环外使用事件结构，同时在一个循环中不能放置两个事件结构。

【知识拓展】

禁用结构用来禁用部分程序框图上的代码。禁用结构含有多个子程序框图，每次只编译和执行一个子程序框图。禁用结构有两种：条件禁用结构和程序框图禁用结构，在函数选板上的位置如图 5.37 所示。

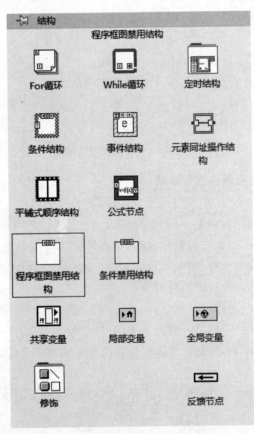

图 5.37　禁用结构在函数选板上的位置

（1）条件禁用结构

条件禁用结构可用来定义程序框图上各部分代码执行的条件。条件禁用结构有一个或多个子程序框图，LabVIEW 在执行时根据子程序框图的条件配置只使用其中的一个子程序框图。条件禁用结构的图标如图 5.38 所示。

（2）程序框图禁用结构

程序框图禁用结构可用来使程序框图上的具体代码失效，LabVIEW 不编译禁用的子程序框图中的任何代码，所以程序框图禁用结构可作为调试工具注释代码、替换代码。程序框图禁用结构的图标如图 5.39 所示。

图 5.38 条件禁用结构

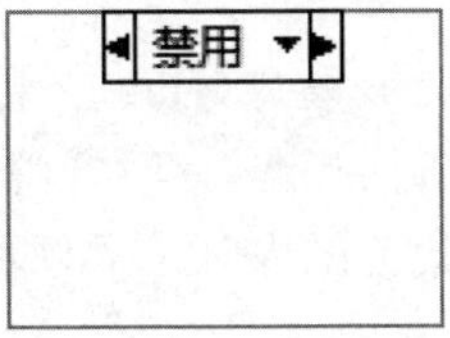

图 5.39 程序框图禁用结构

图 5.40 所示的前面板和程序框图中，程序框图禁用结构中的禁用子程序框图中的代码被禁用了。

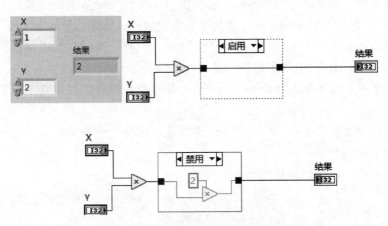

图 5.40 使用程序框图禁用结构

将程序框图禁用结构转换为条件禁用结构，只需右击程序框图禁用的边框，从快捷菜单中选择"转换为条件禁用结构"。

【思考练习】

1. 利用顺序结构和时间计数函数，计算循环 100 000 次所需的时间。

2. 实现一个用户名和密码判断的登陆程序设计。合法用户显示欢迎词，非法用户显示警告对话框。

3. 将百分制成绩转换成等级成绩，90 分以上为 A，80～89 为 B，70～79 为 C，60～69 为 D，60 分以下为 E。

4. 利用事件结构实现鼠标左右键单击的识别，通过对话框显示鼠标操作情况。

5. 利用顺序结构和循环结构写一个跑马灯,5 个灯从左到右不停地轮流点亮,闪烁间隔由滑动条调节。

任务 2 越限报警的程序设计

当测量的数值不在系统限定范围内时会发生报警现象,叫作越限报警,在实际生活以及工业过程控制等方面应用非常多。报警方式有多种,如系统发声、文本框颜色发生变化、弹出相应窗口等,本次任务学习如何设计简单的越限报警程序。

【任务描述】

创建一个能够每 200 ms 产生一个随机数的 VI,程序报警灯会在这个随机数值超过系统设定的上下线时候亮起,此时蜂鸣器发出声音,系统工作状态变为"越限";如果产生的随机数值在系统设定的范围内时正常显示的灯亮起,此时显示"正常"工作状态。

【任务实施】

1. 创建一个新的 VI 并创建前面板

① 在前面板空白处单击鼠标右键,此时有控件选板弹出。

② 在控件选板上依次单击"Express"→"数值输入控件"→"数值输入控件",用鼠标拖动至前面板上,以"上限"命名,采用相同方法创建一个数值输入控件并命名为"下限"。

③ 在控件选板上依次单击"Express"→"指示灯"→"圆形指示灯",用鼠标拖动至前面板上,以"正常"命名,采用相同方法创建一个指示灯并命名为"报警"。

④ 在控件选板上依次单击"Express"→"文本显示控件"→"字符串显示控件",用鼠标拖动至前面板上,以"工作状态"命名。

⑤ 在控件选板上依次单击"Express"→"图形显示控件"→"波形图表",用鼠标拖动至前面板上,以"随机数图"命名。

如图 5.41 所示为按步骤创建的前面板。

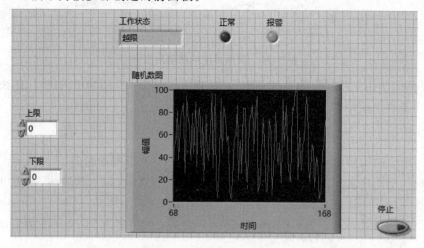

图 5.41 越限报警前面板

2．切换到 VI 程序框图并创建程序框图

① 在前面板空白处右击，此时有函数选板弹出。

② 在函数选板上依次单击"编程"→"比较"→"判定范围并强制转换"，用鼠标拖动至程序框图中。

③ 在函数选板上依次单击"编程"→"数值"→"随机数（0－1）"，用鼠标拖动至程序框图中。将随机数乘以 100，并与"判定范围并强制转换"节点的"x"端进行连线。

④ 在函数选板上依次单击"编程"→"结构"→"条件结构"，用鼠标拖动至程序框图中。将"判定范围并强制转换"节点的"范围内?"输出端与其选择器接线端进行连线。

⑤ 在函数选板上依次单击"编程"→"字符串"→"字符串常量"，用鼠标拖动至条件结构的真假两个分支中，分别输入"正常"和"越限"并将其与工作状态节点进行连线。

⑥ 在函数选板上依次单击"编程"→"图形与声音"→"蜂鸣声"，用鼠标拖动至条件结构的假分支框中。

⑦ 在函数选板上依次单击"编程"→"簇、类与变体"→"捆绑"，用鼠标拖动至程序框图中。鼠标右键单击此点输入端处会有快捷菜单弹出，选择"添加输入"。将上限、随机数值、下限依次与此节点三个输入端进行连线（连接顺序为从上到下）。

⑧ 在函数选板上依次单击"编程"→"结构"→"While 循环"，用鼠标拖动至程序框图中，程序框图上的所有节点均包含在内。将机械动作设置为释放时触发以控制循环条件的停止布尔开关。

⑨ 在函数选板上依次单击"编程"→"定时"→"等待"，用鼠标拖动至程序框图中，数值输入 500。

⑩ 将各个节点通过连线工具进行连接。

4．以越限报警程序进行命名并保存 VI 后返回前面板并运行 VI

图 5.42 所示为设计的程序框图。

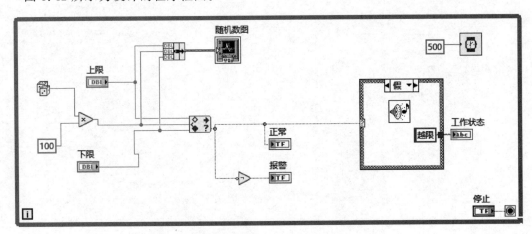

图 5.42　越限报警程序框图

【思考练习】

1. 越线报警程序中上下限报警是如何实现的？
2. 在越线报警程序设计中应注意哪些问题？

项目小结

本项目介绍了条件结构、顺序结构和事件结构的创建和使用方法，并在此基础上对越线报警程序设计进行了介绍。程序结构是 LabVIEW 程序的"骨骼"，在整个程序的编写过程中占据了相当重要的地位。因此，熟练掌握各种程序结构的用法至关重要。

项目6　波形显示的设计

用图形的形式显示测试数据与分析结果,可以看出被测试对象的变化趋势,使虚拟仪器的前面板变得更加形象直观。LabVIEW 提供了多种图形显示控件。本项目主要介绍图形显示控件的功能,如何根据显示数据的要求和需要显示数据量的多少进行设置,以及它们所要求的数据类型和显示数据的方式。

【学习目标】

➢ 掌握数组函数的创建和使用方法;
➢ 掌握簇函数的创建和使用;
➢ 掌握图形显示的相关操作;
➢ 掌握波形显示前面板和程序框图的设计。

任务1　数　　组

【任务描述】

在程序设计语言中,数组是一种常用的数据结构,是相同数据类型的集合,是一种存储和组织相同类型数据的良好方式。本次任务将介绍数组数据的创建和常用数组函数的使用方法。

【知识储备】

1.1　数组的概念

数组将相同类型的数据元素组合在一起,这些元素可以同是数值型、布尔型、字符型、波形等各种类型,也可以是簇,但不能是数组。这些元素必须同时都是输入控件或同时都是显示控件。当程序中需要对相同数据类型的一些数据反复进行同样操作时,适于使用数组。

数组可以是一维的,也可以是多维的。每一维可以多达 $2^{31}-1$ 个元素。一维数组是一行或一列数据。二维数组由若干行和列数据组成。三维数组由若干页组成,每一页是一个二维数组。图 6.1 所示为一维数组和二维数组的例子。

对数组元素的访问是通过数组索引进行的,索引值的范围是 $0\sim n-1$,n 是数组元素的数目。每一个数组元素有一个唯一的索引值,数组索引值从 0 开始,例如,图 6.1 所示二维数组中的数值 0.8 的行索引值是 1,列索引值是 2。

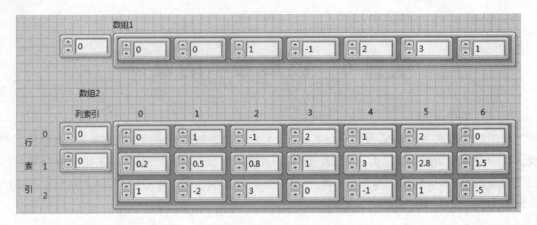

图 6.1　数组示例

1.2　创建数组

1. 在前面板上创建数组控件

图 6.2 所示为在前面板上创建数组的步骤。首先在"数组、矩阵与簇"控件子选板中选择数组外框放到前面板上，然后根据需要的数据类型选择一个控件放在数组外框内。可以直接从控件选板中选择控件放进数组外框内，也可以把前面板上已有的控件拖进数组外框内。数组外框中放入数组元素后，就自动缩放到适合容纳数组元素的大小。这个数组的数据类型以及它是输入控件还是显示控件完全取决于放入的控件。图 6.2 所示的数组外框中放了一个数值型输入控件，因此这是一个数值型一维数组输入控件。标签和索引框是数组控件默认的显示项，可选的显示项有标题和滚动条。二维数组可以显示垂直滚动条。

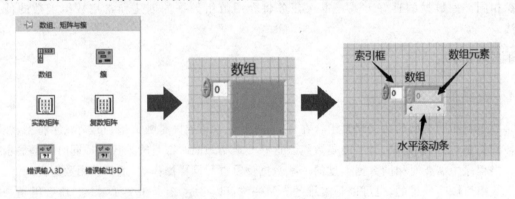

图 6.2　在前面板上创建数组

当定位工具移动到数组控件上时，数组控件会出现如图 6.3 所示的深蓝色方形手柄。光标移动到某个手柄上，它的形状会变为双向箭头。用鼠标拖动箭头会带动手柄对数组进行各种调整。

在图 6.3(a)中，横向拖动索引框左侧中间的手柄，可以改变索引框的大小。上下拖动下面中间的手柄，可以增减索引框数量从而改变数组的维度。顶点上的手柄则可以起到以上两种作用，在索引框上弹出快捷菜单，然后选择"添加维度"或"删除维度"命令，也可以改变数组的维度。

图 6.3(b)已经变为二维数组。它的两个索引框上一个是行索引,下一个是列索引。在图 6.3(b)中,手柄出现在数组元素中,这时拖动手柄可以改变数组元素显示区的大小。

在图 6.3(c)中,手柄出现在数组外框上,这时拖动手柄可以增减显示的数组元素数目。刚刚创建的数组只显示一个元素。数组索引框中的数值是显示在左上角的数组元素的索引值。如果光标移动到 4 个顶点的手柄上,光标不是双箭头形状,而是网状折角的形状,这时可以同时增减显示的数组元素行和列数目。轻轻移动定位工具,可以改变手柄出现的位置。

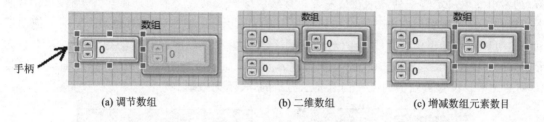

(a) 调节数组　　　　　(b) 二维数组　　　　　(c) 增减数组元素数目

图 6.3　数组的调节

2. 在程序框图中创建数组常量

在程序框图中创建数组常量最常用的方法类似于在前面板上创建数组。先从数组函数子选板中选择数组外框放到程序框图中,然后根据需要选择一个数据常量放到数组外框中。图 6.4 选择了一个数值常量。索引框是数组常量默认的显示项,可选的显示项还有标签和滚动条。也可以把前面板上的数组控件拖动或复制到程序框图中产生一个数组常量。

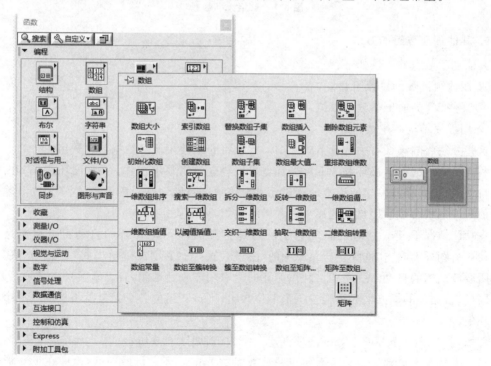

图 6.4　在程序框图中创建数组常量

3. 数组元素赋值

用上述方法创建的数组是空的,从外观上看数组元素都显示为暗色。要根据需要用操作工具或编辑文本工具为数组元素逐个赋值。若隔过前面的元素为后面的元素赋值,则前面元素根据数据类型自动赋一个默认值,如"0""F"或空字符串。

4. 数组元素的显示

通过数组的索引框可以设置数组如何显示它的元素。行索引的值决定哪一行显示在最上方;列索引的值决定哪一列显示在最左方。直接用操作工具或文本工具在索引框输入数字,或者用操作工具按索引框左侧的增减按钮都可以改变索引值。在显示出滚动条的情况下拖动滚动条也可以改变索引值。在图 6.5(a)中看到一维数组常量最前面显示的是索引值等于 9 的元素,即第 10 个元素;图 6.5(b)中二维数组常量最上面显示的是 4 行元素,最左面显示的是 10 列的元素。没有被赋值的元素仍然显示为暗的,表示无效值。

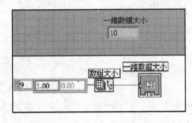
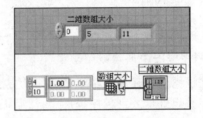

(a) 一维数组　　　　　　　　　　(b) 二维数组

图 6.5　数组大小函数

5. 其他创建数组的方法

其他创建数组的方法如下:
① 用数组函数创建数组;
② 某些 VI 的输出参数是数组;
③ 用程序结构产生数组。

这些方法将陆续在有关的章节中介绍。此处将介绍使用循环结构创建数组。

利用结构中的 For 循环和 While 循环也可以创建数组显示控件。For 循环和 While 循环启动自动索引后,在其输出通道上的标量元素会按顺序自动地逐个进入一维数组,在其输出通道上的一维数组会按顺序自动地逐个进入二维数组,以此类推。

在默认情况下,For 循环的自动索引功能是打开的,While 循环的自动索引功能是关闭的。在通道图标上右击,选择快捷菜单中的"隧道模式"→"索引或隧道模式"→"最终值"打开或关闭循环结构的自动索引功能。利用循环的索引功能创建数组,自动索引功能必须打开。

同样,若循环的输入端通道连接一个一位数组,则该数组的各个元素就将按顺序逐个输入到循环中。

例如,利用 For 循环或 While 循环创建一维数组,如图 6.6 所示。

在一维数组上创建二维数组需要将一维数组的 For 循环进行循环运行,即在 For 循环的外部再套一层 For 循环。如图 6.7 所示便是用 For 循环创建二维数组的程序框图及前面板运行结果。在该框图中是用两个 For 循环嵌套的方式来创建二维数组的。内部 For 循环执行完

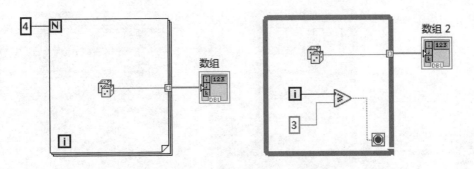

图 6.6　循环结构创建一维数组

之后会产生一个一维数组,按照外循环的循环次数 N 执行内循环,便会产生 n 个一维数组,这 n 个一维数组在外循环结束时组成二维数组输出到显示控件中。外循环的循环次数决定了二维数组的行数,内循环的循环次数决定了二维数组的列数。图 6.7 所示的前面板运行结果为 2 行 3 列的二维数组。如果要创建 N 维数组就需要用 n 个 For 循环进行嵌套。

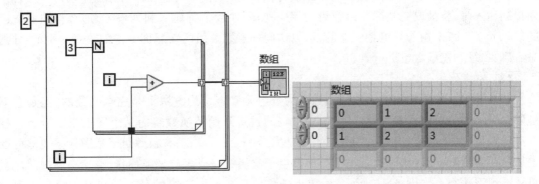

图 6.7　用 For 循环结构创建二维数组的程序框图及前面板运行结果

1.3　数组函数

对于一个数组可进行很多操作,比如求数组的长度、对数组进行排序、查找数组中的某一元素、替换数组中的元素等。传统的编程语言主要依靠各种数组函数来实现这些运算,而在 LabVIEW 中,这些函数是以功能函数节点的形式来表现的。

下面介绍几种常用的数组函数。

（1）数组大小

数组大小函数会返回输入数组的元素个数。如果输入数组为 n 维的多维数组,则该函数就会返回有 n 个元素的一维数组,数组每个元素按顺序对应各维元素的个数。当 n=1 时,节点的输出为一个标量。当 n>1 时,节点的输出为一个一维数组,数组的每个元素对应输入数组中各维的长度。如图 6.8 所示,分别求出了一个一维数组和一个二维数组的长度。

（2）索引数组

索引数组函数可以用来访问数组中的某个(某些)特定元素。对于一维数组,只要输入要访问的元素的索引就可以在对应的输出端得到该元素的值。对于二维数组来说,通过输入特定元素的行号、列号就可以访问到该元素的值。如果想获得某行或某列的全部值,只需在输入

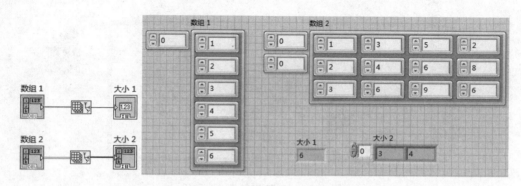

图 6.8 数组大小函数

端输入行号或列号即可。

索引数组函数会自动调整大小以匹配连接的输入数组维数,若将一维数组连接到索引函数,那么函数将显示一个索引输入。若将二维数组连接到索引函数,则将显示两个索引输入,即索引(行)和索引(列),当索引输入仅连接行输入时,则抽取完整的一维数组的那一行;若仅连接列输入时,将抽取完整的一维数组的那一列;若连接了行输入和列输入,那么将抽取数组的单个元素。每个输入数组是独立的,可以访问任意维数组的任意部分。如图 6.9 所示,分别对一维、二维和三维数组进行索引。

(3)替换数组子集

替换数组子集函数与索引数组函数在为数组元素定位的方法上是完全一致的,但是它不是要索引出定位后的元素,而是从索引中指定的位置开始替换数组的某个元素或子数组。替换后的数组与原来的数组大小和数据类型是完全一致的。拖动替换数组子集图标下边框可以增加新的替换索引组,从而利于一个替换数组子集函数完成多次替换操作,替换次序按图标索引从上到下执行。如图 6.10 所示,用数组子集函数替换原数组的第 2 行和第 4 行第 3 列的元素。

(4)数组插入

数组插入函数是向数组插入新的元素或子数组,插入位置由行索引或列索引给出。插入新的元素后,输出的数组比原数组要大。如图 6.11 所示,在原数组第 1 行处插入[8,8,0,8,8]和[66,77,77]两行数据,[66,77,77]插入的那一行会被补零变为 66,77,77,0,0]。

(5)删除数组元素

删除数组元素用于从数组中删除指定数目的元素,索引端口用于指定所删除元素的起始元素的索引号,长度端口用于指定元素的数目。如图 6.12 所示,删除第 1 行(行索引端子给出)后的两行(长度端子给出)数组元素。

(6)初始化数组

初始化数组是为了创建 n 维数组,数组维数由函数左侧的维数大小端口的个数决定,每个元素的值都与输入到元素端口的值相同。如图 6.13 所示。初始化数组函数初次创建时只有一个维度,拖拉图标的下边框可以增加维度。

(7)创建数组

创建数组函数用于合并多个数组或给数组添加元素。函数有两种类型的输入:标量和数组,因此该函数可以接受数组和单值元素输入,节点将从左侧端口输入的元素或数组按从上到

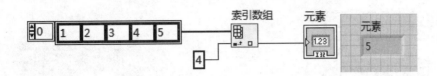

(a) 一维索引数组

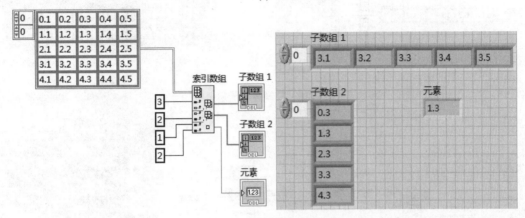

(b) 二维索引数组

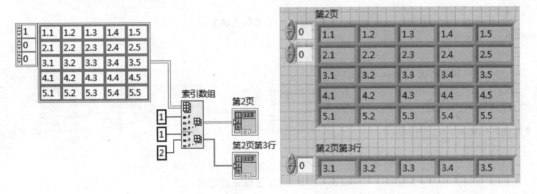

(c) 三维索引数组

图 6.9 索引数组函数

下的顺序组成一个新数组。

当两个数组需要连接时,可以将数组看成整体,即视为一个元素。图 6.14 所示为两个一维数组合并成一个二维数组的情况。

有时在创建数组函数时,不是将两个一维数组合成一个二维数组,而是将两个一维数组连接成一个更长的一维数组;或者不是将两个二维数组连接成一个三维数组,而是将两个二维数组连接成一个新的二维数组。这种情况下,需要利用创建数组节点连接输入功能,在创建数组节点右击弹出的快捷菜单中选择"连接输入",创建数组的图标也有所改变,如图 6.15 所示。

数组与标量连接时,快捷菜单中"连接输入"切换功能失效,函数则完成顺序添加操作。如图 6.16 所示,两种模式下函数图标上的符号不同,以区别两个不同的输入类型。

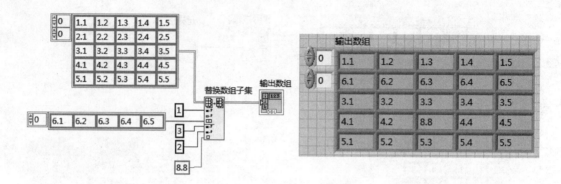

图 6.10　替换数组子集函数

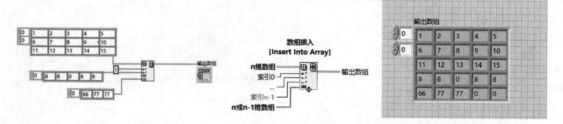

图 6.11　数组插入函数

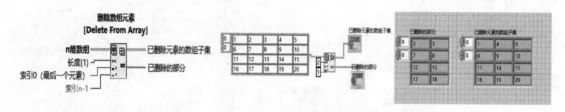

图 6.12　删除数组元素函数

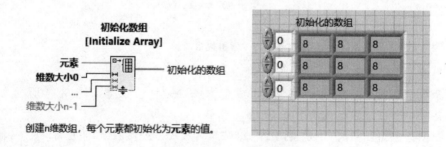

图 6.13　初始化数组函数

（8）数组子集

数组子集函数返回从指定索引处开始,某一指定长度的数组的一部分。连线数组至该函数时,函数可自动调整大小,显示数组各个维度的索引。函数输出与输入的维数保持一致,不因为输出数组元素个数或分布而改变。如图 6.17 所示,从一个二维数组常量中提取子数组,

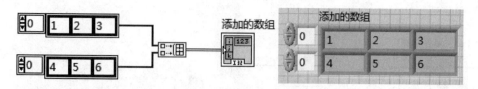

图 6.14　创建数组函数一

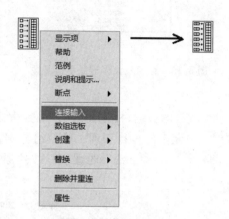

图 6.15　创建数组函数二

图 6.16　创建数组函数三

取出第 2、3 行的第 3、4、5 列。

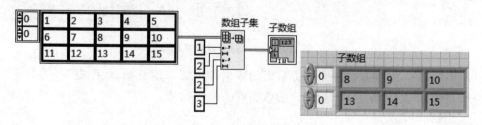

图 6.17　数组子集函数

（9）数组最大值与最小值

数组最大值与最小值函数从一个数组中找到最大值和最小值，以及它们的位置索引值。如果有多个相同的极值，就给出最前面的一个索引值。如图 6.18 所示。

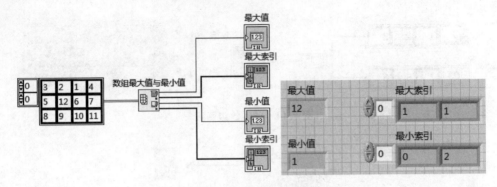

图 6.18　数组最大值与最小值函数

（10）重排数组维数

重排数组维数函数采用输入数组的数据,根据输入的"维数大小"参数确定的维数重新构建一个数组。图 6.19 所示为 20 个元素的 4 行 5 列二维数组分别重排为一维（$1 \times 20 = 20$ 元素）、二维（$2 \times 8 = 16$ 元素）、二维（$3 \times 8 = 24$ 元素）的数组。按照原数组和输出元素数量的关系,系统将自动截断或补零。

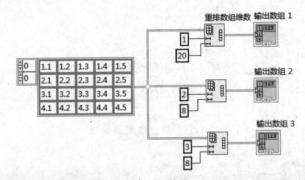

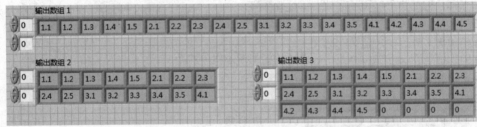

图 6.19　重排数组维数函数

从图中可以看出,输出数组采用原数组的数据是从第一行开始,顺序提取,用完前一行再用后一行,数值不足时填补"0",用不完的数据就丢掉。

【知识拓展】

电子表格是一种常用的数据格式文件,要实现电子表格中任意数据的增删不便直接解决,为此可以借助电子表格与数组的关系来加以解决,其思路是：

① 将电子表格转换为对应的数组；

② 利用数组的删除函数实现数组中行或列元素的删除,如图 6.20 所示；

③ 利用数组的插入函数实现数组中行或列元素的插入，如图 6.21 所示；

④ 将数组转换为对应的电子表格。

图 6.22 所示为将原电子表格变换为另一种结构的电子表格的界面，其程序框图如图 6.23 所示。

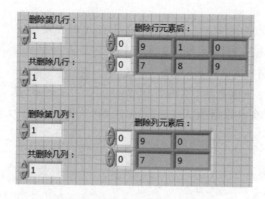

图 6.20 以数组方式删除数据元素

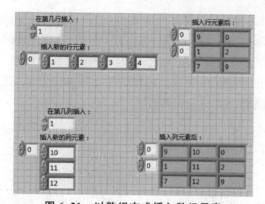

图 6.21 以数组方式插入数组元素　　　　　**图 6.22 电子表格界面**

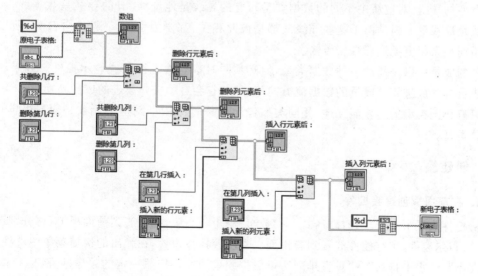

图 6.23 程序框图

【思考练习】

1. 产生一个 6×3 的整数随机数数组,随机数要在 0～100 之间,然后找出数组的最大值和最小值及其索引。

2. 创建一个以随机数为元素的一维数组,将所有元素放大一定倍数,并取出一个子集。

3. 创建子 VI 对两个输入矩阵 A 和 B 执行矩阵乘。矩阵 A 是 n×m 矩阵,二矩阵 B 是 m×p 矩阵。产生的矩阵 C 是 n×p 矩阵,这里 C=AB。

4. 设计一个 VI,产生一维数组,然后将相邻的一对元素相乘(从元素 0 和元素 1 开始),最后输出结果数值。例如,输入数组值为 1,23,10,5,7,11,输出数组为 23,50,35,77。

任务 2 簇

【任务描述】

与数组类似,簇也是一个组合数据类型结构。但与数组不同的是,簇可以将不同类型的数据(数值、布尔或者字符型等)组织在一起,形成一个整体。簇相当于一个容器,是把数据集合成一组的一种数据结构,类似于 C 语言中的结构或其他文本编程语言中的记录。使用簇可以大大地减少连线的混乱和连接器端子数。在某些程序中需要将相关的不同的类型数据放在一起,以便分析,此时用簇来表示就更可以提高程序的可视化程度。

【知识储备】

2.1 簇的概念

对于簇的概念可以用一个比较形象的比喻来解释:簇就如同一根多芯的电缆,内部有多根不同类型的导线(对应簇中不同的数据类型),有的导线是地址线,有的导线是数据线,或者有的导线是地线等。但是由于这些导线又都是彼此相关,都要由 A 处一起连向 B 处,所以就可以利用同一条粗电缆进行数据传输。

簇的成员可以是任意一种数据类型,但必须同时都是输入控件或显示控件。如果后放进簇的成员与先放进簇的成员的数据流方向不一致,它会自动按先放进的成员转换。

只有相同类型的簇才能互连,相同类型包含元素个数相同,对应的元素必须有相同的顺序和数据类型。

2.2 创建簇

1. 在前面板创建簇控件

从控件选项卡上依次选择"新式"→"数组"→矩阵与簇,拖动簇到前面板上,再分别选择数值控件、布尔控件、字符控件放置到簇里面。右击簇控件边界,在弹出的快捷菜单中选择"自动调整大小"→"水平排列"→"垂直排列",可以把簇里的控件按照一定的顺序整齐排列。图 6.24 所示分别为水平排列和垂直排列的效果图。

2．在程序框图中创建簇常量

与在前面板创建簇控件类似，从函数选项卡中选择簇拖动到框图中，然后根据程序的需要拖动簇元素控件到簇常量框内，右击簇边框，从弹出的快捷菜单中依次选择"自动调整大小"→"调整为匹配大小"，这样簇的外观和簇内的控件大小则都做调整。若以后簇内的控件大小变化时，簇的外框会随之做相应的调整。右击簇常量，在快捷菜单中选择"将簇显示为图标"，可减少簇常量在程序框图上占用的位置。如图 6.25 所示。

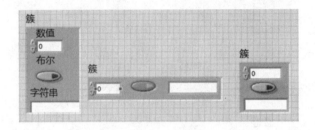

图 6.24　簇控件在前面板上的显示

图 6.25　簇控件在程序框图上的显示

3．簇顺序

簇内元素具有固定的逻辑顺序，与它们在簇内的位置无关。簇内的逻辑顺序以放入簇的时间顺序为标准。如果删除了簇中的某个元素，其他元素的顺序会自动调整。

在前面板簇边框上右击，在弹出的快捷菜单中选择"重新排序簇中控件"，这时簇的外观会改变，如图 6.26 所示。

簇内元素控件旁边的白色方框显示其在簇顺序中的当前位置，黑色方框显示其新的位置。使用簇顺序光标单击元素，就能将其簇顺序中的位置改变成显示在工具条上的数字。在单击对象之前，可以在该处输入新的数字。修改到所需要的顺序后，单击菜单顶端的按钮，可以保存或取消当前的顺序修改，如图 6.27 所示。

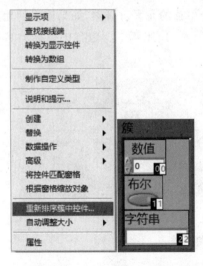

图 6.26　簇控件的顺序设置

图 6.27　簇控件顺序设计

2.3 簇函数

在程序中,使用簇函数对控件进行操作会令程序方便很多,也可大大简化 VI 之间的连线。本小节重点介绍簇函数,图 6.28 所示显示了所有的簇函数。

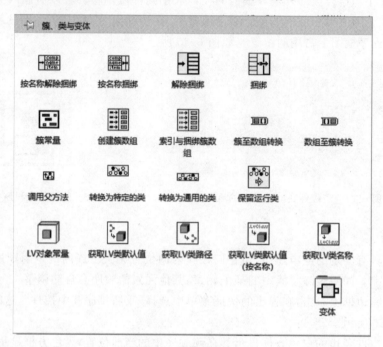

图 6.28 簇函数选板

1. 按名称解除捆绑

返回指定名称的簇。不必在簇中记录元素的顺序。该函数不要求元素的个数和簇中元素的个数匹配。将簇连接到该函数后,可以从函数中选择单独的元素。显然,如果簇里的元素没有名称,那么该函数就无法访问到该元素。如图 6.29 所示,按照簇中所包含的数据的名称将簇分解成组成簇的各个元素。

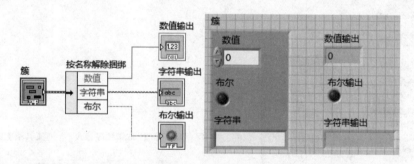

图 6.29 按名称解除捆绑函数

2. 按名称捆绑

替换一个或多个簇元素。该函数根据名称,而不是根据簇中元素的位置引用簇元素,如

图 6.30 所示。将函数连接到输入簇后,可右击名称接线端,从弹出的快捷菜单中选择元素。也可以使用操作工具单击名称接线端,或从簇元素列表中选择。所有的输入都是必需的。

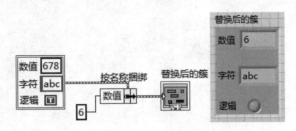

图 6.30　按名称捆绑函数

3.解除捆绑

将簇分割为独立的元素。连接簇到该函数时,函数将自动调整大小以显示簇中的各个元素输出。在连接簇控件到该函数以后,数据类型标签会显示在该函数上。如图 6.31 所示。如果在簇控件中有两个相同数据类型的元素,则可采用按名称解除捆绑函数来取得程序需要的元素。

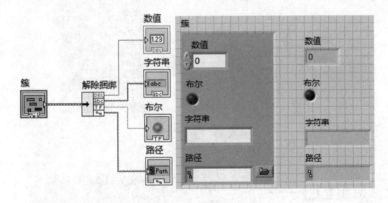

图 6.31　解除捆绑函数

4.捆　绑

将独立元素组合为簇,也可使用该函数改变现有簇中独立元素的值,而无须为所有的元素指定新值。将簇连接到该函数中间的簇接线端,连接簇到该函数时,函数将自动调整大小以显示簇中的各个元素输入。连线板可显示该多态函数的默认数据类型。如图 6.32 所示,将 3 个数据捆绑成一个簇。图 6.33 所示的输入参数中有一个是簇,输出的结果是由一个簇、一个数值和一个字符串组成的簇。

5.创建簇数组

将每个元素输入捆绑为簇,然后将所有的元素簇组成以簇为元素的数组。创建簇数组函数只要求输入数据类型完全一致,无论它们是什么数据类型,一律转换成簇,然后连成一个数组,如图 6.34 所示。

6.索引与捆绑簇数组

对多个数组建立索引,并创建一个簇数组,其中第 i 个元素包含每个输入数组的第 i 个元素。输入的数组类型可以是任意类型的一维数组。数组类型无须为同一类型,如图 6.35 所示。

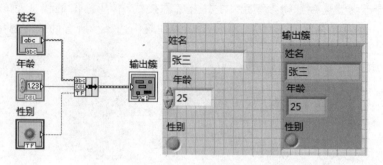

图 6.32　捆绑函数一

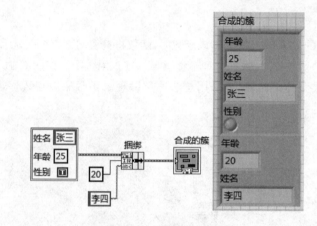

图 6.33　捆绑函数二

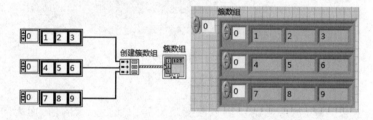

图 6.34　创建簇数组函数

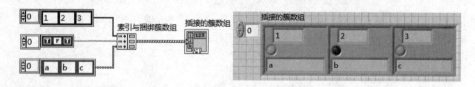

图 6.35　索引与捆绑簇数组函数

7. 簇至数组转换

将相同数据类型元素组成的簇转换为数据类型相同的一维数组,如图 6.36 所示。

8. 数组至簇转换

将一维数组转换为簇,簇元素和一维数组元素的类型相同。右击该函数,从弹出的快捷菜

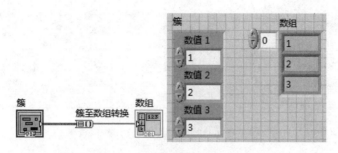

图 6.36　簇至数组转换函数

单中选择"簇大小",可以设置簇中元素的数量,默认值为 9。该函数最大的簇可包含 256 个元素。如要在前面板簇显示控件中显示相同类型的元素,又要在程序框图上按照元素的索引值对元素进行操作,则可使用该函数,如图 6.37 所示。

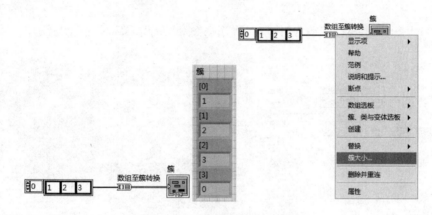

图 6.37　数组至簇转换函数

　　一些比较函数在比较数组与簇的数据时有两种模式:比较元素模式和比较集合模式。可在比较节点弹出菜单中的比较模式子菜单中选择程序所需要的模式。

　　在比较集合模式下,比较函数返回集合整体比较后的布尔值,当且仅当所有元素的比较结果都为真时返回值才为真。在比较元素模式下,返回一个布尔型的数组或簇里面的数据时,基于每个元素的比较结果。

【知识拓展】

　　特殊控件列表、表格和树包括列表框、多列列表框、表格、树形和 Express 表格等控件,位于前面板控件选板的"银色"子选板中,其外观如图 6.38 所示。

　　树形控件是以树形目录的方式来排列选项,并可展开多个层次。

　　这里以树形控件的使用为例,介绍其具体操作。

　① 在前面板选取"控件"→"新式"→"列表、表格和树"→"树形"来添加控件。

　② 在树形控件的第一列依次输入 a、b、c,再使用快捷菜单中的"缩进项"将其按层缩进。

　③ 选取树形的各项,并使用快捷菜单中的"项符号"来添加相应的符号。

　④ 使用快捷菜单中的"编辑项"将各项的标识符分别改为 s1、s2 和 s3。

图 6.38　列表、表格和树

⑤ 切换到程序框图窗口,右键"树形"图标,从快捷菜单中选取"创建"→"属性节点"→"活动单元格"→"活动列数"。

⑥ 选取属性节点,从激活的快捷菜单中选取"转换为写入"。

⑦ 选取属性图标的下边沿向下拖动,保留"Cell String"和"ActiveItem Tag"属性,将其他属性删除。

⑧ 将"Cell String"属性修改为"读取",程序框图和运行结果如图 6.39 所示。

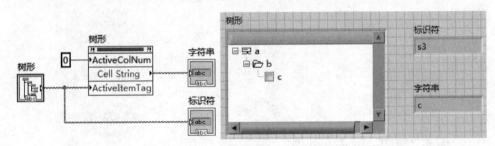

图 6.39　树形控件

【思考练习】

1. 创建一个簇输入控件,元素分别为字符型输入控件"姓名"、数值型输入控件"学号"、布尔型输入控件"注册"。从这个簇输入控件中提取出簇元素"注册",显示在前面板上。

2. 利用簇函数实现如图 6.40 所示的温度配置器和温度显示器编程。

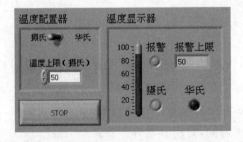

图 6.40　温度配置器和温度显示器前面板

3. 利用簇模拟汽车控制,如图 6.41 所示,控制面板可以对显示面板中的参量进行控制。油门控制转速,转速＝油门×100,档位控制时速,时速＝档位×40,油量随 VI 运行时间减少。

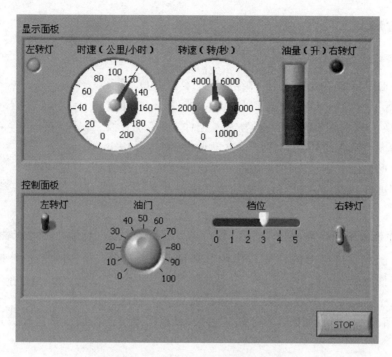

图 6.41　汽车控制面板

任务 3　图形显示

【任务描述】

波形是数据的图形表示。波形的数据类型类似于簇,但是其成员的数量和类型是固定的。许多与数据采集和信号分析有关的 VI 使用这种数据类型。本次任务将介绍波形的一些概念及其创建。

【知识储备】

3.1　波形的概念

波形数据的全部成员包括数据采集的起始时间 t_0、时间间隔 dt、波形数据 Y 以及属性。当将一个波形类型数据连接到波形图或波形图表时,将根据波形的数据、起始时间自动绘制波形。当将一个波形数据的数组连接到波形图或波形图表时,会自动画出相应的曲线。

LabVIEW 提供了大量的波形操作函数,其子选板通过依次单击"函数"→"编程"→"波形"打开;LabVIEW 还提供了大量高级波形分析函数,其子选板通过依次单击"函数"→"信号处理"打开,包括"波形测量"→"波形调理"等子选板,如图 6.42 所示。

图 6.42　信号处理模板中的波形操作函数

3.2 创建波形

1. 创建波形控件

波形控件通过依次单击"控件"→"经典"→"经典 I/O"子模板中打开,其既可以做输入控件又可以做显示控件,通过弹出菜单上的"转换为显示控件"或"转换为输入控件"来实现。波形控件边框的大小像簇的外框一样可以自动调整,调整方法也和簇一样。波形控件中显示哪些成员通过弹出快捷菜单,选择"显示项选项"进行设置。图 6.43 为显示全部成员并水平排列的波形控件。

2. 在程序框图中创建波形

使用波形函数子模板中的创建波形函数来创建波形。这个函数也可以修改已有的波形。

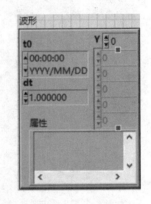

图 6.43　波形控件

如果输入不连接波形参数,就根据连接的波形成员创建一个新波形,如图 6.44 所示;如果连接了波形参数,就根据连接的波形成员修改波形,如图 6.45 所示。

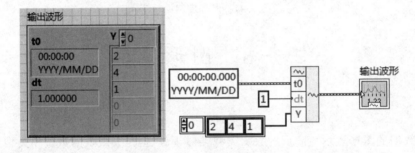

图 6.44　创建新波形

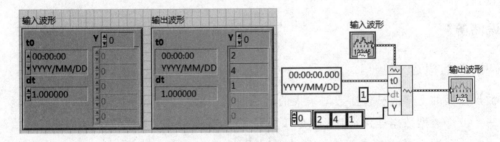

图 6.45　修改已有波形中的元素

3.3 波形图

波形图用于显示测量值为均匀采集的一条或多条曲线。波形图仅绘制单变量函数,比如 $y = f(x)$,并且各点沿 x 轴均匀分布。其控件通过依次单击"控件"→"经典"→"经典图形"子选板打开,如图 6.46 所示。

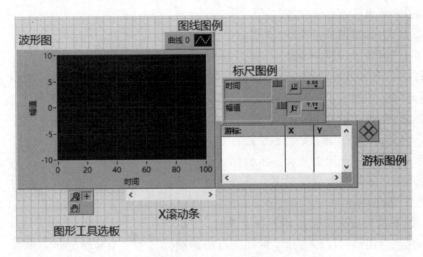

图 6.46　波形图控件

1．波形图的游标

利用游标能够准确地读出曲线上任何一点的数据。波形图默认情况下不显示游标，可以用波形图的属性设置对话框或使用快捷菜单创建游标。用快捷菜单创建游标的方法是，通过"显示项"→"游标图例"命令显示游标图例板，在空白的游标图例板上右击，在弹出的快捷菜单中选择"创建游标"命令。图 6.47 所示为创建了游标波形图的游标图例板。

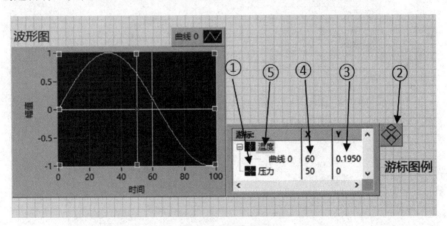

图 6.47　波形图的游标

在功能切换按钮上右击，可以弹出快捷菜单，进行游标设置。在功能切换按钮上单击，将在锁定和允许移动两种状态之间切换。允许移动时可以点按游标移动器移动游标；锁定时游标名高亮显示，这时按游标移动器时这个游标不会移动。可以同时激活多个游标，允许游标移动器移动这些游标。

图 6.48 所示为波形图属性设置对话框的"游标"选项卡，此选项卡左上角的下拉列表框中依次列出已经创建的游标。游标主要设置项有：

● 添加：创建一个新的游标。

● 名称：在文本框中编辑游标名。

- 删除：删除当前游标。
- 线条样式：如果游标带刻线，在列表中选择一种样式。
- 线条宽度：如果游标带刻线，在列表中选择一种线宽。
- 点样式：在列表中选择游标焦点的样式。
- 游标样式：在列表中选择一种游标的样式，默认样式是右下角的双刻线类型。
- 游标颜色：在颜色框上单击，弹出调色板选择游标颜色。
- 显示名称：在波形图中是否显示游标名。
- 显示游标：在波形图中是否显示游标。
- 允许拖曳：不勾选此复选框则游标固定在当前点；勾选此复选框后，下面的两个下拉列表框变为可用。

其上方的下拉列表框中包括如下两个选项：

- 自由拖曳：用户可以随意用鼠标在波形图的图线显示区中移动游标。
- 单曲线：游标锁定在曲线上移动。
- 下方的下拉列表框可选择将游标锁定在某一条曲线上，或者锁定在全部曲线上。如果选"全部曲线"选项，可以在不同曲线间拖动游标。

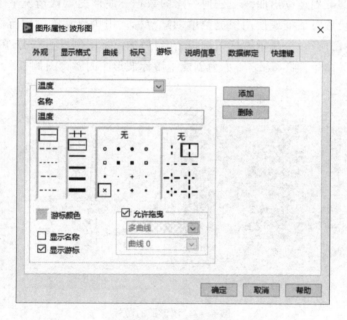

图 6.48　游标设置对话框

2. 波形图的其他设置

波形图将传递给它的数据一次全部显示在曲线描绘区中，新的数据到达时将原来的数据全部刷新。在自动调整标尺状态下，它的横坐标初值总是 0，终值等于数据量。在固定标尺状态下可以设置横坐标初值和终值，在程序运行中它的横坐标总是固定的。而波形图表的横坐标初值和终值是随数据的刷新不断变化的。由于数据刷新方式的不同，波形图的横坐标可以设置近似调整上下限，可以对多曲线设置多标尺。

LabVIEW 在刷新波形图数据显示区时，可能在擦除原有内容和描绘新的内容之间产生明显闪烁,为了避免这种现象,可以使用"高级"→"平滑更新"菜单命令,但是这样会降低程序性能。

波形图没有数字显示,但可以进行数据注释。数据注释是对曲线上关键点数据的说明。在波形图上弹出快捷菜单,选择"数据操作"→"创建注释"命令,弹出如图 6.49 所示的对话框,创建数据注释。

数据注释的锁定类似于游标的锁定。

用操作工具在数据注释点上单击可以拖曳注释点移动,右击可弹出菜单进行注释点设置。由图 6.50 可以看出,数据注释的设置内容与游标的设置内容类似。

图 6.49　数据注释对话框

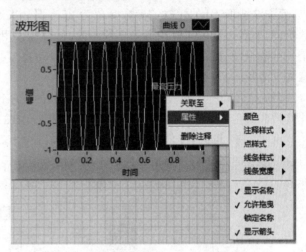

图 6.50　数据注释快捷菜单

3. 波形图的数据类型

图 6.51(a)所示的程序调用了"信号处理"→"信号生成"函数子选板中的"正弦波"VI,产生一个数组数据连接到波形图接线端上,程序每执行一次绘出一条曲线。正弦波 VI 在默认情况下一次产生 128 个数据点。所以曲线长为 128 个横坐标点。

波形图在默认情况下显示数据是从 0 开始每一点显示一个数据,如果需要改变坐标的设置可以像图 6.51(b)所示的程序那样,用一个"捆绑"函数将 x_0、dx 值和描绘曲线的数据 y 数组攒成一个簇,再连接到波形图的接线端上。由于这里 dx 值设置为 2,所以,运行程序后可以看到,描绘同样的 128 个数据点。但是曲线长为 256 个横坐标点。

图 6.51(c)所示的程序调用了"信号处理"→"信号生成"函数子选板中的"正弦波"和"方波"两个 VI,产生两个数组的数据,再将它们合成一个二维数组连接到波形图接线端上,一次绘出两条曲线。

波形图连接二维数组时也是将这个数组的每一行数据描绘一条曲线。但是它在默认情况下并不将连接的二维数组转置。由于这里连接的二维数组本身就是每行包含一条曲线的数据,所以,也不需要改变"转置数组"选项。

图 6.51(d)所示的程序给图 6.51(c)所示的程序设置了 x_0 和 dx 值。它给波形图连接的数据是一个簇,其中包括 x_0、dx 和一个二维数组。这种情况适用于多通道用同样采样率采样的情况。

图 6.51(e)所示的程序相当于将两个图 6.51(b)中的簇做成一个簇数组。这里为两条曲线分别设置了 x_0 和 dx 值。这种情况适用于多通道用不同样采样率采样的情况。

图 6.51(f)所示的程序调用了"信号处理"→"波形生成"函数子选板中的"正弦波形"和"方波波形"两个 VI,产生两个波形的数据,将它们合成一个波形数组连接到波形图接线端上,一次绘出两条曲线。当然也可以给波形图连接单个的波形函数,一次绘出一条曲线。

图 6.51(g)所示的程序给波形图接线端连接了一个描绘曲线数组。描绘曲线数组由一些簇组成,每个簇包含一条曲线的数据,即一个一维数组。为什么需要用描绘曲线数组而不是二维数组呢?因为在程序中正弦波波形 VI 的"采样"参数赋值为 128,即一次产生 128 个数据点;而方波波形 VI 的"采样"参数赋值为 256,即一次产生 256 个数据点。当各条曲线数据点数不同,如多通道采样各通道采样数不同时,就应该用描绘曲线数组这种数据结构。因为将两个一维数组做成二维数组时,LabVIEW 会自动将短的一维数组后面补 0,可能使数据的实际意义不清楚。

图 6.51(h)所示的程序只是给图 6.51(g)的程序设置了 x_0 和 dx 值。它给波形图接线端连接的数据是一个簇,其中包括 x_0、dx 和一个描绘曲线数组。

由图 6.51 可以看出,其中(a)、(c)、(f)和图中没有表示出来的连接一个波形数据的情况与波形图表的数据类型都是一样的。如果给波形图连接动态数据,和波形图表的情况也是一样的。

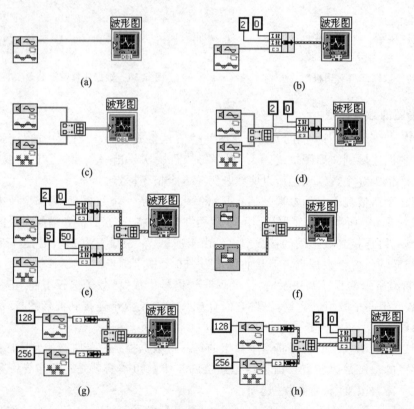

图 6.51　波形图可以接受的数据类型

3.4　波形图表

波形图表是显示一条或多条曲线的特殊波形显示控件，一般用来显示以恒定采样率采集得到的数据。波形图表位于前面板"控件"选板"新式"下的"图形"子面板中，如图 6.52 所示。"波形图表"窗口和属性对话框，与"波形图"窗口和属性对话框有很多相似之处，有些具体的设置可以参阅波形图中的介绍。

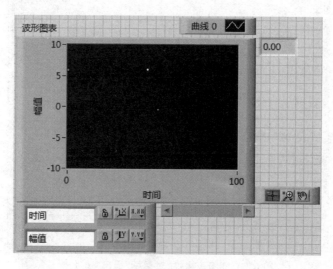

图 6.52　"波形图表"完整显示项

与波形图不同的是，波形图表并不一次性接收所有需要显示的数据，而是逐点地接收数据，并逐点地在前面板窗口中显示，在保留上一次接收数据的同时，可显示当前接收的数据。这是因为波形图表有一个缓冲区可以保存一定数量的历史数据，当数据超过缓冲区的大小时，最早的数据将被舍弃，相当于一个先进先出的队列。

1. 设置坐标轴显示

① 自动调整坐标轴。如果用户想让 Y 坐标轴的显示范围随输入数据变化，可以右击波形图表控件，在弹出的快捷菜单中选择"Y 标尺"下的"自动调整 Y 标尺"选项即可。如果取消"自动调整"选项，用户可任意指定 Y 轴的显示范围，对于 X 轴的操作与之类似。这个操作也可在属性对话框中的"标尺"选项卡中完成，如图 6.53 所示，可选择是否勾选"自动调整标尺"复选框或直接指定最大值和最小值。

② 坐标轴缩放。在图 6.53 的"缩放因子"区域内，可以进行坐标轴的缩放设置。坐标轴的缩放一般是对 x 轴进行操作，主要是使坐标轴按一定的物理意义进行显示。例如，对用采集卡采集到的数据进行显示时，默认情况下 X 轴是按采样点数显示的。如果要使 X 轴按时间显示，则要使 X 轴按采样率进行缩放。

③ 设置坐标轴刻度样式。在右键快捷菜单中选择"X 标尺"下的"样式"，然后进行样式选择。也可以在图 6.53 的"刻度样式与颜色"区域中进行设置，同时可对刻度的颜色进行设置。

④ 多坐标轴显示。默认情况下的坐标轴显示如图 6.52 所示，右击坐标轴，在弹出的菜单中选择"复制标尺"选项，此时的坐标轴标尺与原标尺同侧；再右击标尺，在弹出的菜单中选择"两侧交换"，这样坐标轴标尺就可以对称显示在图表的两侧了。对于波形图表的 X 轴，不能

进行多坐标轴显示；而对于波形图来说，可以按上述步骤实现 X 轴的多坐标显示。如果要删除多坐标显示，可右击坐标轴，然后在弹出的快捷菜单中选择"删除标尺"。

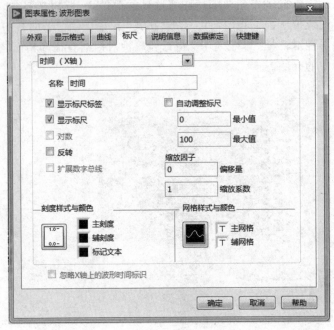

图 6.53 "图表属性"对话框"标尺"选项卡

2. 更改缓冲区长度

在显示波形图表时，数据首先存放在一个缓冲区中，这个缓冲区的大小默认为 1024 个数据，这个数值大小是可以调整的，具体方法为：在波形图表上右击，在弹出的快捷菜单中选择"图表历史长度…"选项，在弹出的"图表历史长度"对话框中更改缓冲区的大小，如图 6.54 所示。

3. 刷新模式

数据刷新模式设置是波形图表所特有的，波形图没有这个功能。在波形图表上右击，在弹出的快捷菜单中选择"高级"下的"刷新模式"即可完成对数据刷新模式的设置，如图 6.55 所示。

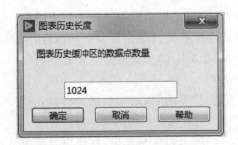

图 6.54 "图表历史长度"对话框

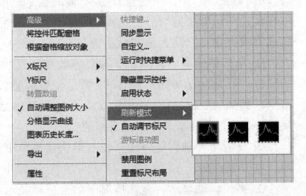

图 6.55 设置波形图表刷新模式

波形图表的刷新模式有三种。

① 带状图表:类似于纸带式图表记录仪。波形曲线从左到右连线绘制,当新的数据点到达右部边界时,先前的数据点逐次左移,而最新的数据会添加到最右边。

② 示波器图表:类似于示波器,波形曲线从左到右连线绘制,当新的数据点到达右部边界时,程序会清屏刷新,然后从左边开始新的绘制。

③ 扫描图表:与示波器模式类似,不同之处在于当新的数据点到达右部边界时,程序不清屏,而是在最左边出现一条垂直扫描线,以其为分界线,将原有曲线逐点右推,同时在左边画出新的数据点。

示波器图表模式及扫描图表模式比带状图表模式运行速度快,因为它无须像带状图表那样处理屏幕数据滚动而另外消耗时间。

4. 实例应用

下面介绍用三种不同的刷新模式显示波形曲线,程序设计步骤如下:

① 新建一个 VI。打开前面板,选择"控件"→"新式"→"图形"→"波形图表"对象,在前面板中添加三个"波形图表",分别修改标签名称为"带状图表""示波器图表"和"扫描图表"。

② 设置刷新模式。在"带状图表"控件上右击,选择"高级"→"刷新模式"→"带状图表"选项,将其设置成带状图表模式的显示形式。按相同方法分别设置其他两个控件的显示方式为"示波器图表"模式和"扫描图表"模式。

③ 编辑程序框图。打开程序框图,选择"函数"→"信号处理"→"信号生成",在"信号生成"子面板中选择"正弦信号"对象,将其放置到程序框图中,用它来产生正弦信号。将"正弦信号"输出端分别与"带状图表""示波器图表"和"扫描图表"对象的接线端相连。添加一个While 循环,将程序框图上的对象都置于循环程序框内,设置程序运行时间间隔为 100 ms。

④ 运行程序,分别用"带状图表"模式、"扫描图表"模式、"示波器图表"模式来显示正弦波,效果和程序框图如图 6.56 所示。

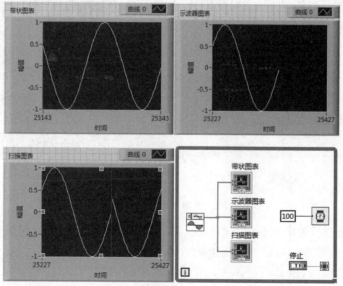

图 6.56　三种不同刷新模式显示正弦信号波形

3.5 XY 图

波形图和波形图表只能用于显示一维数组中的数据或是一系列单点数据,对于需要显示横、纵坐标对的数据,它们就无能为力了。前面讲述的波形图的 Y 值对应实际的测量数据,X值对应测量点的序号,适合显示等间隔数据序列的变化。如按照一定采样时间采集数据的变化,但是它不适合描述 Y 值随 X 值变化的曲线,也不适合绘制两个相互依赖的变量(如 Y/X)。对于这种曲线,LabVIEW 专门设计了 XY 图。

与波形图相同,XY 波形图也是一次性完成波形显示刷新,不同的是 XY 图的输出数据类型是由两组数据打包构成的簇,簇的每一对数据都对应一个显示数据点的 X、Y 坐标。

当 XY 图绘制单曲线时,有两种方法,如图 6.57 所示。

图 6.57(a)是把两组数据数组打包后送到 XY 图中显示,此时,两个数据数组里具有相同序号的两个数组组成一个点,而且必定是包里的第一个数组对应 X 轴,第二个数组对应 Y 轴。使用这种方法来组织数据要确保数据长度相同,如果两个数据的长度不一样,XY 图将以长度较短的那组为参考,而长度较长的那组多出来的数据将被抛弃。

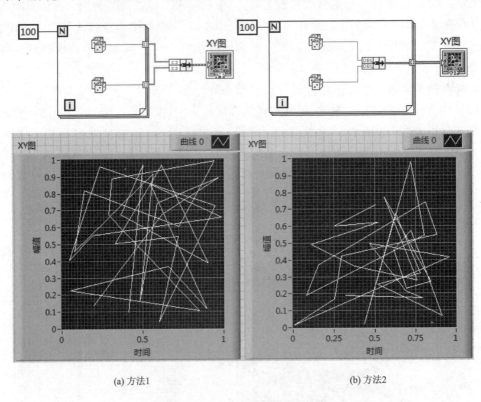

(a) 方法1　　　　　　　　　　　　　(b) 方法2

图 6.57　使用 XY 图绘制单曲线

图 6.57(b)先把每对坐标点(X,Y)打包,然后用这些点坐标形成的包组成一个数组,再送到 XY 图中显示,这种方法可以确保两组数据的长度一致。

当绘制多条曲线时,也有两种方法,如图 6.58 所示。

图 6.58(a)中,程序先把两个数用的各个数据打包,然后分别在两个 For 循环的边框通道上形成两个一维数组,再把这两个一维数组组成一个二维数组送到 XY 图中显示。图 6.58

(b)中,程序先让两组的输入输出在 For 循环的边框通道上形成数组,然后打包,用一个二维数组送到 XY 图中显示,这种方法比较直观。

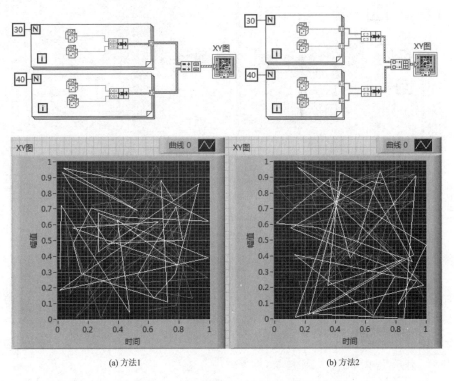

(a) 方法1　　　　　　　　(b) 方法2

图 6.58　使用 XY 图绘制多曲线

用 XY 图时,也要注意数据类型的转换,如图 6.59 所示。此程序是为了显示一个半径为1 的圆。这个程序框图使用了 Express 中的 ExpressXY 图,当 For 循环输出的两个数组接入X 输入和 Y 输入时,自动生成了转换为动态数据函数的调用,若数据源提供的数据是波形数据类型,则不需要调用转换至数据函数,而是直接连接到其输入端子。

对于上一个示例,也可将正弦函数和余弦函数分开来做,使用两个正弦波来实现,程序框图如图 6.60 所示。

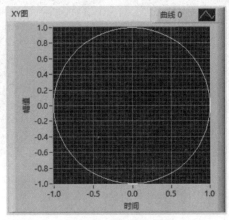

图 6.59　绘制单位圆

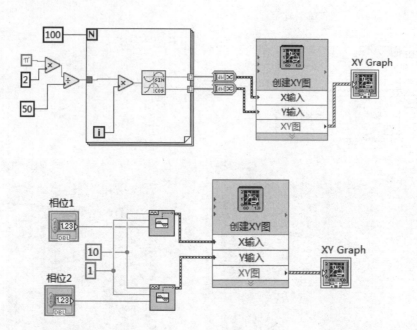

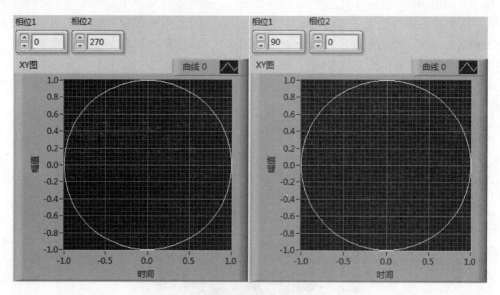

图 6.60　绘制单位圆

　　当输入相位 1 的值和相位 2 的值相差为 90 或 270 时,输出波形与上个示例相同,如图 6.61 所示,显示了单位圆。

　　当相位差为 0 时,绘制的图形为直线,当相位差不为 0、90、270 时,图形为椭圆,直线和椭圆的显示如图 6.62 所示。

图 6.61　单位圆的显示

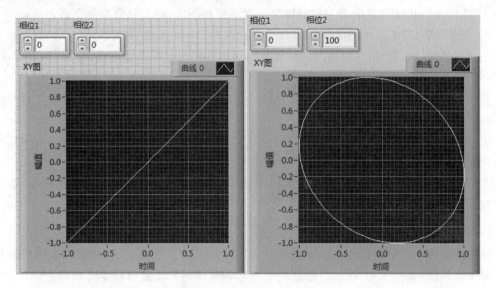

图 6.62　直线和椭圆的显示

3.6　强度图形

强度图形包括强度图和强度图表。强度图和强度图表可通过在笛卡尔平画上放置颜色块的方式在二维图上显示三维数据。例如,强度图和强度图表可显示温度图和地形图(以量值代表度)。

1. 强度图

强度图位于前面板"控件"→"新式"→"图形"子面板中。"强度图"窗口及属性对话框与波形图相同,如图 6.63 所示,具体设置可以参照波形图的介绍。强度图用 X 轴和 Y 轴表示坐标,用屏幕色彩的亮度表示点的值,其输入为一个二维数组。默认情况下数组的行坐标作为 X 轴坐标,数组的列坐标作为 Y 坐标,也可以右击并选择"转置数组",将数组的列作为 X 轴,行作为 Y 轴。

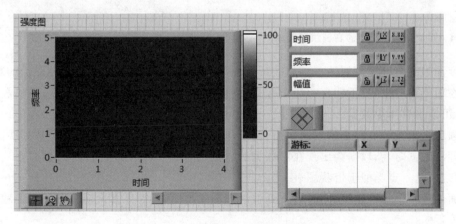

图 6.63　"强度图"完整窗口图

和波形图相比,强度图多了一个用颜色表示大小的 Z 轴。默认 Z 输刻度的右键快捷菜单

如图 6.64 所示。快捷菜单中第一栏可用来设置刻度和颜色,相关知识简单介绍如下:

① 刻度间隔:用来选择刻度间隔的方式,包括"均匀"和"随机"分布。

② 添加刻度:如果"刻度间隔"选择随机,可以在任意位置添加刻度;如果"刻度间隔"选择"均匀",则此项不可用,为灰色。

③ 删除刻度:如果"刻度间隔"选择"随机",可以删除任意位置已经存在的刻度;同样,如果"刻度间隔"选择"均匀",则此项不可用。

④ 刻度颜色:表示该刻度大小的颜色,单击打开系统颜色选择器可选择颜色;在围形中选择的颜色就代表该刻度大小的数值。

⑤ 插值颜色:勾选该项表示颜色之间有插值,存在过渡颜色;如果并未勾选该项,表示没有过渡颜色的变化。

2. 强度图表

强度图表位于前面板控件选板中"新式"→"图形"子面板,"强度图表"窗口及属性对话框与波形图表类似,如图 6.65 所示。强度图表中 Z 轴的功能和设置与强度图相同。

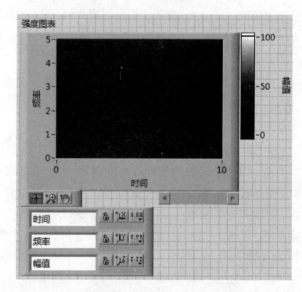

图 6.64　强度图 Z 输刻度的右键快捷菜单　　　图 6.65　强度图窗口

强度图表和强度图之间的差别与波形图相似:强度图一次性接收所有需要显示的数据,全部显示在图形窗口中,且不能保存历史数据;强度图表可以逐点地显示数据点,反映数据的变化趋势,可以保存历史数据。

在强度图表上绘制一个数据块以后,笛卡尔平面的原点将移动到最后一个数据块的右侧。图表处理新数据时,新数据会出现在旧数据的右侧;如果图表显示已满,则旧数据会从图表的左边界移出,这一点类似于带状图表。

下面创建一个一维数组,同时输入到强度图和强度图表,循环多次对比其结果。程序设计步骤如下:

① 新建一个 VI。在前面板中添加个强度图和一个强度图表控件。

② 打开程序框图,用 For 循环创建个"4×5"的维数组,数组中的元素在 0~50 之间随机

产生，然后将二维数组输入至强度图和强度图表，如图 6.66 所示。

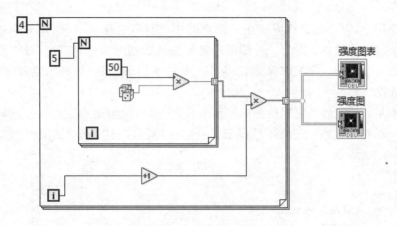

图 6.66　强度图和强度图表实例程序框图

③ 为了区别强度图和强度图表，可多次运行程序，观察动态变化过程，如图 6.67 所示。在前面板中更改 Z 轴刻度最大值，运行并观察结果。

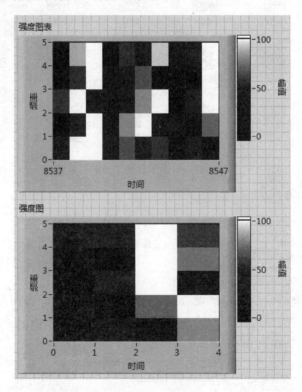

图 6.67　强度图表和强度图显示比较

从图 6.67 中可以看出，强度图每次接收新数据以后，可一次性刷新历史数据，在图中仅显示新接收的数据；而强度图表接收数据以后，在不超过历史数据缓冲区的情况下，会将数据保存在缓冲区中，可显示保存的所有数据。

7. 三维图形

在实际应用中,大量数据都需要在三维空间中进行可视化显示,例如某个表面的温度分布、联合时频分析、飞机的运动等。三维图形可使三维数据可视化,修改三维图形属性可改变数据的显示方式。为此,LabVIEW 也提供了一些三维图形工具,包括三维曲面图、三维参数图和三维曲线图。

三维图形是一种能够最直观的数据显示方式,它可以很清楚地描绘出空间轨迹,给出 X、Y、Z 三个方向的相互关系。三维图形位于"控件"→"新式"→"图形"选项中的"三维图形"子面板中,如图 6.68 所示。

图 6.68 三维图形控件

1. 三维曲面图

三维曲面图可用来描绘些简单的曲面,LabVIEW2017 提供的曲面图形控件可以分为曲面和三维曲面图形两种类型。曲面和三维曲面图形控件的 X、Y 轴输入的是一维数组,Z 轴输入的是矩阵,其数据接口如图 6.69 和图 6.70 所示。

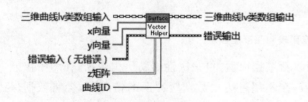

图 6.69 曲面接线端

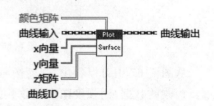

图 6.70 三维曲面图形接线端

其中，"三维曲线 Iv 类数组输入"和"曲线输入"端是存储三维曲线数据的类的引用；"x 向量"端输入一维数组，表示 XY 平面上 x 的位置，默认为整型数组[0,1,2…]；"y 向量"端输入一维数组，表示 XY 平面上 y 的位置，默认为整型数组[0,1,2…]；"z 矩阵"端是指空要绘制图形的 Z 坐标的二维数组，如未连线该输入，LabVIEW 可依据 z 矩阵中的行数绘制 X 轴的元素数，依据 Z 矩阵中的列数绘制 Y 轴的元素数；"颜色矩阵"可使 z 矩阵的各个数据点与颜色梯度的索引映射，在默认条件下，z 矩阵的值被用作索引；"曲线 ID"端可指定要绘制的曲线的 ID，通过选择图形右侧颜色谱下的下拉菜单可查看每条曲线。

下面介绍用曲面和三维曲面图形控件绘制正弦曲面的方法。这两种控件在显示方式上没有太大的差别，都可以将鼠标放置到图像显示区，将图像在 X、Y、Z 方向上任意旋转。两者最大的区别在于，曲面控件可以方便地显示三维图形在某个平面上的投影，只要单击控件右下方"投影选板"的相关选项即可。程序设计步骤如下：

① 新建一个 VI。打开前面板，选择"新式"→"图形"→"三维图形"，在"三维图形"子面板中选择"曲面"控件和"三维曲面图形"控件，添加到前面板上。

② 打开程序框图，添加一个 For 循环结构，设置循环总次数为 50 次。在循环体内，在"函数"面板中选择"信号处理"→"信号生成"→"正弦信号"，将所选函数添加到循环体内。将"正弦信号"输出端与"曲面"对象和"三维曲面图形"对象的"z 矩阵"接线端相连。程序框图如图 6.71 所示。

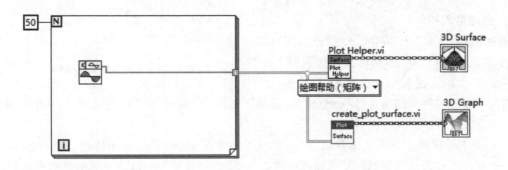

图 6.71　三维曲面图程序框图

③ 运行程序，前面板效果如图 6.72 所示。

2. 三维参数图

如果说三维曲面图只是相当于 Z 方向的曲面图，那么三维参数图则是三个方向的曲面图。三维参数图与曲面图的不同之处在于程序框图中的控件和子 VI，如图 6.73 所示。

图 6.72 中："x 矩阵"端是指定曲线数据点的 x 坐标的二维数组，表示投影到 YZ 平面的曲面数据；"y 矩阵"端是指定曲线数据点的 y 坐标的二维数组，表示投影到 XZ 平面的曲面数据；"z 矩阵"端是指定曲线数据点的 z 坐标的一维数组，表示投影到 XY 平面的曲面数据。由于三维参数图是三个方向的曲面图，所以代表曲面三个方向的二维数组数据都是不可减少的。

下面介绍利用三维参数图模拟水面波纹制作的实例。水面波纹的算法是通过"z = sin(sqrt(x^2+y^2)/sqrt(x^2+y^2))"实现的，用户可以改变不同的参数来观察波纹的变化。创建程序的步骤如下：

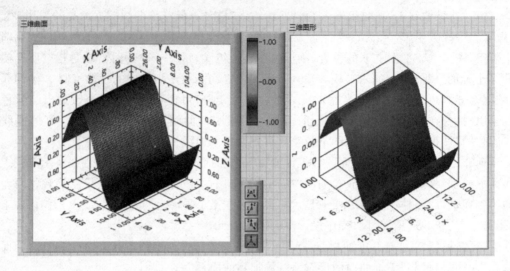

图 6.72　三维曲面图前面板

① 新建一个 VI。打开前面板,添加一个
三维参数图形控件,保存文件。

② 打开程序框图,用两个 For 循环嵌套,
生成一个二维数组,在循环次数输入端右击,
选择"创建输入控件"。

③ 选择"函数"→"编程"→"数值",在"数
组"子面板中选择"乘"运算符放置在内层 For
循环中,一个输入端与 For 循环的"i"相连,另

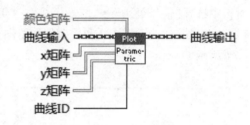

图 6.73　三维参数图接线端

端创建个输入控件"x";再选择一个"减"运算符,"被减数"端与"乘"输出端相连,在另一端创
建一个输入控件。

④ 将 For 循环生成的二维数组连接到"三维参数图形"对象的 x 矩阵输入端。选择"函
数"→"编程"→"数组",在"数组"子面板中选择"二维数组转置"函数,将生成的维数组转置后,
连接到"三维参数图形"对象的 y 矩阵输入端。

⑤ 创建两个账套 For 循环,选择两个"平方"运算符放置到内层 For 循环体内,将其输入
端分别与原数组和转置后的数组相连,然后将这两个数相加再开方,得到"$(x^2+y^2)^{1/2}$"。
选择"函数"→"数学"→"初等与特殊函数"→"三角函数",在"三角函数"子面板中选择"Sin"函
数,输入端与"开方"输出端相连,输出端连接到"三维参数图形"对象的 z 矩阵输入端。

⑥ 从"函数"下"编程"选项中的"结构"子选板中选择"While 循环"结构,将程序框图的所
有对象放置到循环体内,设置每次循环的间隔时间为 10 ms。程序框图如图 6.74 所示。

⑦ 运行程序,在前面板中不断修改 X、Y 和数值输入控件的值,观察三维参数图形生成的
模拟水面波纹结果,如图 6.75 所示。

3. 三维曲线图

三维曲线图在三维空间显示曲线而非曲面,其数据接线端如图 6.76 所示。其中"x 向量"
接线端输入一维数组,表示曲线在 X 轴上的位置;"y 向量"接线端输入一维数组,表示曲线在
Y 轴上的位置;"Z 向量"接线端输入一维数组,表示曲线在 Z 轴上的位置。

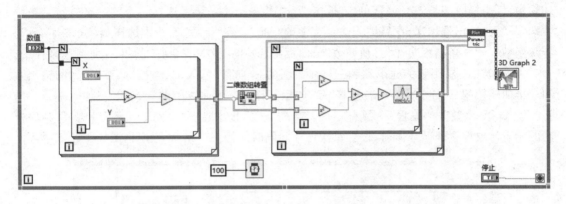

图 6.74　三维参数图模拟水面波纹框图

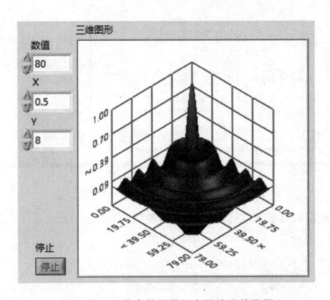

图 6.75　三维参数图模拟水面波纹效果图

三维曲线图中三个一维数组长度相等,分别代表 X、Y、Z 三个方向上的向量,是不可缺少的输入参数,由[x(i),y(i),z(i)]构成第 i 点的空间坐标。

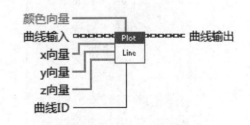

图 6.76　三围曲线图接线端

下面介绍用三维曲线控件绘制螺旋曲线的方法,创建程序的步骤如下:

① 新建一个 VI。打开前面板,在前面板上添加一个三维曲线图控件,选择"控件"→"新式"→"数值"→"旋钮",将所选控件添加到前面板,修改标签为"数据点数",更改最大值为 10 000。

② 打开程序框图,添加一个 For 循环结构,循环次数输入端与"数据点数"对象输出端相连。

③ 选择"函数"→"编程"→"数值",在"数组"子面板中选择"乘"运算符放置在内层 For 循

环体中,一个输入端与 For 循环的"i"相连,另端连接常量"π",再选择一个"除"运算符,"被除数端"与"乘"输出端相连,在另端创建一个常量"180"。在"函数"面板中选择"数学"→"初等与特殊函数"→"三角函数",在"三角函数"子面板中选择"正弦"和"余弦"函数,添加到循环体中。

④ 连接"正弦"函数的输出端和三维曲线图的"x 向量"输入端;连接"余弦"函数的输出端和三维曲线图的"y 向量"输入端;连接"除"的运算符和三维曲线图的"z 向量"的输入端。

⑤ 选择"函数"→"编程"→"结构",在"结构"子面板中选择"While 循环"结构,将程序框图的所有对象放置到循环体内,设置每次循环间隔时间为 100 ms。程序框图如图 6.77 所示。

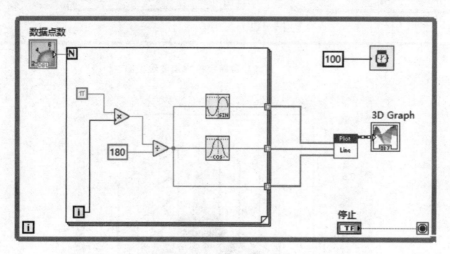

图 6.77 三维曲线绘制螺旋框图

⑥ 运行程序,在前面板中不断调整"数据点数"控件的值,观察三维曲线图形生成的螺旋曲线结果,如图 6.78 所示。

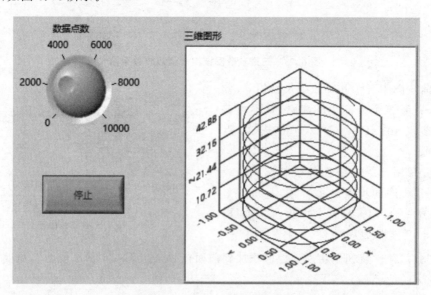

图 6.78 三维曲线绘制螺旋效果图

三维图形子面板中还提供了诸如"散点图""饼图""等高线图"等其他控件,这些控件的使用方法与实例中所讲的控件类似,此处不再赘述。

【知识拓展】

该例演示使用正弦函数得到正弦数据的过程,不是简单地输出,而是通过 For 循环将处理后的波形数据经过捆绑操作输出到结果中。

绘制完成的前面板如图 6.79 所示,程序框图如图 6.80 所示。

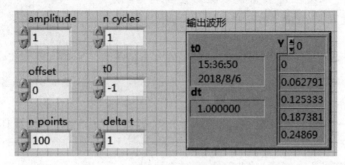

图 6.79　前面板

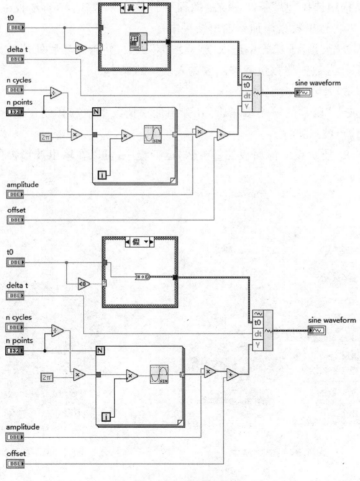

图 6.80　程序框图

① 新建一个 VI,在前面板中放置 6 个数值输入控件,并按照图 6.81 修改控件名称。

② 打开程序框图,新建一个 For 循环。

③ 在函数选板"数学"→"初等与特殊函数"→"三角函数"子选板中选取"正弦"函数,在 For 循环中用余弦函数产生正弦数据。

④ 在"编程"→"数值"选板下选取集合运算符号,按照图 6.80 所示放置在适当位置,方便正弦输入输出数据的运算。

⑤ 在"编程"→"数值"→"数学与科学常量"子选板中选取"2π",放置在乘函数输入端。

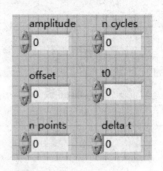

图 6.81 放置数值输入控件

⑥ 在程序框图新建一个条件结构循环。

⑦ 在"编程"→"比较"子选板中选取"小于 0?"函数,放置在条件结构循环的"分支选择器" ? 输入端。

⑧ 在条件结构循环中选择"真"条件,并在"编程"→"定时"子选板中选取"获取日期/时间"函数,可以将获取的日期输出到结果中。

⑨ 在条件结构中选择"假"条件,并在"编程"→"数值"→"转换"子选板中选取"转换为时间标识"函数,可以将输出数据添加到输出结果中。

⑩ 在"编程"→"波形"子选板中选取"创建波形"函数,并将循环后处理的数据结果连接到输出端,同时根据输入数据的数量调整函数输入端口的大小。

⑪ 按照图 6.80 所示连接程序框图。

⑫ 在"创建波形"函数的输出端右击,在弹出的快捷菜单中选择创建显示控件命令,如图 6.82 所示,创建输出波形控件。

⑬ 按照图 6.83 所示设置前面板控件参数,运行程序,可以在输出波形控件中显示输出结果,如图 6.79 所示。

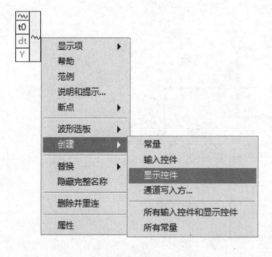

图 6.82 快捷命令

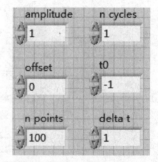

图 6.83 输入参数值

⑭ 打开前面板,在前面板右上角接线端口图标上右击,在快捷菜单中选择"模式"命令,选

择接线端口模式,如图 6.84 所示。

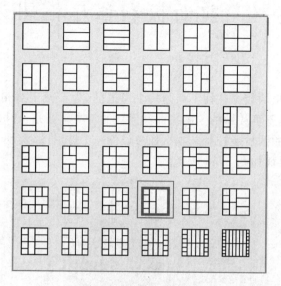

图 6.84　接线端口模式

⑮ 分别按照图 6.85 所示建立端口与控件的对应关系。

【思考练习】

1. 创建一个 VI,用于实时测量和显示温度,同时给出温度的最大值、最小值和平均值(返回温度测量值使用 LabVIEW\Activity 目录下的 Digital Thermomert. vi 节点),并可以进行图形缩放和光标控制。

2. 用 XY 图显示一个半径为 10 的圆。

3. 在一个波形图表中显示 3 条曲线,分别用红、黄、蓝 3 种颜色表示范围 0～1、0～5 和 0～10 的 3 个随机数。

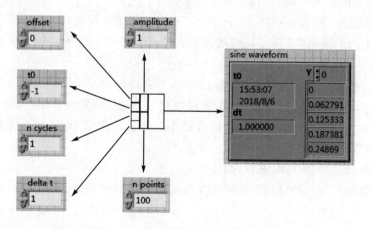

图 6.85　接线端口关系

任务 4   前面板和程序框图设计

【任务描述】

在虚拟仪表中,采集的数据往往不只是一个通道的,为了便于对相关曲线的在线分析,对曲线的显示控制功能是不可或缺的。解决此类问题的基本思路是:选取激活的曲线,然后对其可见性加以控制,即多曲线显示控制。本次任务设计一个波形图,实现三通道数据采集曲线的可见性控制。其操作界面如图 6.86 所示。

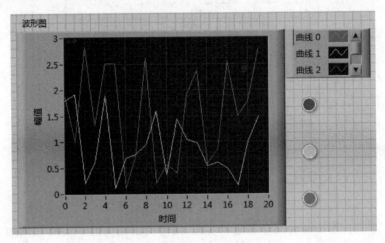

图 6.86   曲线屏蔽控制

【任务实施】

要实现多曲线的显示控制,其操作步骤如下:

① 在前面板选取"控件"→"新式"→"图形"→"波形图"来添加一个波形图控件。

② 添加 3 个圆形指示灯,并将其转换为输入控件。修改 3 个控件的开关颜色,使之与曲线的颜色相一致。

③ 切换到程序框图窗口,添加一个 For 循环,并将循环数设为"20"。

④ 在循环内,添加 3 个随机函数、3 个乘函数和 3 个数值常量并赋值,以产生模拟数据。

⑤ 依次单击"函数"→"Express"→"信号操作"→"合并信号"来添加合并信号图标,再将其分别与波形控件及 3 个数值信号相连。

⑥ 在循环内,添加一个延时图标,并设置延时值。

⑦ 切换到前面板,右击波形图,从快捷菜单选取"创建"→"属性节点"→"曲线"→"可见"来添加一个可见节点。

⑧ 再由快捷菜单选取"创建"→"属性节点"→"活动曲线"来添加一个属性节点。从而与曲线控件节点、控制按键及数值常量构成一个曲线屏蔽控制单元。

⑨ 再完成另外两组屏蔽曲线形式的单元,其程序框图如图 6.87 所示。

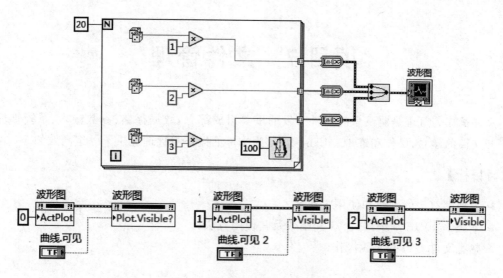

图 6.87　曲线屏蔽程序框图

运行程序,单击 3 个圆形的控制按钮可以屏蔽或显示相应色彩的曲线。

【思考练习】

1. 设计一个 VI,用波形图显示 $y = x^2 + 2x + 1$ 的图形,其中 x 的取值为 0,1,2,3,4,5,6,7,8。

2. 创建一个 VI,将一个正弦波的波形信号存储为双精度浮点数的二进制文件,并读取文件数据用图形回放。

3. 利用随机数发生器仿真一个 0~5 V 的采样信号,每 200 ms 采一个点,利用实时趋势曲线实时显示采样结果。

项目小结

本项目主要介绍了数组、簇和图形显示的结构、创建以及与之相对应的几种常用操作函数的使用。人机交互界面的设计是程序设计的重要组成部分。设计前面板时,要注意美观、大方,要设计的人性化,且不要太大,应尽量在一个屏幕上显示出来。如果前面板中的内容太多,要善于使用对话框或子 VI。

项目7 文件管理

文件操作与管理是测试系统软件开发的重要组成部分,数据存储、参数输入、系统管理都离不开文件的建立、操作和维护。LabVIEW 为文件的操作与管理提供了一组高效的 VI 集。

【学习目标】

➢ 掌握字符串的创建和使用方法;
➢ 掌握 LabVIEW 中相关 VI 和函数及其使用方法;
➢ 熟悉文件 I/O 的实践操作。

任务1 字符串

【任务描述】

字符串是可显示的或不可显示的 ASCⅡ 字符序列。如同其他语言一样,LabVIEW 也提供了各种处理字符串的功能。在虚拟仪器设计过程中,字符串对象亦发挥着重要的作用。当用户与 GPIB 和串行设备通信、读写文本文件、传递文本信息时,字符串都是非常有用的。本节将介绍如何创建字符串控件和使用字符串函数。

【知识储备】

1.1 创建字符串输入控件和显示控件

在前面板上,字符串以表格、文本输入框和标签的形式出现。右击前面板的空白处,弹出控件选板,依次单击"Express"→"文本输入控件"→"字符串输入控件"和"Express"→"文本显示控件"→"字符串显示控件",将其拖放在前面板上,如图 7.1 和图 7.2 所示。

图 7.1　前面板上的字符串输入控件

图 7.2　前面板上的字符串显示控件

使用操作工具或标签工具可输入或编辑前面板上字符串控件中的文本。默认状态下,新文本或经改动的文本在编辑操作结束之前不会被传至程序框图。

1.2　字符串显示类型

右击前面板上的字符串控件弹出快捷菜单为其文本选择显示类型。例如,以密码显示或十六进制数显示,如图 7.3 所示,其中"键入式刷新"表示字符串的内容随着输入实时改变。

① 正常显示:这是 LabVIEW 默认的显示模式,可打印字符以控件字体显示,不可显示字符通常显示为一个小方框。

② '\'代码显示:所有不可显示字符显示为反斜杠。反斜杠代码列表及其含义如表 7.1 所列。

图 7.3　快捷菜单中选择
字符串显示类型

表 7.1　反斜杠代码列表及其含义

代　码	含　义	ASCII 码
\xx	任意字符,其中 xx 是字符的十六进制代码,由 0～9 和大写字母 A～F 组成	
\b	退格键(Backspace)	08
\f	换页	0C
\n	换行	0A
\r	回车	0D
\s	空格	20
\t	制表	09
\\	反斜杠	5C

③ 密码显示:每一个字符(包括空格在内)显示为星号(＊)。

④ 十六进制显示:每个字符显示为其十六进制的 ASCⅡ值,字符本身并不显示。

用户可以将字符串输入控件和显示控件设置为不同的显示类型。字符串"There are four display types."用四种显示类型显示,如图 7.4 所示。

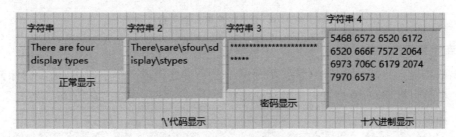

图 7.4　字符串显示类型

1.3　字符串函数

LabVIEW 提供了许多对字符串进行处理的函数,这些函数位于函数选板上的"编程"→"字符串"中,如图 7.5 所示。下面介绍一些常用的字符串函数。

图 7.5　字符串函数选板

1. 字符串长度函数

该函数返回字符串中字符的个数（长度），函数图标为 。

例：如图 7.6 所示，使用字符串函数计算字符串长度。

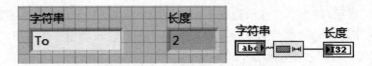

图 7.6　使用字符串长度函数

2. 连接字符串函数

该函数将输入的多个字符串（字符串 $0 \cdots n-1$）合并连接成一个字符串，函数图标为 。输入端的数目可以增减，通过右击函数从快捷菜单中选择"添加输入"或"调整函数大小"，均可向函数增加输入端。

> **说明**：连接的字符串顺序与连线至函数节点的字符串顺序（从上到下）一致。

例：如图 7.7 所示，使用连接字符串函数将三个字符串连接成一个字符串。

对于数组输入，该函数连接数组中的每个元素。如图 7.8 所示，将数组中的元素连接成一个字符串。

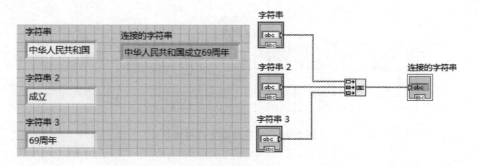

图 7.7　使用连接字符串函数连接三个字符串

图 7.8　使用连接字符串函数连接数组元素

说明：本例中连接字符串函数输入端仅有一个数组输入，所以应减少连接字符串函数输入端的个数。可以通过右击函数从快捷菜单中选择"删除输入"来实现。

使用连接字符串函数将数组和字符串连接成一个字符串如图 7.9 所示。

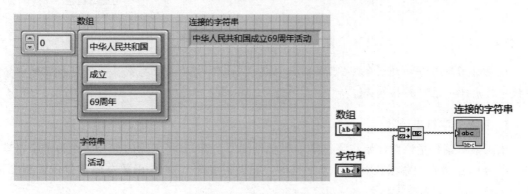

图 7.9　使用连接字符串函数连接数组和字符串

3. 截取字符串函数

该函数可以从一个字符串里提取一个字符串，从偏移量位置开始，取长度个字符函数图标为 。

说明：偏移量是指字符的起始位置，并且必须为数值。字符串中第一个字符的偏移量为 0。如没有连线或小于 0，则默认值为 0。长度必须为数值。

例：如图 7.10 所示，使用截取字符串函数从一个字符串中提取字符串。

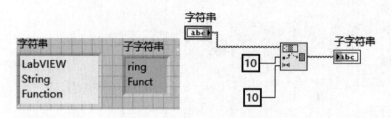

图 7.10　使用截取字符串函数

4. 匹配模式函数

该函数在字符串中从偏移量参数指定的偏移处开始搜索正则表达式,如果找到匹配的表达式,则将字符串分解为三个子字符串。函数图标为█。

说明:正则表达式指的是要在字符串中搜索的表达式。如果函数没有找到正则表达式,匹配子字符串将为空,子字符串之前为整个字符串,子字符串之后为空,匹配后偏移量为-1。

例:如图 7.11 所示,使用匹配模式函数从一个字符串中查找匹配的子字符串。

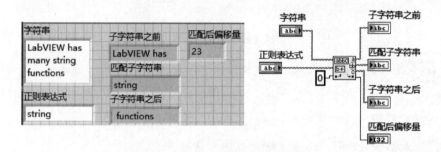

图 7.11　使用匹配模式函数

> 说明:LabVIEW 中还提供了"匹配正则表达式"函数█,此函数有更多的字符串匹配选项,但执行速度比匹配模式函数慢。

5. 替换子字符串函数

该函数从偏移量位置开始在字符串中删除长度个字符,并将删除的部分替换为子字符串。如长度为 0,函数在偏移量位置插入子字符串。如果子字符串为空,函数在偏移量位置删除长度个字符。函数图标为█。

函数的主要参数说明如下:

① 子字符串:用于替换输入字符串中的字符串。

② 长度:确定输入字符串中被替换子字符串的字符数。如子字符串为空,从偏移量开始的长度个子字符将被删除。

③ 结果字符串:输入字符串中替换子字符串后的字符串。

④ 替换子字符串:输入字符串中被替换的字符串。

图 7.12 所示为替换子字符串函数使用举例。

6. 搜索替换字符串函数

搜索替换字符串函数与上面论述的替换子字符串函数有所不同,它不是按照位置和长度

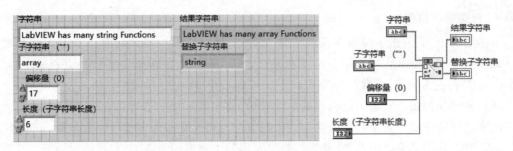

图 7.12　使用替换子字符串函数

替换字符串,而是查找与搜索字符串参数一致的字符串,用替换字符串参数去替换。函数图标为 。

函数的主要参数说明如下:

① 输入字符串:函数要搜索的输入字符串。

② 搜索字符串:要搜索或替换的字符串。

③ 替换字符串:用于替换搜索字符串中的字符串,默认值为空字符串。

图 7.13 所示为搜索替换字符串函数使用举例。

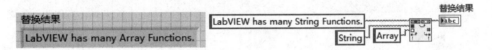

图 7.13　使用搜索替换字符串函数

7. 格式化日期/时间字符串函数

该函数通过复制时间格式化字符串,将各个时间格式化代码替换为相应的值,从而计算得到日期/时间字符串。时间格式字符串代码有:%a(星期名缩写)、%b(月份名缩写)、%c(地区日期/时间)、%d(日期)、%H(时,24 小时制)、%I(时,12 小时制)、%m(月份)、%M(分钟)、%P(am/pm 标识)、%S(秒)、%x(地区时间)、%y(两位数年份)、%Y(四位数年份)、%<digit>u(小数秒,<digit>位精度)。函数图标为 。

图 7.14 所示为格式化日期/时间字符串函数使用举例。

图 7.14　使用格式化日期/时间字符串函数

8. 格式化写入字符串函数

该函数按照格式字符串输入参数指定的格式,将输入数据转换成字符串并连接在一起输出字符串。可以将字符串路径、枚举型、事件标识、布尔或数值等数据格式化为文本。函数图标为 。

> **说明:**格式字符串是指定如何将输入数据转换为结果字符串。通过此端口对每一个被转换的数据进行格式说明,数据的顺序由上到下。默认状态将匹配输入参数的数据类型。

9. 扫描字符串函数

很多情况下，必须把字符串转换成数值，如需要将从仪器中得到的数据字符串转换成数值。此函数功能与格式化写入字符串函数功能相反，将输入字符串中的数字字符（如 0～9，＋，－，e，E）转换为数字，函数图标为 ![]。

函数从初始扫描位置端参数指定的位置开始，将字符串中的有效数字字符转换为由函数节点的格式字符串端口指定格式的数据。使用方法与格式化写入字符串函数类似。双击函数（或右击函数，从快捷菜单中选择"编辑扫描字符串"）可弹出如图 7.15 所示的对话框。设置对话框中的相关参数。

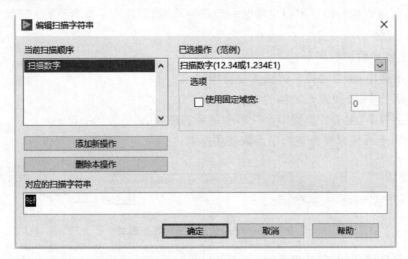

图 7.15　编辑扫描字符串对话框

图 7.16 所示为扫描字符串函数使用举例。

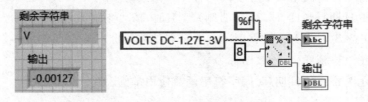

图 7.16　扫描字符串函数使用举例

10. 字符串移位函数与反转字符串函数

字符串移位函数和反转字符串函数位于"附加字符串函数"子选板中。字符串移位函数把一个字符串的第一个字符放到最后。连续调用这个函数可以依次把字符串前面的字符轮转到后面；反转字符串函数把一个字符串全部字符的顺序首尾颠倒，如图 7.17 所示。

11. 数值至小数字符串转换函数与数值至十进制数字字符串转换函数

数值至小数字符串转换函数与数值至十进制数字字符串转换函数位于"字符串/数值转换"子选板中。数值至小数字符串转换函数把一个数值型的数据转换为带小数的字符串。它的"精度"参数说明转换后保留几位小数。"宽度"参数说明转换后共几位数字。宽度大于数字位数时左边补 0，宽度小于数字位数时保留实际数字位数。数值至十进制数字字符串转换函数把

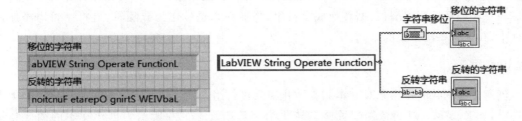

图 7.17　字符串移位函数和反转字符串函数

一个数值型的数据整数部分转换为字符串,如图 7.18 所示。

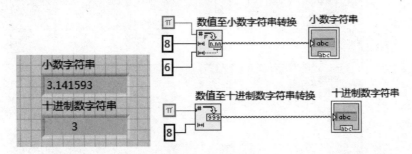

图 7.18　数值至小数字符串转换函数与数值至十进制数字符串转换函数

12. 字符串至路径转换函数与字符串至字节数组转换函数

字符串至路径转换函数与字符串至字节数组转换函数位于"字符串/数组/路径转换"子选板中,其使用方法如图 7.19 所示。字符串至路径转换函数把一个字符串转换为文件路径。字符串至字节数组转换函数把一个字符串中每个字符转换为它的 ASCⅡ码值,这个无符号整形数成为输出数组中一个元素。

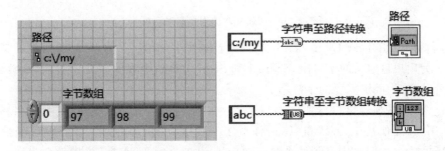

图 7.19　字符串至路径转换函数与字符串至字节数组转换函数

依次单击"字符串"→"数组"→"路径转换"打开的子选板中还有其他一些字符串与路径和数组之间相互转换的函数,其中有些是上述两个函数的逆运算。

【思考练习】

1. 创建一个字符串显示控件,程序运行后显示当前系统日期、时间和自己的班级、姓名。

2. 将范围为 0～10 的 5 个随机数转换为一个字符串显示在前面板上。要求保留 2 位小数,每个数之间用逗号分隔。

3. 创建一个 VI,使用 For 循环采集温度值,并将测温数据以 ASCⅡ格式存储到一个文件中。在每次循环期间,先将数据转换成字符串,添加一个逗号作为分隔符,再将字符串添加到文件中,并记录每次采集的时间。

【知识拓展】

创建文本函数的作用是对文本和参数化输入进行组合来创建输出字符串。如输入的不是字符串,该 Express VI 可依据配置使其转化为字符串,图 7.20 所示为创建文本的图标和对话框。

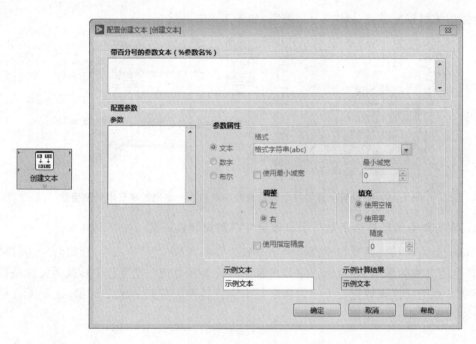

图 7.20 创建文本的图标和对话框

例如,利用 Build Text Express VI 合并字符串,完成起始字符为某年某月,最佳员工 1 和最佳员工 2 为用户自定义的字符串,Score 1 和 Score 2 是两个数值型变量对应两个员工的工作表现得分,"和"为固定需要的字符串。

打开这个 VI 的属性窗口,如图 7.21 所示。在"带百分号的参数文本(%参数名%)"下面的方框内,用"%最佳员工 1%"和"%最佳员工 2%"的方法定义两个字符串型变量,用"%Score1%"和"%Score2%"定义了两个数值型变量,此时在"配置参数"栏内就会出现 4 个变量"最佳员工 1"→"Score1"→"最佳员工 2"和"Score2"。

> **说明:**系统默认的数值型变量精度为 6 位小数,用户可以根据实际情况指定精度,先选中需要改变精度的变量,在"使用指定精度"项上打钩,选择合适的精度,本例中的精度取为 0 位小数。

通过图 7.22 所示的程序框图,可实现本例的要求。运行程序,观察前面板的结果,如图 7.23 所示。

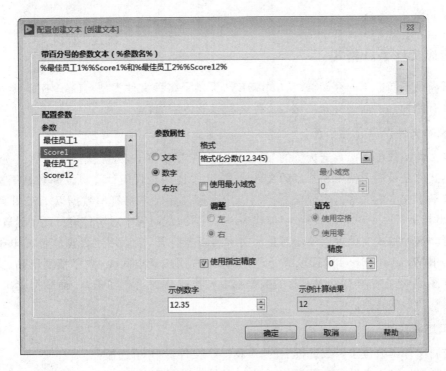

图 7.21　创建文本 Express VI 的属性节点

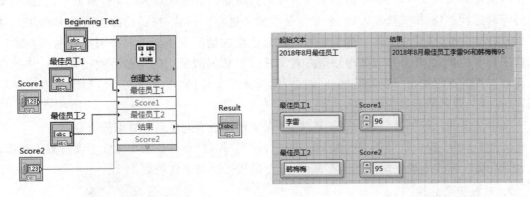

图 7.22　程序框图　　　　　　　　　图 7.23　前面板运行结果

任务 2　文件 I/O 的操作和函数

【任务描述】

在使用 LabVIEW 编写程序的过程中,经常需要存储数据或读取数据,这就需要有文件的 I/O 过程。LabVIEW 中提供了对多种文件类型格式的数据进行读/写操作的函数,用来实现数据的存储与读取。本节将主要介绍几种常用的文件 I/O 操作函数,以及不同的数据文件格式的特点及特定的应用场合。

【知识储备】

2.1　选择文件 I/O 格式

为了满足不同数据的存储格式,LabVIEW 提供了多种文件类型。LabVIEW 常用的文件读写格式有四种。下面逐一介绍这些文件类型以及适用场合。

1. 文本文件(ASCⅡ字节流)

文本文件函数位于函数选板下的"编程"→"文件 I/O"子选板中。

文本文件是最便于使用和共享的文件格式,几乎适用于任何计算机。许多基于文本的程序可读取基于文本的文件。多数仪器控制应用程序使用文本字符串数据以 ASCⅡ码形式存储,其输出与字符一一对应,即一个字节代表一个字符,从而便于对字符进行逐个处理,也便于输出字符。这种格式文件可以被任何其他文本编辑器打开,可以用字处理软件或电子表格程序,例如,用 Word 和 Excel 来读取或处理数据时,占用磁盘空间大、数字精度不高、文件 I/O 操作速度慢,原因在于其存储时所有的数据都要转换成 ASCⅡ码字符串,而数据读出后,还需进行字符到数值的转换。

2. 二进制文件

二进制文件函数位于函数选板下的"编程"→"文件 I/O"子选板中。

二进制文件可用来保存数值数据并访问文件中的指定数字,或随机访问文件中的数字。与认可识别的文本文件不同,二进制文件只能通过机器读取。在众多的文件类型中,二进制文件是存取速度最快、格式最紧凑、冗余数据最少的文件存储格式,在高速数据采集时常用二进制格式存储文件,以防止文件生成速度大于存储速度的情况发生。用户必须把数据转换成二进制字符串的格式,还必须清楚地知道在对文件读写数据时采用的是哪种数据格式。其优点是读取文件的速度快、占用的磁盘空间较少,优于文本文件;缺点是与人可识别的文本文件不同,二进制文件只能通过机器读取。

文本文件和二进制文件均为字节流文件,以字符或字节的序列对数据进行存储。

文件 I/O VI 和函数可在二进制文件中进行读取写入操作。如需在文件中读写数字数据,或创建在多个操作系统上使用的文本文件,可考虑用二进制文件函数。

3. 数据记录文件

数据记录文件位于函数选板下的"编程"→"文件 I/O"→"高级文件函数"子选板中。

数据记录文件是 LabVIEW 一种特殊类型的二进制文件。可访问和操作数据(仅在 LabVIEW 中),并可快速方便地存储复杂的数据结构。它可以把不同的数据类型存储到同一个文件记录中,从该文件中读出来的数据仍然能保持原格式,因此适合用来存储各种复杂类型的数据格式,最适用于存储簇数据。

从前面板和程序框图可访问数据记录文件。每次运行相关的 VI 时,LabVIEW 会将记录写入数据记录文件。LabVIEW 将记录写入数据文件后将无法覆盖记录。读取数据记录文件时,可一次读取一个或多个记录。

前面板数据记录可创建数据记录文件,记录的数据可用于其他 VI 和报表中。

数据记录文件使用举例如图 7.24 所示。

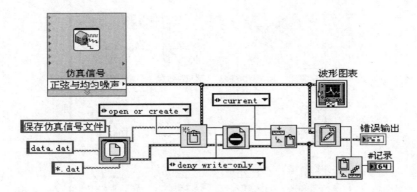

图 7.24 使用数据记录文件函数存储数据

4. 波形文件

波形文件是一种特殊的数据记录文件,专门用于记录波形数据。每个波形数据包含采样开始时间 t_0、采样间隔 dt、采样数据 y 等信息。

LabVIEW 提供了三个波形文件 I/O 函数,如图 7.25 所示,这三个函数位于函数选板下的"编程"→"文件 I/O"→"波形文件 I/O"的子选板中。

图 7.25 波形文件 I/O 函数

2.2 文件 I/O 函数

LabVIEW 提供了许多文件 I/O 函数,如图 7.26 所示。这些函数位于函数选板上的"编程"→"文件 I/O"中,可执行一般及其他类型的 IO 操作,可读写各种数据类型的数据,如文本文件的字符或行、电子表格文本文件的数值、二进制文件数据等。下面介绍一些常用的函数,其中大部分函数是多态函数。

1. 电子表格文件

电子表格文件用于存储数组数据,可用 Excel 等电子表格软件查看这些数据。实际上电子表格文件也是文本文件,只是数据之间自动添加了 Tab 符或换行符。

"电子表格文件读/写"函数位于"编程"→"文件 I/O"子面板中,包括"写入带分隔符电子表格"和"读取带分隔符电子表格"两个函数。

"写入带分隔符电子表格"可将数组转换为文本字符串的形式保存,其接线端子如图 7.27 所示。其中,"格式"输入端子指定数据转换的格式和精度;"二维数据"输入端和"一维数据"输入端能输入字符串、带符号整型或双精度类型的二维或一维数组;"添加至文件"端子连接布尔型控件,默认为"False",表示每次运行程序产生的新数据都会覆盖原数据,设置为"True"时表示每次运行程序新创建的数据将添加到原表格中,而不删除原表格数据。在默认情况下,一维数据为行数据,当在"转置"端子添加 True 布尔控件时,一维数据转为列数组,也可以使用"二维数组转置"函数(位于"函数"选板下"数组"子选板内)对数数据进行转置。

图 7.26　文件 I/O 函数选板

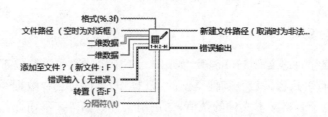

图 7.27　"写入带分隔符电子表格函数"接线端子

"读取带分隔符电子表格"函数是一个典型的多态函数,通过多态选择按钮可以选择输出格式为双精度、字符串型或整型,其接线端子如图 7.28 所示。"行数"端子是 VI 读取行数的最大值,默认情况下为"-1",代表读取所有行;"读取起始偏移量"指定从文件中读取数据的位置,以字符(或字节)为单位;"第一行"是所有行数组中的第一行,输出为一维数组;"读后标记"指向文件中最后读取字符之后的字符。

为了熟悉"电子表格文件"函数的应用,下面介绍如何用一个 For 循环生成两个一维数组数据并保存到文件中,然后读取到前面板。

① 在创建 VI 的程序框图中,添加一个 For 循环结构,如图 7.29(a)所示,添加一个"随机数生成"函数和一个"除号"运算符,通过循环生成两组不同(有规律和无规律)的数据。

② 添加两个"写入带分隔符电子表格"函数,创建一个共同的文件路径。如果没有在文件路径数据端口指定文件路径,则程序会弹出"选择待写入文件"对话框,让用户选择文件存储路径和存储文件名称。

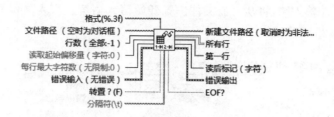

图 7.28　"读取带分隔符电子表格函数"接线端子

③ 在"添加至文件"端子处新建一个常量,将输入的数组进行转置运算。"写入带分隔符电子表格文件"程序编写完成,如图 7.29(b)所示。

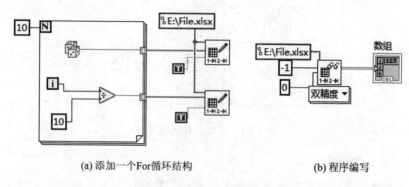

(a) 添加一个 For 循环结构　　　　　　　　(b) 程序编写

图 7.29　电子表格文件读/写程序编写

④ 在程序框图中添加一个"读取带分隔符电子表格文件"函数,设置需要读取的文件路径。同样,如果没有指定文件路径,则会弹出"选择需读取文件"对话框,让用户选择读取文件的路径和名称。

⑤ 设置读取行数端子为"−1",表示全部读取。其余代码如图 7.29 所示。

⑥ 运行程序,前面板运行效果如图 7.30 所示。同样,在文件保存路径下也可以观察到文件以及文件中的内容。

数组							
50	0	0.1	0.2	0.3	0.4	0.5	0.6	0.7
	0.774	0.643	0.823	0.321	0.571	0.743	0.236	0.806
0	0	0.1	0.2	0.3	0.4	0.5	0.6	0.7
	0.626	0.297	0.516	0.924	0.6	0.195	0.038	0.588
	0	0.1	0.2	0.3	0.4	0.5	0.6	0.7
	0.136	0.256	0.481	0.307	0.375	0.624	0.111	0.249
	0	0.1	0.2	0.3	0.4	0.5	0.6	0.7

图 7.30　电子表格文件读/写效果图

2. 写入文本文件函数

以字母的形式将一个字符串或行的形式将一个字符串数字写入文件。如果将文件地址连接到对话框窗口输入端,在写之前 VI 将打开或创建一个文件,或者替换已有的文件。如果将引用句柄连接到文件输入端,将从当前文件位置开始写入内容。写入文本文件函数的节点图标及端口定义如图 7.31 所示。

图 7.31　写入文本文件函数接线端子

文本文件的写入举例如图 7.32 所示。

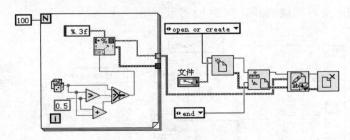

图 7.32　文本文件的写操作

3. 读取文本文件函数

从一个字节流文件中读取指定数目的字符或行。默认情况下读取文本文件函数读取文本文件中所有的字符。将一个整数输入到计数输入端,指定从文本文件中读取以第一个字符为起始的多少个字符。右击图标弹出快捷菜单,选择"读取行",计数输入端输入的数字是所要读取的以第一行为起始的行数。如果计数输入端输入的值为"-1",将读取文本文件中所有的字符和行。读取文本文件函数的节点图标及端口定义如图 7.33 所示。

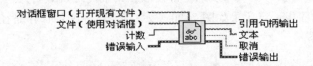

图 7.33　读取文本文件函数接线端子

文本文件的读取举例如图 7.34 所示。

4. 写入二进制文件函数

将二进制数据写入一个新文件或追加到一个已存在的文件。如果连接到文件输入端的是一个路径,函数将在写入之前打开或创建文件,或者替换已存在的文件。如果将引用句柄连接到文件输入端,将从当前文件位置开始追加写入内容。写入二进制文件函数的节点图标及端口定义如图 7.35 所示。

写入二进制文件举例如图 7.36 所示。

> **说明:**"写入二进制文件"函数的文件(使用对话框)输入端默认状态将显示文件对话框并提示用户选择文件。程序框图中的"关闭文件"函数和"简易错误处理器"函数可以不要。

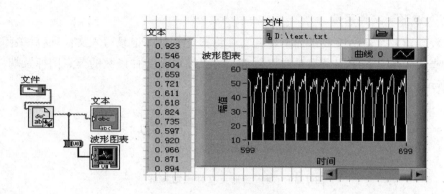

图 7.34　文本文件的读操作

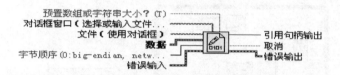

图 7.35　写入二进制文件函数接线端子

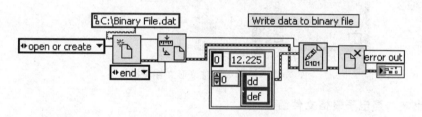

图 7.36　写入二进制文件

5. 读取二进制文件函数

该函数从文件中读取二进制数据,在函数的数据输出端口返回。数据怎样被读取取决于指定文件的格式。读取二进制文件函数的节点图标及端口定义如图 7.37 所示。

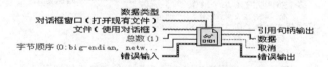

图 7.37　读取二进制文件函数接线端子

读取二进制文件举例如图 7.38 所示。

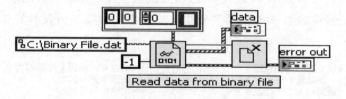

图 7.38　读取二进制文件

6. 写入波形至文件函数

该函数创建一个新文件或添加至现有文件将指定数量的记录写入文件,然后关闭文件,检查是否有错误发生。每条记录都是波形数组。写入波形至文件函数的节点图标及端口定义如图 7.39 所示。

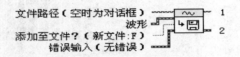

图 7.39 写入波形至文件函数接线端子

写入波形至文件函数举例如图 7.40 所示。

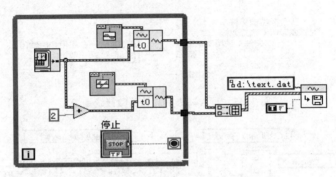

图 7.40 模拟双通道波形文件写操作

7. 导出波形至电子表格文件函数

使波形转换为文本字符串,然后使字符串写入新字节文件或添加字符串至现有文件。导出波形至电子表格文件函数的节点图标及端口定义如图 7.41 所示。

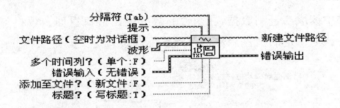

图 7.41 导出波形至电子表格文件函数接线端子

8. 从文件读取波形函数

打开使用写入波形至文件 VI 创建的文件,每次从文件中读取一条记录。该 VI 可返回记录中所有波形和记录中的第一波形,单独输出。从文件读取波形函数的节点图标及端口定义如图 7.42 所示。

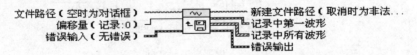

图 7.42 从文件读取波形函数接线端子

波形文件读操作并导入 Excel 电子表格举例如图 7.43 所示。

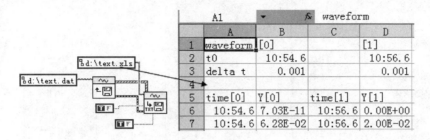

图 7.43　波形文件读操作并导入 Excel 电子表格

【思考练习】

1. 请说出下面这几种文件是文本文件还是二进制文件：数据记录文件（DatalogFiles）、XML 文件、配置文件、波形文件、LVM 文件、TDMS 文件。

2. 创建一个 VI，将一组随机信号数据加上时间标记存储为数据记录文件，然后从数据记录文件将存储的数据读出并显示在前面板上。

3. 创建一个 VI，将一个正弦波的波形信号存储为双精度浮点数的二进制文件，并读取文件数据用图形回放。

4. 用 Simulate Signal Express VI 仿真产生一个采样 100 000 点的正弦仿真信号，并将其写入 TDMS 文件，要求同时为该通道设置两个描述属性：频率和采样间隔。

【知识拓展】

对文件进行操作设计创建文件夹及文件对话框等辅助型函数，而操作的主体则是对文件的移动、复制和删除。

（1）创建文件夹

在程序框图窗口依次选取"函数"→"编程"→"文件 I/O"→"高级文件函数"→"创建文件夹"进行添加，然后为"路径（使用对话框）"端口添加一个输入控件，则连线后的程序框图如图 7.44 所示，进入指定目录可核实文件夹是否被创建。

图 7.44　读取二进制文件

（2）文件对话框的使用

在程序框图窗口依次选取"函数"→"编程"→"文件 I/O"→"高级文件函数"→"文件对话框"进行添加，在随后弹出的配置文件对话框中，可进行相应的设置，如图 7.45 所示。单击"确定"按钮，可保存设置并退出对话框。

使用文件夹对话框也可辅助文件夹的创建，此时在配置对话框中应选取"文件夹"选项，其程序框图如图 7.46 所示。

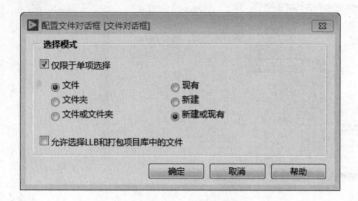

图 7.45　配置文件夹对话框

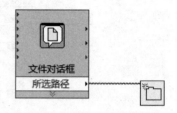

图 7.46　创建文件夹程序框图

（3）移动文件

在程序框图窗口依次选取"函数"→"编程"→"文件 I/O"→"高级文件函数"→"移动"进行添加，为"源路径"和"目标路径"端口分别添加一个常量并进行赋值，程序框图如图 7.47 所示。

（4）复制文件

在程序框图窗口依次选取"函数"→"编程"→"文件 I/O"→"高级文件函数"→"复制"进行添加，为"源路径"和"目标路径"端口分别添加一个常量并进行赋值，程序框图如图 7.48 所示。

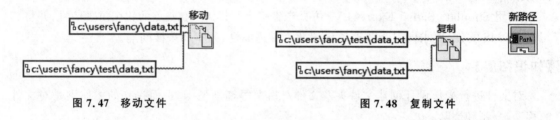

图 7.47　移动文件　　　　　　　　　　　　图 7.48　复制文件

（5）删除文件

在程序框图窗口依次选取"函数"→"编程"→"文件 I/O"→"高级文件函数"→"删除"进行添加，为"路径"端口添加一个常量并进行赋值，程序框图如图 7.49 所示。

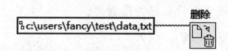

图 7.49　删除文件

项目小结

文件的 I/O 操作用于在磁盘中保存数据或读取数据。本项目主要介绍了文本文件、电子表格文件、二进制文件等 LabVIEW 中常用的文件 I/O 类型并说明了相关文件 I/O 函数的使用方法以及技巧。在选择数据的存储方式时需要考虑实际需要来选择合适的文件类型以提高使用效率。

项目 8　数据采集

在计算机广泛应用的今天，数据采集（Data Acquisition，DAQ）在多个领域都有着十分重要的应用。它是计算机与外部物理世界连接的桥梁。在工业、工程、生产车间等部门，尤其是在对信息实时性能要求较高或者恶劣的数据采集环境中更突出其应用的必要性。LabVIEW设计的虚拟仪器主要用于获取真实物理世界的数据，因此必须要有数据采集的功能，从这个角度来说，DAQ就是LabVIEW的核心，使用LabVIEW必须掌握如何使用DAQ。

【学习目标】

➢ 了解LabVIEW中数据采集系统的组成以及进行数据采集的过程；
➢ 能够进行多点数据采集；
➢ 掌握基本的数据采集模块的使用；
➢ 学会使用数据采集模块进行编程。

任务1　数据采集系统的组成

【任务描述】

数据采集是一个宽泛的概念，简而言之就是将电压、电流等电信号或温度、加速度、湿度、压力、应变等非电量信号通过一些特殊的传感器转换成电信号，经过A/D转换读取到计算机中的过程。从某种意义上讲，数据采集就是测量。测量的范围包括交直流电压和电流、电阻、频率/周期、数字信号脉宽和周期等电信号，以及温度、湿度、应变、加速度、振动、位移、光、流量、pH值和压力等其他物理量。数据采集系统是结合基于计算机的测量软硬件产品来实现灵活的、用户自定义的测量系统。本次任务将介绍数据采集系统及其组成。

【知识储备】

1.1　数据采集系统的基本组成

一个完整的数据采集系统通常由测量物理对象、传感器、信号调理设备、数据采集设备和计算机五个部分组成，如图8.1所示。自然界中的原始物理信号并非直接可测的电信号，通过传感器将这些物理信号转换为数据采集设备可以识别的电压或电流信号。经传感器的信号，有的是包含有用信息的信号，有的是应当去除的干扰信号，有的不在数据采集设备所能接收信号的范围内等，因此需要信号调理设备对其进行诸如放大、滤波、隔离等处理。数据采集设备的作用是将模拟的电信号转换为数字信号送给计算机进行处理，或将计算机编辑好的数字信号转换为模拟信号输出。计算机上安装了数据采集设备的驱动和应用软件，实现与硬件交互，完成采集任务，并对采集到的数据进行后续的分析和处理。

1. 数据采集软件

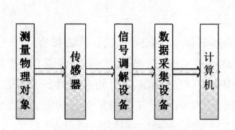

图 8.1 数据采集系统基本构成示意图

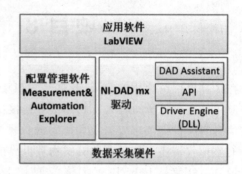

图 8.2 数据采集软件架构

LabVIEW 的数据采集应用所使用的软件主要分为三类,如图 8.2 所示。

驱动软件。NI 公司的数据采集硬件设备对应的驱动软件是 DAQmx,它提供了一系列 API 函数供程序设计者编写数据采集程序时调用。同时,DAQmx 不光提供支持 NI 公司的应用软件 LabVIEW、Lab Windows/CVI 的 API 函数,它对于 VC、VB、NET 也同样支持,方便将数据采集程序与其他应用程序整合在一起。

NI - MAX 是 NI 公司提供的一款配置管理软件,可方便与硬件进行交互,无须编程就能实现数据采集功能,还能将配置出的数据采集任务导入 LabVIEW,并自动生成 LabVIEW 代码。

应用软件。应用软件位于数据采集软件的最上层,在本教材中推荐使用的是 NI 公司的 LabVIEW 软件。LabVIEW 是图形化的编程环境,可以快速、便捷地通过图标的放置和连线的方式完成数据采集程序。同时,LabVIEW 供了大量的函数,便于对采集到的数据进行后续的分析和处理;LabVIEW 也提供大量控件,可以轻松地设计出专业、美观的用户界面。

2. 数据采集设备

虚拟仪器技术利用高性能的模块化硬件,结合高效、灵活的软件来完成各种测试、测量和自动化的应用。其中硬件是基础,是数据采集赖以进行的物质保证,而软件是灵魂,是虚拟仪器采集系统优越点的具体体现。

随着计算机和总线技术的发展,基于 PC 的数据采集板卡得到广泛应用。一般而言,DAQ 板卡产品可以分为内插式板卡和外挂式板卡两类。内插式板卡包括基于 ISA、PCI、PXI/Compact PCI、PCMCIA 等各种计算机内总线的板卡,外挂式 DAQ 板卡则包括 USB、IEEE1394、RS232/RS485 和并口板卡。内插式 DAQ 板卡速度快,但插拔不方便;外挂式 DAQ 板卡连接使用方便,但速度相对较慢。NI 公司最初以研制开发各种先进的 DAQ 产品成名,因此,丰富的 DAQ 产品支持和强大的 DAQ 编程功能一直是 LabVIEW 系统的显著特色之一,并且许多厂商也将 LabVIEW 驱动程序作为其 DAQ 产品的标准配置。

（1）数据采集卡的功能

一个典型的数据采集卡的功能有模拟输入、模拟输出、数字 I/O、计数器/计时器等。因此,LabVIEW 中的 DAQ 模板设计也围绕这 4 大功能组织。

模拟输入是采集最基本的功能。它一般由多路开关（MUX）、放大器、采样保持电路以及

A/D 来实现,通过这些部分,一个模拟信号就可以转化为数字信号。

模拟输出通常是为采集系统提供激励。输出信号受数模转换器(D/A)的建立时间、转换率、分辨率等因素影响。

数字 I/O 通常用来控制过程、产生测试信号、与外设通信等。它的重要参数包括:数字口路数(line)、接收(发送)率、驱动能力等。一般的数字 I/O 板卡均采用 TTL(transistor transistor logic)电平。需要强调的是,对大功率外部设备的驱动需要设计专门的信号处理装置。

许多场合都要用到计数器,如精确时间控制和脉冲信号产生等。计数器最重要的参数是分辨率和时钟频率,分辨率越大,计数器位数越大,计数值也越高。

(2) 数据采集设备的主要性能指标

在选择或使用数据采集设备时需要考虑通道数、采样率、分辨率、输入电压范围、精度和稳定时间等技术指标。

1) 采样率

对于数据采集设备来讲,采样率就是进行 A/D 转换的速率,不同的设备具有不同的采样率,进行测试系统设计时应该根据测试信号的类型选择适当的采样率,盲目提高采样率会增加测试系统的成本。目前常用的 NI 公司的数据采集卡,低价位的 PCI‐6221 采样率为 250 kSamples/s,即每秒采样 250 kHz。在实际测试系统中,一般情况下会有多个被测信号,这些信号通过独立的通道进入数据采集卡,但是大部分数据采集卡是多个通道共用一个 A/D 转换器,这就是多路复用。在这种情况下,数据采集卡性能指标给出的最高采样率,应该分配到各个通道。例如上述 PCI‐6221 数据采集卡有 16 个通道,如果实际使用了 10 个,那么每通道的最高采样率为 25 kHz。但是有些数据采集卡给出的采样率指标是单通道的,例如,PCI‐6115 数据采集卡采样率为 10 MSamples/s/channel,即每通道每秒 10 MHz 采样率。这类的数据采集卡往往是多通道同步采样,各自使用独立的 A/D 转换器,价格会数倍于普通的采集卡。

2) 分辨率

分辨率是指数据采集系统可以分辨的输入信号的最小变化量。通常用最低有效位值(LSB)占系统满度信号的百分比表示,或用系统可分辨的实际电压数值来表示,有时也用满度信号可以分的级数来表示。表 8.1 所列为满度值为 10V 时数据采集系统的分辨率。

表 8.1 数据采集系统分别率

位　数	级　数	1 LSB(满度值的百分数)	1 LSB(10 V 满度)
8	256	0.391%	39.1 mV
12	4 096	0.0244%	2.44 mV
16	65 536	0.0015%	0.15 mV
20	1 048 576	0.000095%	9.53μV
24	16 777 216	0.0000060%	0.60μV

由表 8‐1 可以看出,数据采集系统的分辨率是由 A/D 转换器的位数决定。因此,系统分辨率习惯上用 A/D 转换的位数表示。

如图 8.3 所示,用一个 3 位的 A/D 转换器检测一个振幅为 5V 的正弦信号时,它把测试范围划分为 $2^3=8$ 段,每一次采样的模拟信号转换为其中一个数字分段,用一个 000 和 111 之间的数字码来表示。它得到的正弦波的数字图像是非常粗糙的。如果改用 12 位的 A/D 转换器,数字分段增加到 $2^{12}=4\,096$ 位,则 A/D 转换器可以较为精确地表达原始的模拟信号。

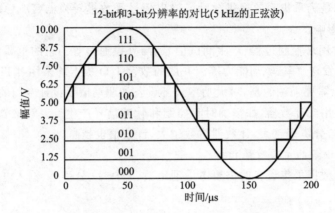

图 8.3 模拟输入设备分辨率对于表达原始信号的影响

目前,工程上常用的数据采集卡分辨率最低为 12 位,可以满足一般应用的要求,对于有较高要求的场合,可以使用 14 位、16 位或 24 位的数据采集卡。

选择高分辨率的数据采集卡无疑会增加测试成本,但是通过合理设置量程范围,对 A/D 转换器数字位数的充分利用,可以在不增加投资的情况下达到预期的目的。

3)通道数

各种型号的数据采集设备的模拟量输入/输出通道数和数字量输入/输出通道数各不相同,目前 NI 的数据采集卡一般有 16 通道和 64 通道,可以根据被测试信号的数量选择,如果有更多的信号需要测试,可以采用多个数据采集卡或使用多路复用板。在选择采集卡时可以根据实际应用的需求,查阅相关公司的产品手册或咨询相关技术销售人员,选择通道数足够、价位适中的产品。

4)触 发

分为模拟触发和数字触发,即在一定条件下采样的功能。触发涉及初始化、终止或同步 DAQ 事件的任何方法。触发器通常是一个数字或模拟信号,其状态可确定动作的发生。软件触发最容易,可以直接用软件,如使用布尔面板控制去启动/停止数据采集。硬件触发让板卡上的电路管理触发器,控制了 DAQ 事件的时间分配,有很高的精确度。硬件触发可进一步分为外部触发和内部触发。当某一模拟通道发生一个指定的电压电平时,让卡输出一个数字脉冲,这是内部触发的例子。采集卡等待一个外部仪器发出的数字脉冲到来后初始化采集卡,这是外部触发的例子。许多仪器提供数字输出(常称为"trigger out")用于触发特定的装置或仪器,在这里就是 DAQ 卡。

下列情况使用软件触发:
- 用户需要对所有 DAQ 操作有明确的控制。
- 事件定时不需要非常准确。

下列情况使用硬件触发:
- DAQ 事件定时需要非常准确。
- 用户需要削减软件开支。
- DAQ 事件需要与外部装置同步。

5）其他主要指标

● 同步采样：如果要分析多个被测试信号的相位关系，则要求有多通道同步采样的功能。

● 模拟输出：需要产生模拟信号时，数据采集设备应有模拟输出功能。

● 数字输入/输出：需要对被测试系统进行控制或采集数据信号时，要求数据采集设备有数字量输入/输出功能。

1.2　数据采集 VI

LabVIEW 中的 DAQmx 数据采集 VI 位于"测量 I/O"→"DAQmx 数据采集"函数子选板中。

1. DAQmx 创建任务

该 VI 可以通过依次单击"测量 I/O"→"DAQmx 数据采集"→"DAQmx 高级任务选项"打开函数子选板，创建一个 DAQmx 数据采集任务，如图 8.4 中的①所示，其主要参数如下。

● 新任务名称：新建任务的名称。如果在循环中新建一个任务，执行完任务以后必须清除任务，否则 NI‐DAQmx 会在每个循环试图创建同名的任务，引起程序出错。

● 待复制的任务：任务原型。如果这里连接一个已经建立的任务名，则新建的任务由它复制而来。

● 全局虚拟通道：这个参数输入的全局虚拟通道将被添加到新建的任务中。如果待复制的任务参数连接了任务名，这里输入的虚拟通道不是被添加到那个任务中，而是被添加到新建的那个任务的副本中。

● 自动清除：自动清除任务。当设置为 True 时，程序执行完以后自动将任务清除；否则直到退出 LabVIEW，任务才清除，这种情况下在一个程序中创建的任务可以供其他程序使用。也可以用（DAQmx 清除任务）VI 清除任务。

● 任务输出：新建任务名。

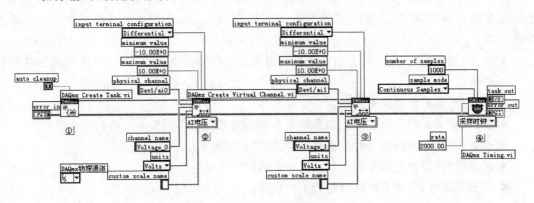

图 8.4　生成配置程序图形代码

2. DAQmx 创建虚拟通道

这是 DAQmx 数据采集系统中使用非常普遍的一个 VI，在"测量 I/O"→"DAQmx 数据采集"函数子选板顶层。这是一个多态 VI，它有许多子 VI，每个子 VI 可以创建一种类型的虚拟通道，并将其加入到一个数据采集任务中。

图 8.4 中的②和③都是这个 VI,两次调用它创建了两个模拟输入、测量电压信号的虚拟通道。在它的子 VI 选择器下拉菜单中选择"模拟输入"→"电压"。其主要参数如下。

- 任务输入:指定创建的虚拟通道加入哪一个任务中去。如果这个参数不连接 NI-DAQmx 就创建一个新任务,并将创建的虚拟通道加入其中。但是这样在循环中 NI-DAQmx 就会在每次循环时创建一个新任务,直到程序终止才清除这些任务,极其消耗系统资源。因此,通常情况下应该在任务执行完以后,用 DAQmx 清除任务 VI 清除任务。

- 物理通道:指定用于生成虚拟通道的物理通道。在"测量 I/O"→"DAQmx 数据集"→"DAQmx 高级"→"DAQmx 常量与属性节点"函数子选板中的"DAQmx 物理通道"常数中,列出了系统中安装的设备上所有的物理通道名称,可以从其中选择新建虚拟通道使用的物理通道。

- 分配名称:其他 VI 和节点都要通过名称访问特定的虚拟通道。默认名称是使用的物理通道名称。如果一次调用此 VI 产生多个虚拟通道,通道名之间需用逗号隔开。

- 单位:测量电压值所用的单位。这个参数有两个选择——伏特或来自自定义换算。

- 最大值和最小值:指定测量电压范围。它关系到数据采集设备的增益。每个模拟输入或输出通道可以有一对单独的极限设置量,极限设置量必须在设备的输入范围内。如果不给数据采集 VI 输入极限设置参数,或者为上下限参数输入 0,那么就使用设备的默认范围。

- 输入接线端配置:设置被测信号连接方式。

- 自定义换算名称:输入在 MAX 中设置过的换算名。

- 任务输出:VI 执行完后产生的任务名。

3. DAQmx 定时

这个 VI 在"测量 I/O"→"DAQmx 数据采集"函数子选板顶层,也是一个多态 VI,图 8.4 中的④选择了"采样时钟"子 VI。它可以设置采样数、采样率,并在必要时设置缓冲区。其主要参数如下。

- 任务/通道输入:输入任务名或虚拟通道名。如果输入虚拟通道名,它将自动创建一个任务。

- 采样率:设置每通道采样率。

- 源:设置采样时钟信号源。如果这个参数不连接就使用采集卡上的时钟。

- 有效边沿:在时钟的上升沿还是下降沿进行采样。

- 采样模式:设置连续采样还是采集一定数量的数据。

- 每通道采样:有限采样时每通道采样数量。

- 任务输出:VI 执行完后产生的任务名。

4. DAQmx 开始任务

启动 DAQmx 任务 VI,如图 8.5 中的①所示,此 VI 在"测量 IO"→"DAQmx 数据采集"函数子选板顶层。若不使用此 VI,当"DAQmx 读取"VI 执行时,数据采集任务自动启动。此 VI 主要参数如下。

- 任务/通道输入:输入任务名或虚拟通道名列表。如果输入虚拟通道名,它将自动创建个任务。

● 任务输出：VI 执行完后产生的任务名。

5. DAQmx 读取

这个 VI 在"测量 I/O"→"DAQmx 数据采集"函数子选板顶层，它由指定的任务或通道读取采集的数据。这是一个多态 VI，根据数据采集的类型、读取数据的数量和要求返回数据的类型，有许多子 VI 可以选择。图 8.5 中的②选择了"模拟 1D 波形 N 通道 N 采样"子 VI，它返回模拟输入的一维波形数据，包含 N 个通道，每个通道 N 个采样。它的主要参数如下。

● 任务/通道输入：输入任务名或虚拟通道名。如果输入虚拟通道名，它将自动创建一个任务。

● 每通道采样点数：执行一次从每个通道采回的数据量。如果是一个连续采集任务，而且这个参数没有连接或连接"−1"，则读回内存缓冲区中所有数据。如果是一个有限采集任务，而且这个参数连接"−1"，则读回任务中设定的采样数。

● 任务输出：VI 执行完后产生的任务名。

● 数据：返回一维波形数组，数组每个元素对应任务中一个通道。数组元素的顺序与添加到任务中的通道的顺序对应。返回的数据按照通道设置的单位与比例进行了处理。

6. DAQmx 停止任务

这个 VI 在"测量 I/O"→"DAQmx 数据采集"VI 子选板顶层，它停止一个任务，并把它恢复到执行前的状态。它的参数与 DAQmx 开始任务 VI 相同。

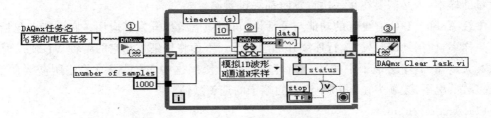

图 8.5 生成示例程序图形代码

【知识拓展】

1. 简单 Analog I/O

这是 LabVIEW 提供的一组标准的、简单易用的 DAQ VI。

（1）Analog Input

如图 8.6 所示，从左到右，4 个 VI 的功能为：

① 从指定通道获得一个样本；

② 从由通道字符串规定的一组通道每通道获得一个样本；这些样本返回到一个样本数组，顺序由通道号决定；

③ 按指定的采样率由一个通道得到一个波形（一组覆盖一个周期的样本），这些样本返回到一个 wareform 数组。

④ 从由通道字符串规定的每个通道获得一个波形;这些样本返回到一个波形的 2 维数组,顺序由通道号和采样周期决定;通道数据的每个点占 1 列,时间增量由行决定。

(2) Analog Output

如图 8.7 所示,从左到右,4 个 VI 的功能为:

① 在指定输出通道设置一个规定电压;

② 在指定输出通道设置一组规定电压;这些电压在输出通道一直保持恒定,直到其自身改变或装置复为位;

③ 在指定输出通道产生一个波形,波形的点(以电压为单位)是预先由波形数组提供的;更新速率(Update rate)规定了两个点之间的时间;

④ 与上类似,多波形,每通道一个,可同时发生。每个波形存放在 2 维数组的 1 列。

图 8.6　简单模入 VI　　　　　　　　图 8.7　简单模出 VI

2. 中级 Analog I/O

上面介绍的简单 Analog I/O 的基本局限是执行 DAQ 任务的冗余。例如,每一次调用 AI Sample Channel,都必须为特定类型的测量设置硬件,设置其采样率等。显然,如果经常要采集大量的样本,未必需要在每一次重复时都去设置测量。

中级 Analog I/O 有更好的功能与灵活性,可以更有效地开发其应用。它的特点包括控制内部采样率,使用外部触发,执行连续外部触发等。下面将仔细描述它的各种 VI,使用时应该注意其大量输入、输出端子中的部分内容。有效地使用这些 VI 只需要关注所需要的端子。在大多数情况下,无须为在 help 中解释的端子的选项烦恼。

(1) Analog Input

如图 8.8 所示,从左到右,5 个 VI 的功能为:

① AI Config 对指定的通道设置模入操作,包括硬件、计算机内 buffer 的分配。常用的端子有:

● Device——采集卡的设备号;

● Channel——指定模入通道号的串数组;

● Intput limit——指定输入信号的范围达到调节硬件增益的目的;

● Buffer size——单位是 scan,控制用于采集数据的 AI Config 占用计算机内存大小;

● Interchannel delay——对扫描间隔设置通道间的偏差。

② AI Start 启动带缓冲的模入操作。它控制数据采集速率,采集点的数目,及使用任何硬件触发的选择。它的两个重要输入是:

● Scan rate(scan/sec)——对每个通道采集的每秒扫描次数;

● Number of scans to acquire——对通道列表的扫描次数;

③ AI Read——从被 AI Config 分配的缓冲读取数据。它能够控制由缓冲读取的点数,读取数据在缓冲中的位置,以及是否返回二进制数或标度的电压数。它的输出是一个 2 维数组,

其中每一列数据对应于通道列表中的一个通道。

④ AI Single Scan——返回一个扫描数据。它的电压数据输出是由通道列表中的每个通道读出的电压数据。使用这个 VI 仅与 AI Config 有关联,不需要 AI Start 和 AI Read。

⑤ AI Clear——清除模入操作、计算机中分配的缓冲、释放所有 DAQ 卡的资源,如计数器。

当设置一个模入应用时,首先使用的 VI 总是 AI Config。AI Config 会产生一个 taskID 和 Errorcluster(出错信息簇)。所有其他的模入 VI 接受这个 taskID 以识别操作的设备和通道,并且在操作完成后输出一个 taskID。因为 taskID 是一个输入并向另一个模入 VI 输出,所以该参数形成了 DAQ VI 之间的一个关联数据。

图 8.8　中级模入 VI

(2) Analog Output

如图 8.9 所示,从左到右,5 个 VI 的功能为:

① AO Config 对指定的通道设置模出操作,包括硬件、计算机内 buffer 的分配。常用的端子有:

- Device——采集卡的设备号;
- Channel——指定模出通道号的串数组;
- Limit settings——指定输出信号的范围;
- taskID——用于所有后来的模出 VI 以规定操作的设备和通道。

② AO Write 以电压数据的方式写数据到模出数据缓冲区。它是一个 2 维数组,其中每一列数据对应于通道列表中的一个通道。

③ AO Start 启动带缓冲的模出操作。Update rate(scan/sec)是每秒发生的更新数的个数。如果将 0 写入 Number of buffer iteerations 端子,则卡将连续输出给缓冲,直到运行 AO Clear 功能。

④ AO Wait 在返回之前一直等待直到波形发生任务完成。它的电压数据输出是由通道列表中的每个通道读出的电压数据。使用这个 VI 仅与 AO Config 有关联,不需要 AO Start 和 AO Read。

⑤ AO Clear——清除模出操作、计算机中分配的缓冲、释放所有 DAQ 卡的资源,例如计数器。

图 8.9　中级模入 VI

当设置一个模出应用时,首先使用的 VI 总是 AO Config。AO Config 会产生一个 taskID 和 Errorcluster(出错信息簇)。所有其他的模出 VI 接受这个 taskID 以识别操作的设备和通道,并且在操作完成后输出一个 taskID。因为 taskID 是一个输出并向另一个模出 VI 输出,所以该参数形成了 DAQ VI 之间的一个关联数据。

【思考练习】

1. 什么是数据采集？数据采集系统的基本组成部分有哪些？每一部分的主要作用是什么？

2. 怎样充分利用数据采集卡现有的分辨率？

3. 有哪些方法可以生成 DAQmx 程序代码？

任务 2　信号分析

【任务描述】

生活中,数字信号无所不在。因为数字信号具有高保真、低噪声和便于信号处理的优点,所以得到了广泛的应用,例如电话公司使用数字信号传输语音,广播、电视和高保真音响系统也都在逐渐数字化。太空中的卫星将测得数据以数字信号的形式发送到地面接收站。对遥远星球和外部空间拍摄的照片也是采用数字方法处理,去除干扰,获得有用的信息。经济数据、人口普查结果、股票市场价格都可以采用数字信号的形式获得。因为数字信号处理具有这么多优点,在用计算机对模拟信号进行处理之前也常把它们先转换成数字信号。本次任务将介绍数字信号处理的基本知识。

【知识储备】

2.1　采样

假设现在对一个模拟信号 $x(t)$ 每隔 Δt 时间采样一次。时间间隔 Δt 被称为采样间隔或者采样周期。它的倒数 $1/\Delta t$ 被称为采样频率,单位是采样数每秒。$x(0),x(\Delta t),x(2\Delta t)$ ……,$x(t)$ 的数值就被称为采样值。所有 $x(0),x(\Delta t),x(2\Delta t)$ 都是采样值。这样信号 $x(t)$ 可以用一组分散的采样值来表示:

$$\{x(0),x(\Delta t),x(2\Delta t),z(3\Delta t)\cdots\cdots x(k\Delta t)\}.$$

注意:采样点在时域上是分散的。

如果对信号 $x(t)$ 采集 N 个采样点,那么 $x(t)$ 就可以用下面这个数列表示:

$x(t)=\{x(0),x(1),x(3)\cdots x(N-1)\}$

这个数列被称为信号 $x(t)$ 的数字化显示或者采样显示。注意这个数列中仅仅用下标变量编制索引,而没有含有任何关于采样率(或 Δt)的信息。所以如果只知道该信号的采样值,并不能知道它的采样率,缺少了时间尺度,也不可能知道信号 $x(t)$ 的频率。

1. 采样频率的选择

对输入信号的采样率是最重要的参数之一。采样率决定了模数转换(A/D)的频率。较高的采样率意味着在给定时间内采集更多的点,所以可以更好地还原原始信号。而采样率过低则可能会导致信号畸变。图 8.10 和图 8.11 显示了一个信号分别用充分的采样率和过低的采样率进行采样的结果。采样率过低的结果是还原信号的频率看上去与原始信号不同。这种信号畸变叫作混频(alias)。

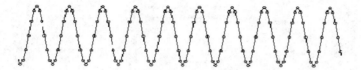

图 8.10　充分采样率时的信号

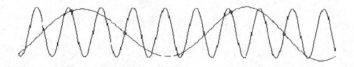

图 8.11　过低采样率的采样结果

根据奈奎斯特定理,为了防止发生混频,最低采样频率必须是信号频率的两倍。对于某个给定的采样率,能够正确显示信号而不发生畸变的最大频率叫作奈奎斯特频率,它是采样频率的一半。如果信号频率高于奈奎斯特频率,信号将在直流和奈奎斯特频率之间畸变。混频偏差(alias frequency)是输入信号的频率和最靠近的采样率整数倍的差的绝对值见图 8.12、8.13,假设采样频率 f_s 是 100 Hz,再假设输入信号还含有频率为 25 Hz,70 Hz,160 Hz 和 510 Hz 的成分,采样的结果会怎样呢? 低于奈奎斯特频率($f_s/2=50$ Hz)的信号可以被正确采样。而频率高于奈奎斯特的信号采样时会发生畸变。

例如,F1(25 Hz)显示正确,而在分别位于 30 Hz、40 Hz 和 10 Hz 的 F2、F3 和 F4 都发生了频率畸变。计算混频偏差时需要用到下面这个等式:

混频偏差＝ABS(采样频率的最近整数倍－输入频率),其中 ABS 表示"绝对值",例如:

混频偏差 F2＝$|100-70|=30$ Hz

混频偏差 F3＝$|2\times100-160|=40$ Hz

混频偏差 F4＝$|5\times100-510|=10$ Hz

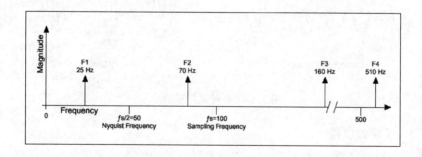

图 8.12　实际信号的频率组成

关于采样率的设置,使用者可能会首先考虑用 DAQ 板支持的最大频率。但是,长期使用很高的采样率可能会导致没有足够的内存或者硬盘存储数据。图 8.14 所示为采用不同的采样频率的效果。在图 8.14(a)中,对一个频率为 f 的正弦波形进行采样,每秒采样数与每秒周

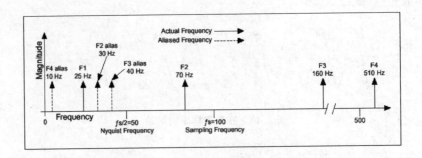

图 8.13　采样后信号的频率组成和混频偏差

期数相等,也就是一个周期采样一次,还原的波形出现了畸变,成了一个直流信号。如果把采样率增大到每个周期采样四次,如图 8.14(b)所示,波形的频率提高了,频率畸变比原始信号要小(3 个周期)。图 8.14(b)中的采样率是 $7/4f$。如果把采样率增加到 $2f$,那么转换后的波形具有正确的频率(与周期数相同),并可以还原成原始波形,如 8.14(c)所示。对于时域下的处理,可能需要提高采样率以接近于原始信号。通过把采样率提高到足够大,例如 $f_s = 10f$,或者每周期采样 10 次,就可以正确地复原波形,如 8.14(d)所示。

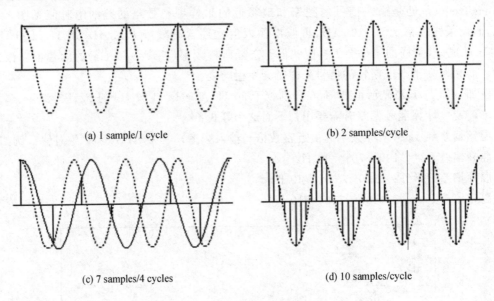

(a) 1 sample/1 cycle

(b) 2 samples/cycle

(c) 7 samples/4 cycles

(d) 10 samples/cycle

图 8.14　各种采样率的效果

2. 使用抗混频滤波器

根据上面的讨论已知,采样率必须大于被采样信号的频率的 2 倍。换句话说,信号的最高稳定频率必须小于或者等于采样频率的一半。但是在实际应用中,怎样才能保证这一点呢?即使已经确定被测的信号有一个最大的频率值,杂散信号(如来自输电线路或者当地广播电台的干扰)可能会带来比奈奎斯特频率高的频率。这些频率很可能会混杂在需要的频率范围中,导致错误的结果。

为了保证输入信号的频率全部在给定范围内,需要在采样器和 ADC 之间安装一个低通滤波器(可以通过低频信号但是削弱高频信号的滤波器)。因为它通过对高频信号(高于奈奎斯特信号频率)进行削弱,减少了混频信号的干扰,所以这个滤波器被称为抗混频滤波器。这个阶段数据仍然处于模拟状态,所以抗混频滤波器是一个模拟滤波器。

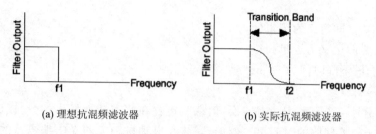

(a) 理想抗混频滤波器   (b) 实际抗混频滤波器

图 8.15　抗混频滤波器

一个理想抗混频滤波器如图 8.15 所示。它通过了所有需要的输入频率(低于 $f1$),并过滤了所有不需要的频率(高于 $f1$)。但是,这样的滤波器实际上并不可能实现。实际应用中的抗混频滤波器如图 8.15(b) 所示。它们通过所有低于 $f1$ 的频率,并过滤所有高于 $f2$ 的频率。$f1$ 和 $f2$ 之间的区域被称为过渡带(transition band),其中输入信号逐步减弱。尽管使用者只希望通过所有频率低于 $f1$ 的信号,但是过渡带中的信号仍然可能会导致混频。所以,在实际应用中,采样频率应当大于过渡带的最高频率的 2 倍。因而采样频率就将比输入频率的 2 倍还要大。这是采用频率大于输入频率最大值的 2 倍的原因之一。

通常,信号采集后都要做适当的信号处理,例如 FFT 等。因此,样本数一般不能只提供一个信号周期的数据样本,最好有 5～10 个周期,甚至更多的样本。并且所提供的样本总数最好是整周期个数的。但是有时并不知道或不确切知道被采信号的频率,因此不但采样率不一定是信号频率的整倍数,也不能保证提供整周期数的样本。这时时间序列的离散函数 $x(n)$ 和采样频率是测量与分析的唯一依据。

2. 信号类型

由于不同信号的测量方式及其对采集系统的要求是不同的,在进行数据采集之前,须对所采集信号的特性有所了解。只有了解了被测信号的特性,才能更好地选择合适的测量任意一个信号,都可以简单地概括为一个随时间而改变的物理量。一般情况下,配置相应的采集系统蕴涵的信息是很广泛的,如状态、速率、电平、形状、频率等。根据不同类型的信号按照不同的方式传递信息,可以将信号分为数字信号和模拟信号,如表 8-2 所列。数字或二进制信号可以分为开关信号和脉冲序列信号。模拟信号则分为直流信号、时域信号和频域信号。

表 8-2　信号划分

信　号				
数字信号		模拟信号		
TTL 线	计数器/定时计	ADC/DAC(慢)	ADC/DAC(快)	ADC(快)分析

1. 数字信号

（1）开关信号

开关信号，例如晶体管-晶体管逻辑（TTL）兼容信号，只有两个离散电平，即高电平（开）和低电平（关），TTL 兼容信号就是一个开关信号，如表 8-2 所示，TTL 兼容信号具有下列特性：

- 0～0.8V 之间定义为逻辑低；
- 2～5V 之间定义为逻辑高；
- 最大上升/下降时间为 50 ns。

（2）脉冲序列信号

脉冲序列信号包含一系列状态转换，信息就包含在状态转换发生的数目、转换速率、一个转换间隔或多个转换间隔的时间里。例如，安装在电动机轴上的光学编码器的输出就是脉冲序列信号。实际应用中，有些装置需要数字输入，比如一个步进电动机就需要一系列的数字脉冲信号输入来控制位置和速率。

2. 模拟信号

（1）模拟直流信号

模拟直流信号可以是静止的信号或者是变化非常缓慢的模拟信号。直流信号最重要的信息是它在给定区间内蕴涵的信息的幅度。常见的直流信号有温度、流速、压力、应变等。

采集系统在采集模拟直流信号时，需要有足够的精度以正确测量信号电平。由于直流信号的变化比较缓慢，所以一般选用软件计时就够了，不需要使用硬件计时。

（2）模拟时域信号

模拟时域信号与其他信号的不同在于：模拟时域信号所蕴含的信息不仅有信号的电平，还有电平随时间的变化。在测量一个时域信号时，也可以说在测量一个波形时，需要关心一些有关波形形状的特性，比如斜度、峰值等。因此，为了测量一个时域信号，必须有一个精确的时间序列，序列的时间间隔也应该合适，以保证信号的有用部分被采集到。同时还要以一定的频率进行测量，并且这个测量速率要能跟上波形的变化。

（3）模拟频域信号

模拟频域信号与模拟时域信号类似，但是，从频域信号中提取的信息是基于信号频域内容的，而不是波形的形状，也不是随时间变化的特性。用于测量一个频域信号的系统必须有一个A/D 器件、一个简单时钟和一个用于精确捕捉波形的触发器。模拟频域信号也有很多种，如声音信号、各种物理信号、传输信号等。

上述各类信号并不是相互排斥的。一个特定的信号可以蕴涵着不止一种信息，因此，可以用几种不同的方式来定义并测量它，也可以选用不同类型的系统来测量同一个信号，并从信号中取出需要的各种不同信息。

2.1　信号连接

1. 数字信号输入/输出概念

数字信号/输出接口通常用于外围设备的通信和产生某些测试信号数字输入/输出接口通常用与外围设备的通信和产生某些测试信号。例如，在过程控制中与受控对象传递状态信息、进行测试系统报警等。数字信号只有开（ON）和关（OFF）两种状态，其序列有开关量和脉冲两种。一种典型的数字信号是 TTL（Transistor - Transistor Logic）信号。TTL 信号的逻辑低电平是 0～0.8 V，逻辑高电平是 2～5 V，上升与下降在 50 ms 内完成。在程序中 ON 的值为 True，OFF 的值为 False。

2. 数字信号输入/输出设备

NI 公司有专门的数字输入输出板卡和信号调理设备，但是许多多功能数据采集卡也具备不同的数字输入/输出功能。

3. 数字信号输入/输出方式

数字通信方式有立即方式和握手方式两种。立即方式数字输入输出就是调用一个数字输入/输出 VI，马上读写数据；握手方式数字输入/输出在传递每个数据时都要进行请求和应答。

当需要在一定前提下传递数字信号时，就需要使用握手方式的数字输入输出。例如，从台扫描仪采集图像，扫描仪扫描完图像准备传输时就发出一个数字脉冲给数据采集卡，数据采集卡读取一个数字波形样本后，再给扫描仪发出一个数字脉冲，告知数据已经读完。然后开始下一循环传递数据。

2.4 信号调理

从传感器得到的信号大多要经过调理才能进入数据采集设备，信号调理功能包括放大隔离、滤波、激励、线性化等。由于不同传感器有不同的特性，因此，除了这些通用功能，还要根据具体传感器的特性和要求来设计特殊的信号调理功能。下面仅介绍信号调理的通用功能。

（1）放　大

微弱信号都要进行放大以提高分辨率和降低噪声，使调理后信号的电压范围和 A/D 的电压范围相匹配。信号调理模块应尽可能靠近信号源或传感器，使信号在受到传输信号的环境噪声影响之前已被放大，使信噪比得到改善。

（2）隔　离

隔离是指使用变压器、光或电容耦合等方法在被测系统和测试系统之间传递信号，避免直接的电连接。使用隔离的原因有两个：一是从安全的角度考虑；二是隔离可使从数据采集卡读出来的数据不受地电位和输入模式的影响。

（3）滤　波

滤波的目的是从所测量的信号中除去不需要的成分。大多数信号调理模块有低通滤波器，用来滤除噪声。通常还需要抗混叠滤波器，滤除信号中所有频率在感兴趣的最高频率以上的信号。某些高性能的数据采集卡自身带有抗混叠滤波器。

（4）激　励

信号调理也能够为某些传感器提供所需的激励信号，比如应变传感器、热敏电阻等需要外界电源或电流激励信号。很多信号调理模块都提供电流源和电压源以便给传感器提供激励。

（5）线性化

许多传感器对被测量的响应是非线性的，因而需要对其输出信号进行线性化，以补偿传感器带来的误差。但目前的趋势是，数据采集系统可以利用软件来解决这一问题。

（6）数字信号调理

即使传感器直接输出数字信号，有时也有进行调理的必要。其作用是将传感器输出的数字信号进行必要的整形或电平调整。大多数数字信号调理模块还提供其他一些电路模块,使得用户可以通过数据采集卡的数字 I/O 直接控制电磁阀、电灯、电动机等外部设备。

【知识拓展】

多数通用采集卡都有多个模入通道,但是并非每个通道配置一个 A/D,而是大家共用一套 A/D,在 A/D 之前的有一个多路开关(MUX),以及放大器(AMP)、采样保持器(S/H)等。通过这个开关的扫描切换,实现多通道的采样。多通道的采样方式有三种:循环采样、同步采样和间隔采样。在一次扫描(scan)中,数据采集卡将对所有用到的通道进行一次采样,扫描速率(scan rate)是数据采集卡每秒进行扫描的次数。

当对多个通道采样时,循环采样是指采集卡使用多路开关以某一时钟频率将多个通道分别接入 A/D 循环进行采样。图 8.16 所示为两个通道循环采样的示意图。此时,所有的通道共用一个 A/D 和 S/H 等设备,比每个通道分别配一个 A/D 和 S/H 的方式要廉价。循环采样的缺点在于不能对多通道同步采样,通道的扫描速率是由多路开关切换的速率平均分配给每个通道的。因为多路开关要在通道间进行切换,对两个连续通道采样,采样信号波形会随着时间变化,产生通道间的时间延迟。如果通道间的时间延迟对信号的分析不很重要时,使用循环采样是可以的。

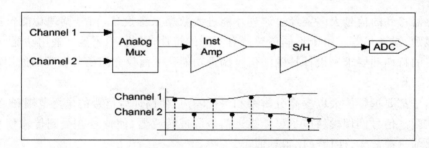

图 8.16 循环采样

当通道间的时间关系很重要时,就需要用到同步采样方式。支持这种方式的数据采集卡每个通道使用独立的放大器和 S/H 电路,经过一个多路开关分别将不同的通道接入 A/D 进行转换。图 8.17 所示为两个通道同步采样的示意图。还有一种数据采集卡,每个通道各有一个独立的 A/D,这种数据采集卡的同步性能更好。但是成本显然更高。

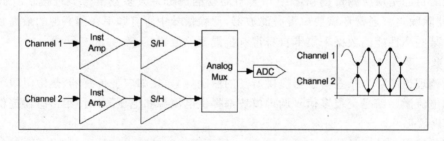

图 8.17 同步采样

假定用四个通道来采集均为 50 kHz 的周期信号(其周期是 20 μs),数据采集卡的采样速率设为 200 kHz。则采样间隔为 5 μs(1/200 kHz)。如果用循环采样则每相邻两个通道之间的采样信号的时间延迟为 5 μs(1/200 kHz),这样通道 1 和通道 2 之间就产生了 1/4 周期的相位延迟,而通道 1 和通道 4 之间的信号延迟就达 15 μs,折合相位差是 270^0。一般说来这是不行的。

为了改善这种情况。而又不必付出像同步采用采样那样大的代价。就有了如下的间隔扫描(interval scanning)方式。

在这种方式下,用通道时钟控制通道间的时间间隔,而用另一个扫描时钟控制两次扫描过程之间的间隔。通道间的间隔由实际上由采集卡的最高采样速率决定,可能是微秒、甚至纳秒级的,效果接近于同步扫描。间隔扫描适合缓慢变化的信号,比如温度和压力。假定一个 10 通道温度信号的采集系统,用间隔采样,设置相邻通道间的扫描间隔为 5 μs,每两次扫描过程的间隔是 1 s,这种方法提供了一个以 1 Hz 同步扫描 10 通道的方法,如图 8.18 所示。1 通道和 10 通道扫描间隔是 45 μs,相对于 1Hz 的采样频率是可被忽略的。对一般采集系统来说,间隔采样是性价比较高的一种采样方式。

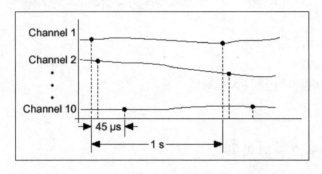

图 8.18 间隔采样

NI 公司的数据采集卡可以使用内部时钟来设置扫描速率和通道间的时间间隔。多数数据采集卡根据通道时钟(channel clock)按顺序扫描不同的通道,控制一次扫描过程中相邻通道间的时间间隔,而用扫描时钟(scan clock)来控制两次扫描过程的间隔。通道时钟要比扫描时钟快,通道时钟速率越快,在每次扫描过程中相邻通道间的时间间隔就越小。

对于具有扫描时钟和通道时钟的数据采集卡,可以通过把扫描速率(scan rate)设为 0,使用 AI Config VI 的 interchannel delay 端口来设置循环采样速率。LabVIEW 默认的是 scan clock,换句话说,当选择好扫描速率时,LabVIEW 自动选择尽可能快的通道时钟速率,大多数情况下,这是一种比较好的选择。图 8.19 说明循环采样和间隔采样的不同。

【思考练习】

1. 根据信号连接方式的不同,信号的测量系统可分为哪几种?有何区别?
2. 如何选择采样频率?
3. 信号调理的功能有哪些?

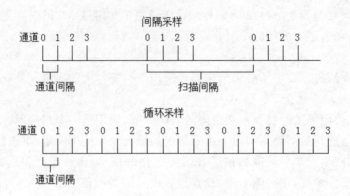

图 8.19 间隔采样与循环采样比较

任务 3 数据采集应用

【任务描述】

使用 NI‐DAQmx API 进行模拟数据采集。

【任务实施】

3.1 软件定时的单点模拟采集

使用 DAQmx API 采集信号，执行连续的软件定时测量。

1. 硬件连线

将 ELVIS Prototyping Board 上 Variable Power Supplies 的 Supply＋连接至 Analog Input Signals 中的 AI 0＋；将 Variable Power Supplies 的 Ground 连接至 AI 0－。

2. 实现

① 打开一个空白 VI，将 VI 保存为 Voltmeter.vi。

② 按图 8.20 所示的步骤，创建连续软件定时采集的程序框图。

需要用到的一些 DAQmx API 函数在函数选板中的测量"I/O"→"NI‐DAQmx"下可以找到，如图 8.21 所示。

说明：

- DAQmx 创建虚拟通道：在多态 VI 选择器中指定该 VI 创建的虚拟通道类型为"模拟输入"→"电压"；右击"DAQmx 创建虚拟通道物理"的"通道输入"接线端，依次选择"创建"→"输入控件"，并将控件命名为"AI Channel"。
- DAQmx 开始任务：该 VI 执行之后才能启动测量任务。
- While 循环：将 DAQmx 开始任务的错误输出接线端连接至 While 循环的左侧，右击隧道，选择替换为移位寄存器，在 While 循环的条件接线端创建停止输入控件。
- DAQmx 读取：注意多态 VI 选择器应依次选择"模拟"→"单通道"→"单采样"→"DBL"，该选项是从一条通道返回一个双精度浮点型的模拟采样。右击数据输出接线

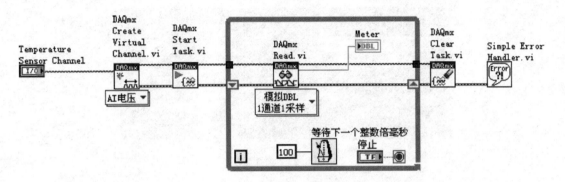

图 8.20　定时采集系统的程序框图

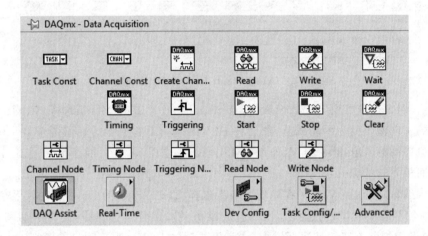

图 8.21　DAQ API 函数

端,选择"创建"→"显示控件"。

- 等待下一个整数倍毫秒:用该函数控制循环每隔 100 ms 执行一次,该函数可从函数选板的"编程"→"定时"中找到。
- DAQmx 清除任务:在清除之前,VI 将停止该任务,并在必要情况下释放任务占用的资源。
- 简易错误处理器:程序出错时,该 VI 显示出错信息和出错位置。该函数可以从函数选板的"编程"→"对话框与用户界面"中找到。

③ 修改程序界面

在前面板右击显示控件,选择"替换"→"数值"→"仪表",然后按照图 8.22 所示排列前面板元素,保存 VI。

3. 测　试

① 用 ELVIS 的可变电源作为测试源信号。

- 首先检查 ELVIS 和 Prototyping Board 的电源是否均已开启。然后通过 Windows 依次单击"开始"→"所有程序"→"National Instruments"→"NI ELVISmx for NI ELVIS & NI myDAQ"→"NI ELVISmx Instrument Launcher",打开"NI ELVISmx Instrument Launcher",如图 8.23 所示。

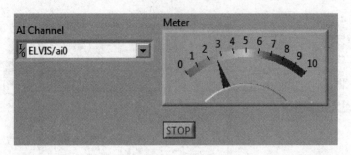

图 8.22　前面板

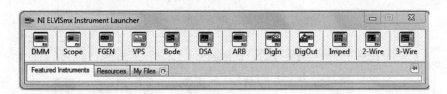

图 8.23　NI ELVISmx Instrument Launcher

● 单击 VPS 打开可变电源软面板,勾选 Supply ＋ 下方的 Manual,将 ELVIS 的可变电源的正向输出变为手动调节,然后将 ELVIS 平台上右上方的旋钮调至最小(模拟输入通道最高输入电压为 10 V,如果可变电源最大电压 12 V 可能会损坏通道),然后单击软面板下方的 Run 按钮。

② 在刚编写好的 LabVIEW 程序前面板上选择 AI Channel 为 Dev1/ai0(如果在 MAX 中配置的设备名不是"Dev1",则选择其他相应的设备名),然后运行程序,同时手动调节 ELVIS 正向可变电源的控制旋钮使其逐渐增大(注意不要超过 10 V),观察测量的模拟输入值变化。

3.2　连续信号采集

使用 DAQmx API 采集信号,执行连续的硬件定时信号采集。

1. 硬件连线

将 ELVIS Prototyping Board 上的 FGEN 连接至 Analog Input Signals 中的 AI 0＋;将 Ground 连接至 AI 0－。

2. 实　现

① 打开一个空白 VI,将其保存为 Continuous Acquisition. vi。

② 按图 8.24 所示创建连续采集的程序框图。

注意:

① DAQmx 创建虚拟通道(DAQmx Create Virtual Channel. vi)的多态选择器应选择"模拟输入"→"电压"。

② DAQmx 定时(DAQmx Timing. vi)的多态选择器应选择采样时钟,右击采样模式接线端,选择"创建"→"常量",并设置常量为连续采样。

③ DAQmx 读取(DAQmx Read. vi)的多态选择器应选择"模拟"→"单通道"→"多采样"→"波形"。

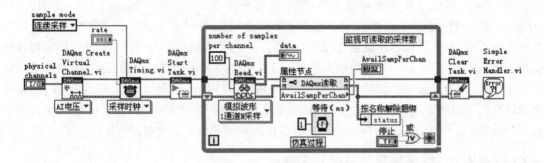

图 8.24　程序框图

④ DAQmx 读取属性节点(DAQmx Read Property Node),该属性节点同样位于函数选板中的 DAQmx 子选板,可配置通道读取的属性。设置 DAQmx 读取属性节点为"状态"→"每通道可用采样",并创建显示控件,用于显示当前内存中每通道的剩余未读取采样。

⑤ 在循环内放置一个等待(ms)函数(位于函数选板中的"编程"→"定时"),等待时间先设置为 1 ms,用以模拟将来可能在循环中对读取数据的处理等操作需要的时间。(将来可以尝试调整具体的等待时间,观察每通道剩余未读取采样数量的变化,从而加深对数据采集中数据 FIFO 的理解)。

⑥ "按名称解除捆绑"和"或"函数分别位于函数选板中"编程"下面的"簇、类和变体"及"布尔"子选板。

⑦ 按图 8.25 下图排列前面板对象,注意波形显示控件选择使用波形图(Waveform Graph),并保存 VI。

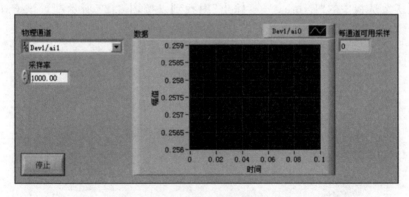

图 8.25　前面板

4. 测　试

① 打开 NI ELVISmx 的 FGEN 软面板,产生 10 kHz 的正弦波形(注意 signal route 选择通过 Prototyping board)。

② 将编写好的 VI 前面板控件中的物理通道设置为 Dev1/ai0(假设已在 MAX 软件中将 ELVIS 的逻辑名命名为 Dev1),采样率设置为 100 000,运行 VI。

③ 观察每通道可用采样显示,如果采集的速度大于读取的速度,缓冲区会逐步填满并最终溢出.观察降低采样率或增加循环等待时间的影响。

④（选做）将程序改为多通道采集程序：另存程序为 Cont Acq_Multi Channel. vi，仅将 DAQmx 读取（DAQmx Read. vi）的多态选择器改为"模拟"→"多通道"→"多采样"→"波形"，其他部分不变；将前面板物理通道改写为"Dev1/AI0：1"，再运行程序，应该能同时观察到两条曲线，分别是 AI 0 和 AI 1 通道的输入信号（AI 1 信号没有连接实际物理信号，所以出现的波形显示是杂波，为观测到已知信号，可以同样将 FGEN 输出的信号连接至 AI 1 通道）。如果要进行更多通道的采集，例如采集通道 AI 0 至 AI 7 的信号，类似的，只需要简单地将物理通道设置为"Dev1/AI0：7"即可，DAQmx 驱动会自动同步采集 8 个通道的数据。

3.3 选做部分：将采集到的数据写入磁盘

① 将程序另存为 Continuous Acquisition _ data saving. vi，并按图 8.26 所示修改程序框图。

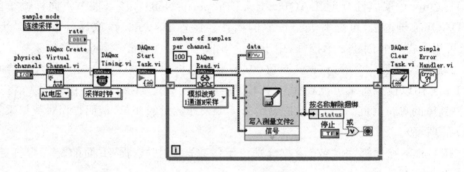

图 8.26 程序框图

- 删除 DAQmx 读取属性节点和等待（ms）函数，增加写入测量文件 Express VI，该 VI 可从函数选板中的"Express"→"输出"中找到。按图 8.27 所示配置该 Express VI 的设置窗口，文件写入路径可自行决定。

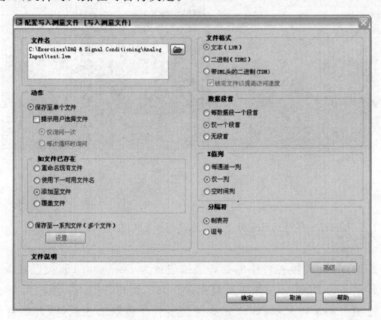

图 8.27 写入测量文件

增减这些 VI 后需要重新连接错误簇和数据连线等. 然后保存 VI。

② 为测试该 VI 创建一个读取 LVM 文本格式数据文件的 VI。

● 打开一个空白 VI,保存为 Read Data File. vi。

● 按照图 8.28 所示创建程序框图,其中读取测量文件 Express VI 可从函数选板的"Express"→"输入子选板"找到。按图 8.29 所示配置该 Express VI 的弹出配置窗口,其中读取文件路径根据保存位置来设定。

③ 测试:运行 Continuous Acquisition _ data saving. vi 几秒钟,然后停止。再运行 Read Data File. vi 读取保存的数据。

图 8.28　程序框图

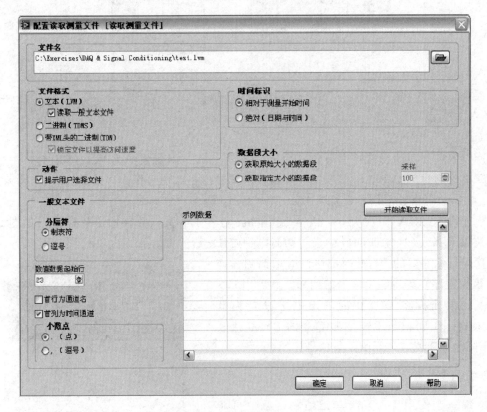

图 8.29　读取测量文件

3.4　带触发的连续信号采集

使用数字触发信号启动连续采集任务。

1. 硬件连线

① 与 Lab 3.2 相同,将 ELVIS Prototyping Board 上的 FGEN 连接至 Analog Input Signals 中的 AI 0＋;将 Ground 连接至 AI 0－。

② 增加一条连线将 DIO 0 连接至 PFI 0。在本实验中将以 PFI 0 作为模拟采集的数字触

发线(将选择下降沿触发),而数字触发源就采用 DIO 0。

2. 实 现

① 将 Lab 3.2 中的连续数据采集程序 Continuous Acquisition. vi 打开另存为 Triggered Continuous Acquisition. vi。

② 按照图 8.30 所示修改原 VI,增加 DAQmx 触发(DAQmx Trigger. vi),该函数同样可以在 DAQmx 子选板中找到,多态 VI 选择器应选择"开始"→"数字边沿"。

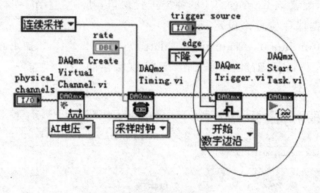

图 8.30 程序框图

3. 测 试

① 设置前面板的物理通道为 Dev1/ai0,采样率为 1 000,触发源为 Dev1/PFI0。

② 确保通过 ELVISmx 的 FGEN 软面板继续输出正弦信号作为待采集的信号(因为采样率为 1 000,故可将波形信号设置为 100~200 Hz)。

③ 通过 NI ELVISmx Instrument Launcher 打开 DigOut(数字输出软面板),如图 8.31 所示,将第 0 条线(对应即 DIO 0)设置为高电平(HI),然后单击 Run。

④ 运行编写好的 VI,此时应该没有采集到任何波形,因为程序在等待触发信号的到来。然后用 EL-VISmx 的软面板将 DIO 0 的输出电平设置为低(L0),在这一瞬间相当于连接 DIO 0 的 PFI 0 接收到了下降沿,VI 就应该开始采集信号。

【思考练习】

1. 编一个使用 DAQmx 单通道输出幅值可调的正弦波的程序。

2. 创建一个 DAQmx 立即方式读数字线的程序。

3. 创建一个 DAQmx 立即方式写数字端口的程序。

4. 编写一个使用 DAQmxVI 进行单通道波形数据连续采集,并显示波形频谱的程序。

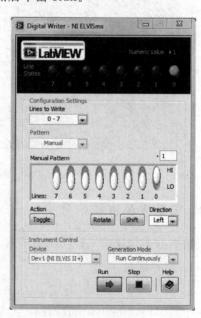

图 8.31 测试界面

项目小结

　　本项目介绍有关虚拟仪器数据采集方面的内容,重点介绍虚拟仪器硬件的知识,使使用者能够利用 LabVIEW 良好的软硬件集成能力,开发实用的测试系统,将现实世界的物理量转换为电信号,并最终得到理想的测试结果。

项目 9   仪器控制

在进行虚拟仪器开发时,用户要组成一个完整的系统,仅靠数据采集系统来设计虚拟仪器是远远不够的,必须还有一些实际存在的仪器与虚拟系统协同工作,这就需要虚拟仪器与外部仪器之间的通信和控制。仪器控制就是通过计算机上的虚拟软件来实现这些功能。本项目先介绍仪器控制的基本知识,然后在此基础上针对 GPIB、串口通信和 VISA 等,详细说明在 LabVIEW 中实现对仪器的控制和通信。

【学习目标】

➢ 了解仪器控制的基本概念和原理;
➢ 理解 GPIB 和串行接口的基本概念和特性;
➢ 掌握 VISA 函数库的使用;
➢ 构建仪器控制程序,完成基本的仪器控制任务。

任务 1   仪器控制简介

【任务描述】

传统仪器在测试系统中有着非常重要的地位,仪器的控制在 LabVIEW 的程序中同样是非常值得关注的内容。利用 LabVIEW 设计的虚拟仪器必须有实际硬件的支持才能达到目的,而总线技术及仪器控制技术就是连接虚拟仪器和实际硬件的桥梁。仪器控制是使虚拟仪器通过某种形式的总线按照一定的协议与各种仪器进行通信和控制,使虚拟仪器协同工作,完成测试任务。

【知识储备】

1.1   仪器控制的基本概念

仪器控制是指通过 PC 上的软件远程控制仪器控制总线上的一台或多台仪器。它比单纯的数据采集要复杂得多。它需要将仪器或设备与计算机连接起来协同工作,同时还可以根据需要延伸和拓展仪器的功能。通过计算机强大的数据处理、分析、显示和存储能力,可以极大地扩充仪器的功能,这就是虚拟仪器的基本含义。

1.2   仪器控制系统的组成

一个完整的仪器控制系统由软件、总线和硬件三部分组成。基于 LabVIEW 的仪器控制系统构架如图 9.1 所示。

1. 软　件

软件用于控制仪器的 I/O 软件和应用程序开发环境。例如, LabVIEW、Lab Windows/

CVI、Measurement Studio 等。

2．总　线

总线选择面广,与仪器连接简单方便。用于仪器控制的总线有很多种,例如,USB、以太网、GPIB、PCI 和火线等。仪器自身通常支持其中的一种或多种,通过这些总线控制该仪器。PC 通常也提供多种用于仪器控制的总线选择。如果 PC 本身不支持仪器可用的总线,可以增加一个插卡或一个外部转换器。

3．硬　件

硬件一般是两种测量仪器,独立式仪器和模块化仪器。用户可以根据不同的测量需要进行选择。

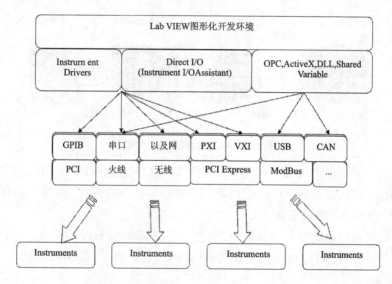

图 9.1　基于 LabVIEW 的仪器控制系统构架

仪器控制系统除了包括计算机和仪器外,还必须建立仪器与计算机的通路以及上层应用程序。通路包括总线和针对不同仪器的驱动程序;上层应用程序用于发送控制命令、仪器的控制面板显示以及数据的采集、处理、分析、显示和存储等。

1.3　硬件准备工作

1．仪器准备

学习仪器控制,首先要有相应的仪器,而且仪器还要具备远程控制的功能。一般国外的仪器都支持远程控制,国产的仪器因为价格便宜,一般比较高端的仪器才有程控接口。检查仪器有无远程接口的方法是直接查看仪器的后面板,如果除了电源接口外,还有其他一些接口,比如 DB9、USB、网口等,基本上就可以断定这个仪器支持远程控制了。还有一种 GPIB 接口,初学者可能不一定认识,但一般都会标有名称"GPIB"。需要注意的是有些仪器后面虽然有 DB9接口,但未必是用于远程控制的,它有可能是用 I/O,即输入输出一些 TTL 信号,有些也能用于控制,但与这里介绍的仪器控制在原理上是不一样的。有些 RS232 的接头并不是使用 DB9的,有可能是其他形式的接头,比如 RJ45 水晶头。

2. 程控线缆的准备

程控线缆跟所选择的控制总线有关，在开发一个测量系统时，选择正确的总线与选择一个具有合适采样速率和分辨率的设备一样重要。硬件总线可以影响测量的性能、系统搭建时间和便携性等。各类总线接口图如图 9.2 所示。

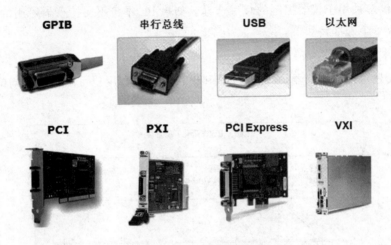

图 9.2　各类总线接口实物图

独立总线用于架式和堆式仪器的通信，包括 T&M 专用总线（如 GPIB）和 PC 标准总线（如串行总线 RS‑232、以太网、USB、无线和 IEEE 1394）。一些独立总线可用作其他独立总线的中介，如 USB 到 GPIB 的转换器。

模块化总线将接口总线合并到仪器中，包括 PCI、PCI Express、VXI 和 PXI。这些总线也可用作为不包括该总线的 PC 增加一个独立总线的中介，如 PCI‑GPIB 控制卡。

3. 软件准备

计算机需安装 XP 以上系统，并安装 LabVIEW 软件，另外还需要安装 NI VISA。如果使用 GPIB 总线，还需要安装 NI 488.2。按以上顺序安装完成后重启计算机。若是 USB 和 LAN 可以选择笔记本。若是 GPIB 总线或 RS232 总线，笔记本上没有对应的接口。对于 GPIB 一般使用 USB‑GPIB 转接卡，也有 PCMCIA‑GPIB 或 LAN‑GPIB 等；对于 RS232 一般使用 USB‑RS232 转接卡。

1.4　选择仪器控制的方法

从多种仪器和仪器控制接口中挑选合适的仪器控制方法尤其重要。图 9.3 所示的流程图可帮助用户挑选合适的仪器控制方法。

1. 使用仪器驱动

仪器驱动用于控制系统中的仪器硬件，并与之通信。LabVIEW 仪器驱动包含一系列 VI，简化了仪器控制并减少了开发测试程序所需的时间，用户无需学习各种仪器底层的复杂编程命令。使用 NI 仪器驱动查找器，可在不离开 LabVIEW 开发环境时安装 LabVIEW 即插即用仪器驱动。选择"工具"→"仪器"→"查找仪器驱动或帮助"→"查找仪器驱动"，打开仪器驱动查找器。

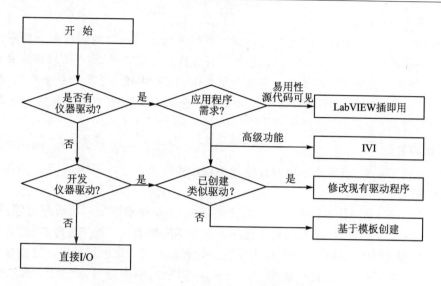

图 9.3　选择仪器控制方法流程图

2. 即插即用仪器驱动

如需易于使用的驱动及其程序框图源代码,使用 LabVIEW 即插即用仪器驱动。Lab-VIEW 即插即用仪器驱动包括错误处理、前面板、程序框图、图标和帮助信息。(Windows)如需交互、同步、状态捕捉等高级功能,请使用 IVI(可互换虚拟仪器)仪器驱动。

3. 创建仪器驱动

如没有找到可用的仪器驱动,可新建一个仪器驱动。

4. 安装仪器驱动

可搜索和安装现有 LabVIEW 仪器驱动。

5. 其他类型的通信

除创建仪器驱动之外,也可使用 VISA 控制 GPIB、串口、USB、以太网、PXI 和 VXI 仪器。使用仪器 I/O 助手,创建使用 VISA 或 NI - 488.2 的 VI,与基于消息的仪器进行通信。

VISA 是一个标准 API,可用于控制多种仪器,并根据使用仪器的类型调用相应的驱动程序,用户无须学习各种仪器的通信协议。

使用 NI - 488.2 开发和调试应用程序。NI - 488.2 驱动具有自动处理所有总线管理的高层命令,所以用户无须学习 GPIB 硬件板卡的详细编程理论和 IEEE 488.2 协议。为了实现更好的灵活性和功能,也有底层命令可用。

使用 NI 设备驱动 DVD 上的仪器和设备驱动(如 NI - CAN),控制用于工业自动化的 NI 模块化仪器与设备。

【知识拓展】

1. LabVIEW 环境下的多任务

随着测控系统的发展,多任务实时控制系统的应用越来越广泛,在一些工程应用中,如发动机的实时仿真、测量和控制、大型机械运行的实时监控、航空油料控制等如何解决多任务实时性成为系统的关键问题。

多任务(Multitasking)运行是指在同一台计算机系统的同一时刻运行多个程序。多任务允许活动任务和后台任务同时运行,所以当一个任务在后台运行时,前台可以允许另外一个程序运行,这样就大大提高了工作效率。多任务是 LabVIEW 中较为常见的一个概念,作为基于数据流的编程语言,LabVIEW 能够很好地支持多任务,LabVIEW 中多任务的一个典型例子是独立的 While 循环。

2. 线程和进程

提到系统的多任务,就不得不提到系统的进程和线程。

(1) 进程

进程(Progress)是操作系统中一个十分重要的概念,是指程序的一次运行过程,在有些操作系统中也称为任务。但是,进程和程序是两个完全不同的概念。程序是静态的,是一组指令的有序集合;而进程是动态的,是一组指令序列在处理器上的一次运行过程。进程是程序在一个数据集合上的运行过程,它具有动态、并行、异步等特性;一个进程由"创建"而产生,由"调度"而进入运行,在资源不能满足时被"挂起",由"撤销"而消亡。因此,进程是有生命的。

(2) 线程

线程(Thread)是指由进程进一步派生出来的一组代码(指令组)的运行过程。一个进程可以产生多个线程,这些线程都共享该进程的地址空间,它们可以并行、异步运行。采用线程最主要的好处是可以使同一个程序有几个并行运行的路径,从而提高程序的运行速度;线程所占的系统资源比进程要小。

多线程技术是高级程序设计的核心技术之一,也是提高应用程序效率和性能的重要技术途径。应用多线程技术,使得操作系统可以同时处理多个任务。在 LabVIEW 中使用多线程有两大优点:一是 LabVIEW 可以把线程完全抽象出来,LabVIEW 的编程者不需要对线程进行创建、撤销以及同步等操作;二是 LabVIEW 使用数据流模型,它可使编程者很容易理解多任务的概念。

(3) 线程优先级

当线程被创建时,系统会分配给线程一个优先级。系统将按优先级顺序调度线程,只有没有可运行的高优先级时,低优先级的线程才可能得到调度并运行。优先级的设定是相对基本优先级而言的。

(4) 线程状态

一个线程有三种状态:激活(Active)、阻塞(Blocked)、和挂起(Suspended)。对于处于激活状态的线程,系统会根据其优先权对其进行安排并分配 CPU 时间片段。处于激活状态的线程在其运行期间可能会转化为阻塞状态。如果一个正在运行的线程变为阻塞状态,那么这个线程就会被转移到等待队列中。

(5) 多线程实现的原理

在运行一个多线程时,表面上这些线程似乎同时运行,而实际情况并非如此,为了运行所有的这些线程,操作系统为每个独立线程安排了一些 CPU 时间。单 CPU 操作系统以轮换方式向线程提供时间片(Quantum),每个线程在使用完时间片后交出控制权,系统再将 CPU 时间片分配给下一个线程。由于每个时间片足够短,这样造成一种假象:好像这些线程在同时运行。创建额外线程的唯一目的就是尽可能地利用 CPU 时间。使用多线程可以给程序员带来很大的灵活性,同时也使原来需要复杂的技巧才能解决的问题变得简单起来。但是不应该人为地将编写的程序分成一些碎片,让这些碎片按各自的线程运行,这不是开发应用程序的正确方法。

3. LabVIEW 的多线程

(1) LabVIEW 中的子系统

LabVIEW 有 6 个子系统(Subsystems)来处理 LabVIEW 的各种行为。这些子系统包括:

- User interface(用户界面);
- Standard(标准);
- Instrument I/O(仪器 I/O);
- Data acquisition (数据采集);
- Other1,2(其他 1、2);
- Same as caller(同调用者)。

每一个 LabVIEW 子系统都有一个线程池(Pool of threads)和一个与之相关联的任务队列,当然 LabVIEW 本身有一个主运行队列,运行队列中存储了子系统中分配给线程的任务优先权列表。LabVIEW 子系统具有一个线程和优先级的"数组"。用户可以在一个子系统中最多创建 40 个线程,每一个层次的优先级最多有 8 个线程。

(2) LabVIEW 的线程及其优先级

子系统的线程在一个循环列表中运行,并由操作系统来安排进度。当把线程放到一个子系统的列表中运行时,只有那些被分配给该子系统的线程才会运行。只有操作系统才能决定运行哪一个线程,LabVIEW 不能直接调度线程运行。

(3) LabVIEW 的运行队列

LabVIEW 有几个运行队列,包括一个主运行队列,以及每一个子系统都有一个运行队列。运行队列就是一个正在运行的任务列表,该列表按照优先级排队。运行队列并不是一个严格意义上的先进先出(FIFO)堆栈。VIs 具有与之相关联的优先级,默认的优先级是 Normal。在运行完框图程序中的每一个元素之后,运行队列更新仍然需要运行的元素,例如 SubVIs,LabVIEW 内置的加、减或字符串处理等函数。高级别优先权的 VIs 会在优先级较低的 VIs 之前运行。任意改变 VI 的优先级会导致 LabVIEW 性能的下降。

线程被安排到与其子系统相关联的队列运行中,把最顶端的任务从队列中拉出,然后运行这个任务。子系统中的其他线程将进入运行队列,运行其他任务。

当 VI 仅在特定子系统中运行时,它将被放到这个子系统的运行队列中。然后这个 VI 必须等待为其分配一个属于该系统的线程来运行。当线程的优先级与子系统的优先级不同时,会引起性能下降。

(4) 关于多线程的一些误解

在 LabVIEW 中使用多线程时,一些编程中常见的误解会使系统性能严重下降。例如,一些编程者认为线程越多,程序的性能越好。这是不符合实际情况的,盲目增加多线程数目并不会提高程序的运行速度。若每一步操作都使用一个线程,那只会使程序的运行速度减慢,而不会提高其运行速度。如果很多线程都处于挂起或阻塞状态,那么程序使用内存的效率就会很低。

LabVIEW 把线程模型抽象出来,编程者不需要直接对线程进行操作。线程是一把双刃剑，如果在 LabVIEW 程序中使用了很多线程，而实际上 LabVIEW 并不会使用所有的这些线程，就会在无形中浪费了内存。大量的线程会导致操作系统花费过多的资源，而且最终导致性能的下降。对于只有一个 CPU 的计算机而言，无论使用什么线程模型，在同一时间内只会有一个线程在运行。

此外，多线程的存在会增加应用程序的不稳定性。当多线程应用程序中的一个线程出现了异常或错误时，就会引起整个进程的崩溃。

【思考练习】

1. 什么是仪器控制？仪器控制的作用是什么？
2. 一个完整的仪器控制系统由哪几部分组成？
3. 如何选择合适的仪器控制方法？

任务 2　GPIB 总线

【任务描述】

除了利用通用计算机或工控机开发虚拟仪器外，专用的仪器总线系统也在不断发展，成为构建高精度、集成化仪器系统的专用平台。通用接口总线（General Purpose Interface Bus）是计算机和仪器间的标准通信协议，是通过接口系统发送出设备相关的信息和接口信息来和其他 GPIB 设备进行通讯的。在智能仪器上，几乎都配有 GPIB 标准接口。

【知识储备】

2.1　总线技术简介

总线是连接一个或多个部件的信号线总称，它可以应用于不同的领域，如计算机、测试与测量、自动控制等，它们都与总线技术密不可分。

总线的特点在于它具有良好的公用性和兼容性，能同时挂接多个功能部件，并可以互换使用。总线技术发展迅速，这与其自身的优越性密不可分。总线概念的提出，不仅简化了电路设计及系统结构，同时还大大加快了计算机及相关领域的发展速度。

按照总线的功能可将其归为三类：数据总线、地址总线和控制总线。其中，数据总线用于传输数据，多采用双向三态逻辑，数据总线是并行的，即数据有一定的宽度，它反映了总线的性能；地址总线用于传送地址信息，并采用单向三态逻辑；控制总线用于传递控制信号和状态，它既可以是单向的，也可以是双向的，这主要取决于使用的条件。

仪器总线可分为两类，即外部总线和内部总线。所谓"外部总线"也称独立总线，主要供仪器设备与上位机（PC 或工控机）进行连接，主要包括 GPIB、RS232、USB、LAN/LXI 和 IEEE1394 等。而"内部总线"通常被称为模块化仪器总线，是指把接口总线合并到仪器中，通常包括 VXI、PCI/PXI、PCI/PXI Express 等。

衡量总线的性能主要涉及下列指标：

● 总线宽度：指数据总线宽度，单位是位（bit）。如 8 位/16 位 GPIB 总线，32 位 PXI

总线。

- 寻址能力：主要指地址总线的位数及所能直接寻址的存储器空间大小。
- 总线时钟频率：处理器完成一步操作的最小时间的倒数。是影响总线传输速率的重要因素之一，总线频率越高，传输速率越快。如 PCI 总线的工作频率为 33 MHz。
- 数据传输速率：总线上每秒传输的最大字节数，计算公式为：

$$Q = \frac{总线宽度}{8} \times 总线频率 (Mbps)$$

- 同步方式：有同步和异步两种方式。
- 负载能力：总线上能挂接的器件个数。

2.2　GPIB 概述

GPIB(General Purpose Interface Bus)是国际通用的仪器接口标准，是专门为仪器控制应用而设计的。GPIB 为 PC 机与可编程仪器之间的连接系统定义了电气、机械、功能和软件特性。这套接口系统最初由美国 HP 公司提出，后被美国电气与电子工程师协会(IEEE)和国际电工委员会(IEC)接受为程控仪器和自动测控系统的标准接口，因此，也称 IEEE488 接口或IEC625 接口，目前的协议是 488.2。使用 GPIB 接口，可将不同厂家生产的各种型号的仪器，用一条无源标准方便地连接起来，在计算机控制下完成各种复杂的测量。

1. GPIB 总线标准

GPIB 总线标准包括：

接口：由逻辑电路组成，与各仪器安装在一起，用于对传输的信息进行发送、接收、编码、译码。

总线：是一种具有 24(IEEE488.2 标准)或 25(IEC625 标准)针引脚的并行总线。其中包括 8 条双向数据线、3 条数据传输控制线(握手线)、5 条接口管理线和 8 条或 9 条地线/屏蔽线。GPIB 使用 8 位并行、字节串行、异步通信方式，所有字节通过总线顺序传递。

(1) GPIB 的基本性能

- 可用一组总线(16 条)连接若干台装置，组成自动测试系统，数目不超过 15 台。
- 互连电缆的传输路径总长不超过 20 m。
- 数据传输采用位并行(8 位)、字节串行、双向异步传输方式，其最大数据传输速率为 1 MBps。
- 信息逻辑采用负逻辑，低电平(≤0.8 V)为"1"，高电平(≥2.0 V)为"0"，电平与 TTL 相容。
- 地址容量：听地址 31 个，讲地址 31 个，地址容量可扩展。

(2) GPIB 的接口功能

在接口系统中，为了进行有效的信息传递，一般必须具有下述 3 种基本的接口功能。

- 讲者(Talkers)：通过总线发送消息的仪器装置，可以向一个或多个听者发送数据消息。如测量仪器、数据采集器、计算机等。
- 听者(Listeners)：通过总线接收讲者发出的消息的装置。如打印机、信号源等。一个GPIB 系统中，可以同时具有多个听者。
- 控者(Controllers)：数据传输过程中的组织者和控制者，对设备进行控制，允许其他设备寻址,允许讲者使用总线等。在 GPIB 系统中只能有一个控者,通常由计算机担任。
GPIB 定义的 10 种接口功能如下:

- 听功能:接收信号、数据。
- 讲功能:发送信号、数据。
- 控功能:通过微处理器发布各种命令。
- 源握手功能:为讲功能和控功能服务。
- 受握手功能:为听功能服务。
- 服务请求功能:量程益出、振荡器停止等意外故障发生时,主动向控者提出请求,以进行相应处理。
- 并行点名功能:快速查询请求服务装置,速度快。
- 远地/本地功能:选择远地或本地工作方式。
- 触发功能:产生一个内部触发信号,以启动有关仪器功能进行工作。
- 清除功能:产生一个内部清除信号,使某仪器功能回到初始状态。

2. GPIB 消息

测试系统的核心是信息传递,仪器间通过接口总线传输的各种信息在 GPIB 系统中称之为消息,因此仪器之间的通信就是发送和接收消息的过程。GPIB 传送两类消息:接口消息和器件消息。

① 接口消息。接口消息用于管理接口本身的消息,可以实现如总线初始化、设备寻址或地址释放以及为远程或本地编程设置设备模式的任务,通常也称为命令消息。

② 器件消息。器件消息是指与器件功能相关的消息,通常称为数据消息,例如程序指令、测量结果、机器状态和数据文件。器件消息是指由讲者发送听者接收的消息。

3. GPIB 总线结构和接口信号

GPIB 总线为 24 芯电缆,其组成为:16 条信号线、8 根地址线、24 芯簧片插头座。如图 9.4 所示。

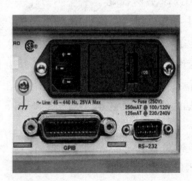

图 9.4　GPIB 总线接口

GPIB 插头的引脚分布如图 9.5 所示。

16 条信号线按功能分为:

- 8 条双向 8 位数据线:传送多线接口消息和多线器件消息。
- 3 条数据传输控制线(握手线):传送联络消息。

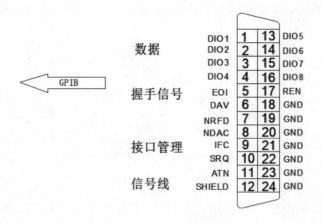

图 9.5　GPIB 插头引脚图

- 5 条接口管理线:用于管理接口本身的工作,每条管理线都用来传递有特殊用途的单线消息。

引脚分配对应关系为:

- 1～4:DIO1～DIO4
- 5:EOI
- 6:DAV
- 7:NRFD
- 8:NDAC
- 9:IFC
- 10:SRQ
- 11:ATN
- 12:机壳地
- 13～16:DIO5～DIO8
- 17:REN
- 18～24:地

(1) 8 条数据线

数据总线 DIO1～DIO8 用于传送接口信息和仪器消息,包括数据、地址、命令。

(2) 3 条数据传输控制线(握手线)

为保证系统准确无误地进行双向异步通信,在 GPIB 系统中采用三线挂钩技术,通过 3 条握手线进行彼此联络。三线挂钩参与每个消息字节的传递过程,用以保证速率不同的设备之间进行可靠通信,系统的数据传送速度由速度最慢的设备决定。

① 数据有效线 DAV(Data Available):当 DIO 线上出现有效数据时,讲者置 DAV 线为低("1"),示意听者接收数据。

② 未准备好接收数据线 NRFD(NotReadyforData):当 NRFD＝1 时,表示系统中至少有 1 个听者未准备接收数据。

③ 未收到数据线 NDAC(Not Data Accept):当 NDAC＝1 时,表示系统中至少有 1 个听者未完成接收数据,讲者暂不要撤掉数据线上的消息。

三线联络方式:系统内部每传送一个字节信息都有一次三线联络的过程,其时序如图 9.6 所示。

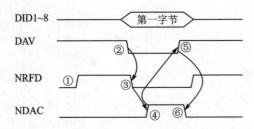

图 9.6 三线联络时序

三线联络过程:原始状态设置为,讲者置 DAV 为高,听者置 NRFD、NDAC 为低。其具体过程如下:

① 听者置 NRFD 为高,表示已做好接收数据准备;

② 讲者发现 NRFD 呈高后,讲者发送数据至 DIO 线上,并令 DAV 为低电平;

③ 听者发现 DAV 为低后,就令 NRFD 为低,表示准备接收数据;

④ 听者接收数据,当每个听者都收完数据后,置 NDAC 为高;

⑤ 当讲者检出 NDAC 为高后,就令 DAV 为高,撤销总线数据。

⑥ 听者检出 DAV 为高,就令 NDAC 为低,准备下一个循环。

（3）5 条接口管理线

5 条接口管理线用于管理接口本身的工作,每条管理线都用来传递有特殊用途的单线消息。

① 注意线 ATN(Attention):由控者使用,指明 DIO 线上信息的类型。

● ATN＝1DIO 线上的信息为接口消息(命令、地址等)其他设备只能接收;

● ATN＝0DIO 线上的信息为讲者发出的器件信息(控制命令、数据等),听者必须听。

② 接口清除线 IFC(Interface Clear):接口清除线,由控者使用,将接口置为已知的初始状态,作为复位线。

③ 远程允许线 REN(Remote Enable):由控者使用。

● REN＝1,听者都处于远程控制状态,脱离本地状态。

● REN＝0,仪器必处于本地状态。

④ 服务请求线 SRQ(Service Request):任何一个具有服务请求功能的仪器或设备,可向控者发出 SRQ＝1,要求控者对各种异常事件进行处理,控者通过点名查询转入相应的服务程序。

⑤ 结束或识别线 EOI(End or Identify):

● 当 EOI＝1、ATN＝0 时,表示讲者已传递完一组字节的信息。

● 当 EOI＝1、ATN＝1 时,表示控者执行并行点名识别操作。

GPIB 母线结构如图 9.7 所示。

4. GPIB 仪器系统

GPIB 仪器系统通常由计算机、GPIB 接口硬件及若干 GPIB 设备构成。

GPIB 系统有两种连接方式,分别是线型连接和星型连接,如图 9.8、9.9 所示。此外,两种连接方式还可以混合使用。GPIB 设备地址为 0～30,通常将 GPIB 接口卡地址设为 0,而将其他仪器设备地址设为 1～30。

图 9.10 所示为一个典型的 GPIB 系统。

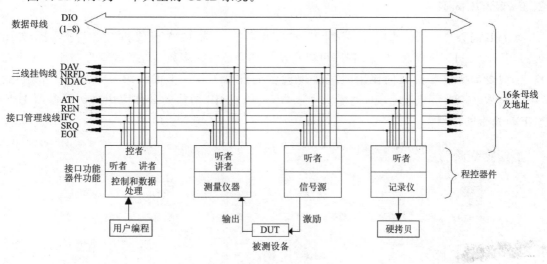

图 9.7　GPIB 母线结构

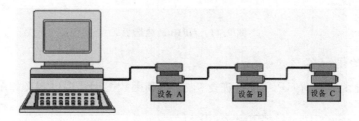

图 9.8　GPIB 设备的线型连接

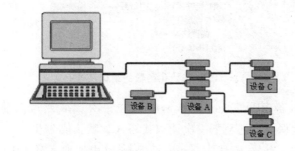

图 9.9　GPIB 设备的星型连接

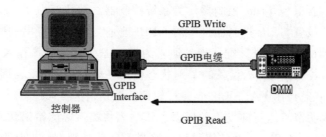

图 9.10　典型 GPIB 系统

2.3 GPIB 函数

GPIB 函数位于函数选板"仪器 I/O"→"GPIB"中,包含 10 个函数和 488.2 子选板,如图 9.11 所示。LabVIEW 的 GPIB 程序可以自动处理寻址和大多数其他总线管理功能。对于初学者,只要掌握主要函数的使用就可实现设备的开发工作。下面介绍一下 GPIB 初始化、GPIB 读取、GPIB 写入和 GPIB 清零四个函数,其他 GPIB 函数的具体应用实例可参照 LabVIEW 自带的范例。

图 9.11　GPIB 函数选板

1. GPIB 初始化

GPIB 初始化函数可对 GPIB 设备进行初始化,其函数图标及端口定义如图 9.12 所示。

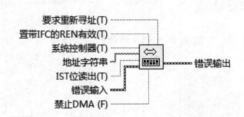

图 9.12　GPIB 初始化函数的图标及端口定义

- 要求重新寻址:若值为 True,则该函数可在每次读取或写入前寻址设备。若值为 False,设备须使保留寻址至下一次读取或写入。默认值为 True。
- 置带 IFC 的 REN 有效:若值为 True,且控制器(由地址字符串中的 ID 指定)为系统控制器,函数置远程启用线有效。默认值为 True。
- 系统控制器:若值为 True,控制器作为系统控制器。默认值为 True。
- 地址字符串:设置 GPIB 控制器自身的 GPIB 地址。地址字符串的默认值是系统的主 GPIB 控制器的配置地址。配置地址通常为 0,一般无须连线该输入。
- IST 位读出:若值为 True,设备的个别状态位用 True 响应并行轮询;若值为 FALSE,设备的个别状态位用 FALSE 响应并行轮询。默认值为 True。
- 错误输入:表明节点运行前发生的错误。该输入将提供标准错误输入功能。
- 禁止 DMA:若值为 True,设备使用程序控制 I/O 传输数据。默认值为 True。
- 错误输出:错误代码输出控件。显示错误状态及错误代码。

2. GPIB 写入

GPIB 写入函数将数据输入端的数据写入地址字符串指定的设备中。模式指定如何结束 GPIB 写入过程,如果在超时毫秒输入端指定的时间内操作未能完成,则放弃此次操作函数。其函数图标及端口定义如图 9.13 所示。

① 超时毫秒:指定函数在超时前等待的时间,以毫秒为单位。设置超时毫秒为 0 可禁用超时,终止在超时毫秒内未完成的操作。设置数值-1 可使用 488.2 全局超时。默认值为 1 000。

② 数据:写入 GPIB 设备的数据或指令,数据类型为字符串。

③ 模式:指定在没有达到字节总数时终止读取的条件。默认值为 0。

④ 状态:该布尔数组中的每一位都用于表明 GPIB 控制器的一个状态。如发生错误,GPIB 函数可置位 15。GPIB 错误仅在状态置位 15 后有效。

3. GPIB 读取

GPIB 读取函数从地址字符串中的 GPIB 设备中读取数量为字节总数的字节,读取的数据由数据端输出。用户必须把读取的字符串转换成数值数据后,才能进行数据处理,例如进行曲线显示。其函数图标及端口定义如图 9.14 所示。

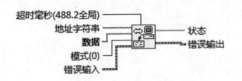

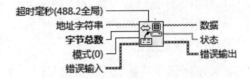

图 9.13 GPIB 写入函数的图标及端口定义　　**图 9.14 GPIB 读取函数的图标及端口定义**

① 字节总数:需要从串口设备读取数据的字节总数。

② 数据:函数读出的数据,数据类型为字符串。

说明:GPIB 读取函数遇到下列情况之一则中止读取数据:

● 程序已经读取了所要求的字节数;

● 程序检测到一个错误;

● 程序操作超出时限;

● 程序检测到结束信息(由 EOI 发出);

● 程序检测到结束字符 EOS。

4. GPIB 清零

发送 SDC(选中设备清零)或 DCL(设备清零)命令。其函数图标及端口定义如图 9.15 所示。

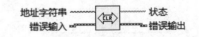

图 9.15 GPIB 清零函数的图标及端口定义

2.4 GPIB 仪器系统举例

基于 GPIB 接口的压控振荡器测试系统压控振荡器(VCO)是一种很重要的振荡电路,广泛地应用于信号检测、直接调频、锁相环路、频率合成等电子系统和频谱分析仪等近代仪表中,是通信机、移动电话、全球定位系统(GPS)、雷达等众多电子应用系统必不可少的关键部件。

压控振荡器是一种输出频率受外加电压控制的振荡器,其输出频率可表示如下:

$$f = A_{vf} \cdot V$$

式中 A_{vf} 为 VCO 的压控灵敏度,V 为外加控制电压。

1. 仪器系统硬件结构

压控振荡器仪器系统主要完成对压控振荡器频率参数的测量。据此,选择频率计、D/A变换器、绘图仪和计算机一起组成压控振荡器仪器系统,如图 9.16 所示。

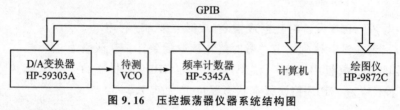

图 9.16 压控振荡器仪器系统结构图

2. 测试软件流程图

测试应用软件大致分为 3 部分:

① 与 GPIB 设备进行通信;

② 数据采集与处理;

③ 对生成数据进行分析、存贮和打印。

其流程图如图 9.17 所示。

3. VCO 测试结果

压控振荡器测试系统的测试结果如图 9.18 所示。

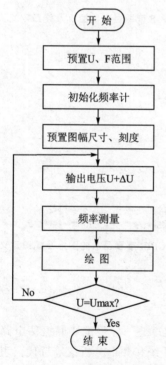

图 9.17 测试软件流程图

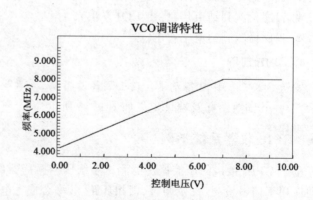

图 9.18 VCO 测试结果

【知识拓展】

VXI 总线是 VMEbus Extensions for Instrumentation 的缩写，是在 VME 总线基础上扩展而成的模块化仪器，其数据的传输速率可达 100 MB/s，具有小型便携、使用方便、数据传输率高、开放式模块化结构、标准化程度高、兼容性强、可扩充性好的优点。基于 VXI 总线的测试平台是仪器总线系统和自动测试系统完美结合的优秀测试平台。另外，VXI 模块仪器还具备可重复使用、便于充分发挥计算机效能、易于利用数字信号处理等新的原理和技术构成虚拟仪器的优点，便于接入计算机网，构成信息采集、传输和处理一体化的网络。

1. VXI 总线的优点

总的来说，VXI 总线具有如下优点：

① 选定了功能强、技术平台完善的 VME 微机总线为基础，采用模块化、插卡式结构，可根据不同的测量要求灵活地选配成自动测量系统。

② 较高的测试系统数据吞吐量。与 VMEbus 数据总线相兼容的 VXIbus 背板数据传输率，其理论值可达 40 M，增扩的本地总线可高达 100 M，而且不同等级器件优先权中断的使用，更能高效利用数据总线，有助于提高整个系统的吞吐量。这样可降低用户测试期，增强竞争优势。

③ 更容易获得高性能的仪器系统。VXIbus 为仪器提供了良好的电源、电磁兼容、冷却等高可靠性环境，还有各种工作速率的精确同步时钟，可获得比以往更高性能的仪器。VXI 产品的平均无故障工作时间可达 30 000 小时。

④ 缩小了体积、降低了成本。总线由电缆方式改为背板方式，把原来具有控制面板、电源、显示器等硬件的台式仪器和机架结构改为无电源、无控制面板、无显示器的专用插入方式。这样一来不仅体积大大缩小，更换插件方便，扩展测试内容及升级换代容易，传输速率高，而且为虚拟、软件仪器系统奠定了基础。

⑤ 使虚拟仪器概念成为现实。用户可借助 VXIbus 随意地组建不同的测试系统，甚至通过软件将 VXIbus 硬件系统分层次组态成不同功能的测试系统，使 VXI 在用户面前随时可演变成一个不同的具有传统仪器形象的测试系统，虚拟仪器概念成为现实。

⑥ 与 GPIB 标准相容，可混合使用，相得益彰。

⑦ 真正的升级通道和软件保护用户的测试系统永不废弃。

⑧ 有国际性的 VXIbus 联合体和即插即用系统联盟在不断的、有组织地制定 VXI 的有关协议，极大地促进了 VXI 的生产和使用。例如：1995 年通过的快速数据通道（FDC）规范和接口（TCP/ID）规范使 VXIbus、自动测试设备（ATE）可直接与计算机系统联网，作为网络内的测量服务器，共享网络资源，执行测量作业，真正达到计算机总线与仪器总线的有机结合。而 1995 年制定的仪器驱动器编程接口规范和 VISI22 虚拟仪器软件结构规范等标准使 VXI 系统成了真正的即插即用系统。

除此之外，VXI 总线还有许多优点。例如，VXI 总线有 TTL 触发总线，可使数字化仪器与波形发生器同步，生产厂家多，选择余地大，而且各种功能模块、机箱和背板等实施国产化容易等。

2. VXI 总线系统的结构

VXI 总线系统或者其子系统由一个 VXIbus 主机箱、若干 VXIbus 器件、一个 VXIbus 资源管理器和主控制器组成,零槽模块完成系统背板管理,包括提供时钟源和背板总线仲裁等,当然它也可以同时具有其他的仪器功能。资源管理器在系统上电或者复位时对系统进行配置,以使系统用户能够从一个确定的状态开始系统操作。在系统正常工作后,资源管理器就不再起作用。主机箱容纳 VXIbus 仪器,并为其提供通信背板、供电和冷却。

VXIbus 不是设计来替代现存标准的,其目的只是提高测试和数据采集系统的总体性能提供一个更先进的平台。因此,VXIbus 规范定义了几种通信方法,以方便 VXIbus 系统与现存的 VMEbus 产品、GPIB 仪器以及串口仪器的混合集成。

(1) VXI 总线系统机械结构

VXIbus 规范定义了 4 种尺寸的 VXI 模块。较小的 A 和 B 尺寸模块是 VMEbus 模块定义的尺寸,并且从任何意义上来说,它们都是标准的 VEMbus 模块。较大的 C 和 D 尺寸模块是为高性能仪器所定义的,它们增大了模块间距,以便对包含用于高性能测量场合的敏感电路的模块进行完全屏蔽。A 尺寸模块只有 P1、P2 和 P3 连接器。

(2) VXI 总线系统电气结构:八大总线

VME 计算机总线包括:

- 时钟和同步总线;
- 模块识别总线;
- 触发总线;
- 模拟加法总线;
- 局部总线;
- 星形总线;
- 电源总线。

(3) 其他结构

除了机械结构与电气结构,VXI 总线系统还包括 EMC、供电和冷却与通信结构等。

3. VXIbus 系统控制方案

VXIbus 系统的配置方案是影响系统整体性能的最大因素之一。常见的系统配置方式有 GPIB、嵌入式和 MXI 三种控制方案。

GPIB 控制方案通过 GPIB 接口把 VXI 主机箱与外部的计算机平台相连。计算机通过 GPIB 和 GPIB - VXI 翻译器向 VXI 仪器发送命令串,而 GPIB - VXI 接口模块以透明的方式在 VXI 字符串协议和 GPIB 协议之间进行翻译。由于要对字符串本身进行这种额外的翻译,使系统的随机读写速度严重下降。

嵌入式控制方案包括一个插入 VXI0 槽并直接与背板总线相连的嵌入式计算机,这种系统配置方案的物理尺寸最小,并因控制计算机直接与背板总线相连而获得最高的系统性能。直接对 VXI 总线的访问意味着计算机可直接读写消息基和寄存器基仪器,消除了 GPIB - VXI 接口翻译对速度的影响。

第三种系统配置方案使用高速的 MXIbus 连接器将外部计算机接入 VXI 背板总线,使外部的计算机可以像嵌入式计算机一样直接控制 VXI 背板总线上的仪器模块。

4. VXI 的硬件寄存器与通讯

（1）寄存器基器件（Register – Based Device）

任何 VXIbus 器件，不管其功能如何，都必须有一组配置寄存器（configuration registers），系统通过访问 VME 总线上 P1 口的配置寄存器来识别器件的类型、型号、生产厂家、地址空间与所要求的存储器空间。仅有这种最低通讯能力的 VXIbus 器件就是所谓的寄存器基器件。通过这组公共的配置寄存器、中央资源管理器（Resource Manager，简称 RM）和基本的软件模块，可以在系统初始化时自动进行系统与存储器配置。

（2）消息基器件（Message – Based Device）

除寄存器基器件以外，VXIbus 规范还定义了同时具有通讯寄存器（communication register）和配置寄存器的所谓消息基器件。所有的消息基 VXIbus 器件，无论是哪家厂商生产的，都必须能用 VXI 专用字符串协议进行最低限度的通讯。有了这种最低限度的通讯能力，就可建立像共享内存这样的高性能通讯通道，从而发挥 VXIbus 带宽能力的优势。

（3）字符串协议（Word Serial Protocol）

XIbus 字符串协议的功能非常像 IEEE – 488 协议，同一时刻在器件之间一位一位或一个字一个字地传递数据消息。这样，VXI 消息基器件之间实际上在按照与 IEEE – 488 仪器非常类似的方式进行通讯。一般来说，消息基器件通常都包含一定程度的本地智能用于完成更高级的通讯。

所有的 VXI 消息基器件都要用字符串协议以某种标准方式进行通讯。若要与一个消息基器件通讯，就得通过该器件上的数据入（Data In）或数据出（Data Out）硬件寄存器在同一时刻写或读一个 16 – bit 字符来进行，因而这种通信协议被称之为字符串。字符串通讯是按其响应寄存器中的 bits 定速的，并进而确定数据入寄存器是否空和数据出寄存器是否满。这种工作方式非常类似于串口通信中的通用异步收发方式（Universal Asynchronous Receiver Transmitter，UART）。

5. VXIbus 的应用

（1）通信领域

VXI 总线测试系统最早主要用于军事领域，但近来已广泛用于其他工业领域。据 1996 年底的统计，国外在通信测试方面的应用已占 47％。目前，国内通信产品的测试严重依赖进口，因此研制国产高性能通信测试系统大有必要。

通信测试的专用性较强。国外如 HP 公司、WG 公司等均已生产 VXI 总线模块式通信测试产品，用于互联网中 WAN（广域网）、LAN（局域网）、ATM 设备、ISDN 等功能性测试和标准性测试。其 VXI 模块都是专门用于通信产品测试的，如光/电接口模块、线路接口模块、协议接口模块等等。国内如中国科大、深圳华为技术公司等单位也在国产通信产品的 VXI 模块化测试上有所建树，设计了诸如误码测试模块、时钟模块、时钟抖动测试模块等专用模块。由于通信产品种类很多，所需的测试也极为复杂，因此，对每种测试应用都研制专用模块是不现实的，也不符合虚拟仪器的思想。VXI 总线虚拟仪器用于通信测试领域，在硬件组成上除前述外，还应增加任意信号发生器模块、通信产品接口模块，以及可选的另一数据采集模块（该数采模块侧重于数字信号和脉冲信号的输入)等。在测试接口（UUT）上，还要注意被测电/光通信信号的获取途径和器具（探头）；对光通信信号还应考虑光电转换器。

通信测试的复杂程度不一，标准也很多，且时常改变。但 VXI 总线模块式虚拟仪器正好具有扩充性好，可重复利用的优点，且数据传输速率很高，足以满足中高速通信测试的需求。因此，VXI 总线虚拟仪器用于通信测试不仅可以真正发挥 VXI 总线的高性能，也是现实可行的。

（2）车辆性能检测

新车出厂检测和汽车年检一般都在车辆综合性能检测站进行。车辆参数测试包括安全性能检测、综合性能检测以及发动机参数测试等，按检测项目在不同的工位进行。以往各工位多采用从国外引进的单台独立设备，投资大，无法进行统一的测试和数据管理。而采用 VXI 总线虚拟仪器则可在总控室进行多项目的统一测试和管理，自动化水平大大提高。另外，VXI 总线虚拟仪器强大的数据分析和处理能力尤其适合用于诸如发动机异响分析和机械故障诊断，这样就可以集车辆性能检测与故障诊断于一体，大大提高了整个测试系统的效用。

（3）电子电路功能测试（EFT）

电子电路功能测试是一种在生产线对电子设备进行测试的方法。测试目的是确定被测试电子设备能否正常工作。测试系统要将一些激励电信号加到被测设备外部的或外边缘的连接器，然后测量被测设备的响应。如果响应在预期的极限值内，则测试通过；否则电路功能错误。

由于模块化的结构形式，对不同类型的电子设备，可用不同配置的 VXI 总线虚拟仪器。VXI 的高性能背板和寄存器基插卡，使它能以比台式和机柜式设备更快的速度对高速电子设备进行测试，从而成为大批量制造行业的理想测试方案。VXI 的结构形式也利于制造与被测设备相连的专用夹具。

【思考练习】

1. GPIB 的基本性能有哪些？
2. GPIB 三种基本的接口功能是什么？
3. GPIB 仪器系统的组成及连接方式分别是什么？

任务 3 串行通信

【任务描述】

串行通信是一种常用的数据传输方法，用于计算机与外设或者计算机与计算机之间的通信。由于大多数计算机和 GPIB 仪器都有内置的 RS-232C 串口，因此串行通信非常流行。然而，与 GPIB 不同，一个串口只能与一个设备进行通信，这对某些应用来说是一种限制。串行通信中发送方将要传送的数据通过一条通信线路，一位一位地传送到接收方，数据传输速度很慢，所以串行通信只适用于速度较低的测试系统。本次任务将介绍如何在 LabVIEW 中进行串行通信。

【知识储备】

3.1　串行通信简介

串行通信是一种通用的计算机通信协议,也是仪器仪表设备常用的通信协议之一,还可用于获取远程采集设备的数据。

串行通信在一台计算机和一个外围设备(如一台可编程仪器或另一台计算机)间传输数据。串行通信使用发送器每次向接收器发送一位数据,数据经过一条通信线到达接收器。如数据传输率较低,或数据传输的距离较长,应使用这种方法。大部分计算机都有一个或多个串口,因此除了需要用电缆连接设备和计算机或两台计算机以外,不需要其他多余的硬件。

1. 串行通信的分类

串行传输中,数据是一位一位按照到达的顺序依次传输的,每位数据的发送和接收都需要时钟来控制,发送端通过发送时钟确定数据位的开始和结束,接收端需要在适当的时间间隔对数据流进行采样来正确地识别数据。接收端和发送端必须保持步调一致,否则数据传输就会出现差错。为了解决以上问题,串行通信可采用以下两种方法:同步通信和异步通信。

(1) 同步通信

同步通信是一种连续串行传送数据的通信方式,一次通信只传送一帧信息。这里的信息帧与异步通信中的字符帧不同,通常含有若干个数据字符。

它们均由同步字符、数据字符和校验字符(CRC)组成。其中同步字符位于帧开头,用于确认数据字符的开始。数据字符在同步字符之后,个数没有限制,由所需传输的数据块长度来决定;校验字符有 1～2 个,用于接收端对接收到的字符序列进行正确性的校验。同步通信的缺点是要求发送时钟和接收时钟保持严格的同步。

(2) 异步通信

串行异步通信即 RS232 通信,是主机与外部硬件设备的常用通讯方式。可以双向传输。如卫星信号接收版收到的数据传导到计算机处理,主要使用串行异步通信处理。

异步通信中,有两个比较重要的指标:字符帧格式和波特率。数据通常以字符或者字节为单位组成字符帧传送。字符帧由发送端逐帧发送,通过传输线被接收设备逐帧接收。发送端和接收端可以由各自的时钟来控制数据的发送和接收,这两个时钟源彼此独立,互不同步。

接收端检测到传输线上发送过来的低电平逻辑"0"(即字符帧起始位)时,确定发送端已开始发送数据,每当接收端收到字符帧中的停止位时,就知道一帧字符已经发送完毕。

异步通信中典型的帧格式是:1 位起始位,7 位(或 8 位)数据位,1 位奇偶校验位,2 位停止位。

异步通信和同步通信的比较如下:

- 异步通信简单,双方时钟可允许一定误差。同步通信较复杂,双方时钟的允许误差较小。
- 异步通信只适用于点对点通信,同步通信可用于点对多通信。
- 在通信效率方面,异步通信效率低,同步通信效率高。

2. 基本参数

使用串行通信前必须指定四个参数:传送的波特率、对字符编码的数据位数、可选奇偶校验位的奇偶性和停止位数。一个字符帧将每个传输过来的字符封装成单一的起始位后接数据位的形式。

（1）波特率

这是一个衡量通信速度的参数，它表示每秒钟传送的 bit 的个数。例如 300 波特表示每秒钟发送 300 个 bit。当提到时钟周期时，就是指波特率。例如协议需要 4 800 波特率，那么时钟就是 4 800 Hz，这意味着串口通信在数据线上的采样率为 4 800 Hz。通常电话线的波特率为 14 400、28 800 和 36 600。波特率可以远远大于这些值，但是波特率和距离成反比。高波特率常常用于放置的很近的仪器间的通信，典型的例子就是 GPIB 设备的通信。

（2）数据位

这是衡量通信中实际数据位的参数。当计算机发送一个信息包，实际的数据不会是 8 位的，标准的值是 5、7 和 8 位。如何设置取决于想传送的信息，比如，标准的 ASCⅡ 码是 0～127（7 位），扩展的 ASCⅡ 码是 0～255（8 位）。如果数据使用简单的文本（标准 ASCⅡ 码），那么每个数据包使用 7 位数据。每个包是指一个字节，包括开始/停止位，数据位和奇偶校验位。实际数据位取决于通信协议的选取，术语"包"指任何通信的情况。

（3）奇偶校验位

这是一种简单的检错方式，有偶、奇、高和低四种检错方式。字符帧中，数据位之后紧随一个可选的奇偶校验位。奇偶校验位如果存在，也遵循反逻辑。校验位是检查错误的方法之一。事先指定传输的奇偶性，如果奇偶性选为奇性，那么设置奇偶校验位，使包括数据位和奇偶校验位在内的所有数位中，1 的个数合计为奇数。

（4）停止位

其用于表示单个包的最后一位。典型的值为 1、1.5 和 2 位。由于数据是在传输线上定时的，并且每一个设备有其自己的时钟，很可能在通信中两台设备间出现小小的不同步，因此停止位不仅仅是表示传输的结束，并且提供计算机校正时钟同步的机会。停止位的位数越多，不同时钟同步的容忍程度就越大，但是数据传输率同时也越慢。

3. 串口的分类

RS - 232 是 IBM - PC 及其兼容机上的串行连接标准，有许多用途，比如连接鼠标、打印机或者 Modem，同时也可以接工业仪器、仪表，用于驱动和连线的改进。实际应用中，RS - 232 的传输长度或者速度常常超过标准的值。RS - 232 只限于 PC 串口和设备间点对点的通信。

RS - 485 是一种标准的物理接口，对应物理层，没有统一的通信协议。各个公司都有自己自定义的通信协议，但目前应用非常广泛的是 Modbus 协议，大部分大公司的 RS - 485 产品都支持此协议，或 RTU 或 TCP 模式。

RS - 232/RS - 485 定义了通信的物理层，即只规定了通信的电气规范。RS - 232 实现点对点通信；RS - 485 采用主从模式，方便组网。

4. 串口信号结构

串口按位（bit）发送和接收字节。尽管比按字节（byte）的并行通信速度稍慢，但是串口采用异步通信方式，所以利用 1 条发送数据线、1 条接收数据线和 1 条地线，就能在同一时间完成数据的双向传输。传输的数

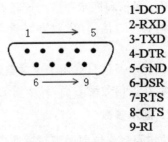

图 9.19　串口连线示意图

1-DCD
2-RXD
3-TXD
4-DTR
5-GND
6-DSR
7-RTS
8-CTS
9-RI

据一般使用 ASCⅡ码形式。图 9.19 为串口的连线示意图,表 9.1 所列为串口各引脚功能。

表 9.1　串口各引脚功能

名　　称	功　　能	引　脚	类　　型
TXD	串口数据输出	3	数据信号
RXD	串口数据输入	2	数据信号
GND	地　线	5	地　线
RTS	发送数据请求	7	握手信号
CTS	清除发送	8	握手信号
DSR	数据发送就绪	6	握手信号
DCD	数据载波检测	1	握手信号
DTR	数据终端就绪	4	握手信号
RI	铃声提示	5	其　他

串口容易实现长距离通信。比如 IEEE488 协议规定 GPIB 设备总线不得超过 20 m,并且任意两台设备间的线缆长度不得超过 2 m。相比之下,串口的总线长度可以达到 1 200 m。

5. 串口机械结构

串口的连接器多数选用 DB－9 针(公头)或 DB－9 孔(母头),少数 PLC 设备使用 PS2 连接器。一般计算机提供的 RS－232 串口为 DB－9 针。图 9.20 所示分别为 DB－9 针和 DB－9 孔的实物图。

3.2　串行通信函数

LabVIEW 中用于串行通信的函数实际上是 VISA 函数,为了方便用户使用,LabVIEW 将这些 VISA 函数单独组成一个子选板,包括 8 个函数,分别实现配置串口、串口写入、出口读取、关闭串口、检测串口缓冲区和设置串口缓冲区等。这些函数位于函数选板"仪器 I/O"→"串口"中,如图 9.21 所示。

图 9.20　串口实物图

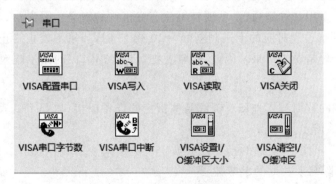

图 9.21　串口通信函数选板

串行通信函数的使用方法比较简单,且易于理解,下面对各函数的功能和使用进行介绍。

1. VISA 配置串口

初始化配置串口。用该函数可以设置串口的波特率、数据位、停止位、奇偶校验位、缓存大小以及流量控制等参数。该函数图标及端口定义如图 9.22 所示。

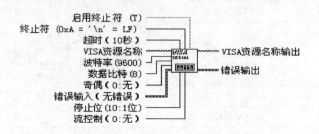

图 9.22　VISA 配置串口函数的图标及端口定义

- 启用终止符:串行设备做好识别终止符的准备。
- 终止符:通过调用终止读取操作。从串行设备读取终止符后读取操作将终止。0xA 是换行符(\n)的十六进制表示。将消息字符串的终止符由回车(\r)改为 0xD。
- 超时:设置读取和写入操作的超时值。
- VISA 资源名称:指定了要打开的资源。该控件也指定了会话句柄和类。
- 波特率:传输率。默认值为 9 600。
- 数据比特:数据位设置。数值范围 5~8,默认值为 8。
- 奇偶:奇偶校验位设置。默认值为 0,无校验。
- 错误输入:表示 VI 或函数运行前发生的错误情况。默认值为无错误。
- 停止位:指定用于表示帧结束的停止位的数量。10 表示停止位为 1 位,15 表示停止位为 1.5 位,20 表示停止位为 2 位。
- 流控制:设置传输机制使用的控制类型。默认值为 0。
- VISA 资源名称输出:输出串口设备的地址字符串,可供下一级 VI 使用。
- 错误输出:错误代码输出控件。显示错误状态及错误代码。

注意:配置串口注意超时(TIMEOUT)和终止符两个参数。

TIMEOUT 默认 10 秒;终止符是 0X0A(\n),默认是使能状态。另外,回车 0X0D(\r)也经常作为终止符。采用二进制通信,就要特别注意终止符的情况。因为 0A 对应十进制是 10,0D 是 13,当传输的二进制对应的十进制刚好为 10 或 13 时,如果不禁止终止符,会导致"VISA 读取"提前结束,产生错误的结果。因此,经常要把"启动终止符"的布尔输入设置为"F"。

2. VISA 写入

将写入缓冲区的数据写入 VISA 资源名称指定的设备或接口。VISA 写入函数的图标及端口定义如图 9.23 所示。

- 写入缓冲区:向串口发送的指令或数据。
- 返回数:实际写入数据的字节数。

注意:MSCOMM 串口通信可以选择文本或二进制方式接收或发送数据,但是,VISA 通信接收或发送数据都是字符串(ASCⅡ)。若接收或发送的字符串是"1、2、3、4",在内存中存储

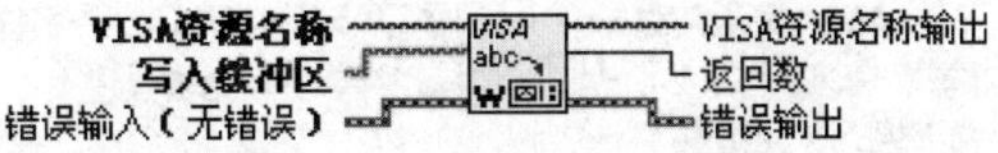

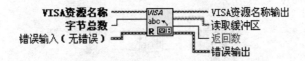

图 9.23 VISA 写入函数的图标及端口定义

的是 ASCⅡ,因为在十六进制中,1=31、2=32、3=33、4=34,所以串口缓存接收/发送的数据实际是 16 进制的 31、32、33、34。

3. VISA 读取

从 VISA 资源名称所指定的设备或接口中读取指定数量的字节,并将数据返回至读取缓冲区。VISA 读取函数的图标及端口定义如图 9.24 所示。

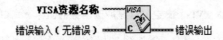

图 9.24 VISA 读取函数的图标及端口定义

- 字节总数:需要从串口设备读取数据的字节总数。
- 读取缓冲区:根据指定的字节总数,读取串口缓冲区的字符串数据。
- 返回数:实际读取数据的字节数。

注意:有时不知道串口缓存区有多少字节的数据,以防字节总数设置错误,这时字节总数可以用属性节点 [Instr Bytes at Port] 获取,即把属性节点输出端子接入"VISA 读取"节点的输入端子"字节总数"。

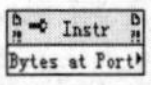

4. VISA 关闭

关闭 VISA 资源名称指定的设备会话句柄或时间对象。该函数采用特殊的错误 I/O 操作。无论前次操作是否产生错误,该函数都会关闭设备会话句柄。打开 VISA 会话句柄并完成操作后,应关闭该会话句柄。该函数可接受各个会话句柄类。VISA 关闭函数的图标及端口定义如图 9.25 所示。

图 9.25 VISA 关闭函数的图标及端口定义

5. VISA 串口字节数

该属性用于返回指定串口的输入缓冲区的字节数。其图标为 [Instr Bytes at Port]。串口字节数属性用于指定该会话句柄使用的串口的当前可用字节数。

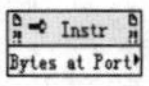

6. VISA 串口中断

发送指定端口上的中断。将指定的输出端口中断一段时间(至少 250 ms),该时间由"持续时间"指定,单位为毫秒(ms)。VISA 串口中断函数的图标及端口定义如图 9.26 所示。

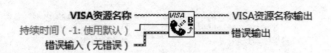

图 9.26　VISA 串口中断函数的图标及端口定义

持续时间:指定中断的长度,以毫秒为单位。VI 运行时,该值暂时重写 VISA Serial Settings:Break Length 属性的当前设置。此后,VI 将把其当前设置返回到初始值。该属性的默认值为 250 ms。

7. VISA 设置 I/O 缓冲区大小

如需设置串口缓冲区大小,须先运行 VISA 配置串口 VI。VISA 设置 I/O 缓冲区大小函数的图标及端口定义如图 9.27 所示。

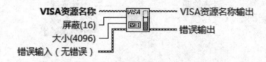

图 9.27　VISA 设置 I/O 缓冲区大小函数的图标及端口定义

① 屏蔽:指明要设置大小的缓冲区。屏蔽的有效值是 I/O 接收缓冲区(16)和 I/O 传输缓冲区(32)。添加屏蔽值可同时设置两个缓冲区的大小。

② 大小:指明 I/O 缓冲区的大小。大小应略大于要传输或接收的数据数量。如激活函数而未指定缓冲区大小,VI 将设置默认值为 4 096。如未激活函数,默认值将取决于 VISA 和操作系统。

8. VISA 清空 I/O 缓冲区

清空由屏蔽指定的 I/O 缓冲区。VISA 清空 I/O 缓冲区函数的图标及端口定义如图 9.28 所示。

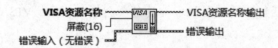

图 9.28　VISA 清空 I/O 缓冲区函数的图标及端口定义

屏蔽:指明要清空的缓冲区。按位合并缓冲区屏蔽可同时刷新多个缓冲区。逻辑 OR,也称为 OR 或加,用于合并值。接收缓冲区和传输缓冲区分别只用一个屏蔽值,见表 9.2。

表 9.2　屏蔽值表

屏蔽值	十六进制	说　明
16	0x10	清空接收缓冲区并放弃内容(与 64 相同)
32	0x20	通过将所有缓冲数据写入设备,清空传输缓冲区并放弃内容
64	0x40	清空接收缓冲区并放弃内容(设备不执行任何 I/O)
128	0x80	清空传输缓冲区并放弃内容(设备不执行任何 I/O)

3.3 VISA 的使用

1. VISA 简介

虚拟仪器软件架构（Virtual Instrument Software Architecture，VISA）是 VXIplug&lay 系统联盟的 35 家最大的仪器仪表公司所统一制定的 I/O 接口软件标准及其相关规范的总称。它的目的是通过减少系统的建立时间来提高效率。随着仪器类型的不断增加和测试系统复杂化的提高，人们不希望为每一种硬件接口都编写不同的程序，因此 I/O 接口无关性对于于 I/O 控制软件来说变得至关重要。当用户编写完一套仪器控制程序后，总是希望该程序在各种硬件接口上都能工作，尤其是对于使用 VXI 仪器的用户。VISA 的出现使用户的这种希望成为可能，通过调用相同的 VISA 库函数并配置不同的设备参数，就可以编写控制各种 I/O 接口仪器的通用程序。

通过 VISA 用户能与大多数仪器总线连接，包括 GPIB、USB、串口、PXI、VXI 和以太网。而无论底层是何种硬件接口，用户只需要面对统一的编程接口——VISA。VISA 本身并不能提供仪器编程能力，它调用底层代码来控制硬件的高层应用编程接口（API），根据所使用的仪器类型调用相应的驱动程序。

由于 VISA 是开发仪器驱动程序的工业标准，所以 NI 公司开发的大多数仪器驱动程序都是用 VISA 编写的。

2. VISA 的优点

使用 VISA 有很多优点，它方便用户在不同的平台对不同类型的仪器进行开发移植及升级测控系统。

① VISA 是工业标准。VISA 是整个仪器行业用于仪器驱动程序的标准 API（Application Program Interface），用户可以用一个 API 控制包括 GPIB、VXI、串口、USB 等不同类型的仪器。

② VISA 提供了接口独立性。无论仪器使用什么样的接口类型，VISA 都用同样的操作方式与其通信。例如，无论仪器使用的是串口、GPIB 接口还是 VXI 接口，对于一个基于消息的仪器，写入 ASCⅡ 字符串的 VISA 指令都是相同的，因此 VISA 具有与接口类型无关的特性。这使得 VISA 更易于在不同的总线接口之间切换，也意味着那些需要为不同接口的仪器编程的用户只需学习一种 API 就行了。

③ VISA 提供了平台独立性。把 VISA 设计成使用 VISA 函数调用，很容易把一个平台上的 VISA 移植到另一个平台上。为了保证与平台无关，VISA 严格定义了它的数据类型，如一个整型变量的字节数，在任何一个平台都是相同的，它的字节数大小不会对 VISA 程序产生影响。VISA 函数调用以及它们的关联参数都可以在任何平台上通用。用它编写的软件可以移植到其他的平台上并重新编译。一个 LabVIEW 程序可以移植到任何一个支持 LabVEW 的平台上。

④ VISA 适应未来发展。VISA 在未来的仪器控制应用中很可能被采用。

3. VISA 函数

进入 VISA 函数子面板的路径为"函数"→"仪器 I/O"→"VISA"，其面板如图 9.29 所示。在 VISA 子面板中，有 5 个 VISA 基本函数和 1 个 VISA 高级函数类，掌握其中的几个函数就可进行开发。

在基本函数中,VISA 写入和 VISA 读取函数都与串口的相应函数相同,此处不再赘述。其他函数的功能如下:

- VISA 设备清零:对设备的输入和输出缓冲区进行清零。
- VISA 读取 STB:从 VISA 资源名称指定的基于消息的设备中读取服务请求状态字节。

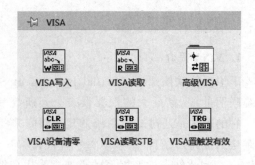

图 9.29　VISA 子面板

- VISA 打开:打开 VISA 资源名称指定设备的会话句柄并返回会话句柄标识符,该标识符可用于调用该设备的其他操作。
- VISA 查找资源:查询系统,定位与指定接口相关的设备。

提示:VISA 查找资源函数可以用来列举出当前计算机所连接的设备及 VISA 资源名称,这为提高程序的自动化程度提供了可能。

4. 在 LabVIEW 中使用 VISA 控制各种接口设备

使用 VISA 的方便之处在于能以统一的形式控制各种接口设备,通过 VISA 资源字符串,即可通知 VISA 仪器地址信息,表 9.3 所列为 VISA 资源字符串语法表。

表 9.3　VISA 资源字符串语法表

物理接口	VISA 语法
GPIB	GPIB[板卡]::主地址[::GPIB 次地址][::INSTR]
VXI	VXI[板卡]::VXI 逻辑地址[::INSTR]
PXI	PXI[总线]::设备[::函数][::INSTR]
串　口	ASRL[板卡][::INSTR]
TCP-IP	TCPIP[板卡]::主机地址[::LAN 设备名][::INSTR]
USB	USB[板卡]::制造商 ID::型号编码::序列号[::USB 接口号][::INSTR]

在仪器仪表方面,最常出现的接口有四种,分别是 GPIB 接口、串行(COM)接口、USB 接口和 LAN 接口,它们几乎涵盖了大部分的智能仪器仪表。

(1) VISA 控制 GPIB 接口设备

VISA 控制 GPIB 接口设备如图 9.30 所示,该 VISA 地址的含义是:该 GPIB 仪器设备位于 GPIB 接口 0,主地址为 4。

(2) VISA 控制 COM 接口设备

VISA 控制 COM 接口设备如图 9.31 所示,该 VISA 地址的含义是:该仪器设备位于串行 COM 口,地址是 5。

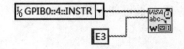

图 9.30　VISA 控制 GPIB 接口设备　　　图 9.31　VISA 控制 COM 接口设备

（3）VISA 控制 USB 接口设备

VISA 控制 USB 接口设备如图 9.32 所示，该 VISA 地址的含义是：该仪器设备位于 USB 板卡 0 上，其制造商 ID 为 0x0957（Agilent），型号编码为 0x17A4，仪器的序列号为 MY51135727。

图 9.32　VISA 控制 USB 接口设备

（4）VISA 控制 LAN 接口设备

VISA 控制 LAN 接口设备如图 9.33 所示，该 VISA 地址的含义是：访问 IP 地址为 169.254.45.32 的仪器设备，并使用 inst0 的默认 LAN 设备名。

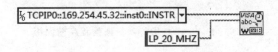

图 9.33　VISA 控制 LAN 接口设备

【知识拓展】

PLC 的全程是 Programmable Logic Controller（可编程控制器），是一种成熟的工业控制技术，在工业控制领域得到了广泛的应用。PLC 利用串口与计算机进行通信，这里以松下 FPO－C32 小型 PLC 进行串行通信为例，介绍在 LabVIEW 中如何使用串行通信功能实现与 PLC 的通信。PLC 与计算机之间通过一条串口数据线相连接。

向 PLC 发送一条命令，将 PLC 中的 0 号寄存器 R0000 中的数据位置 1，并接受 PLC 返回的信息。发送命令"％01＃WCSR0000123\r"，PLC 收到该命令后，返回响应字符串"％01＄WC14\r"。其通信过程如下：

① 初始化串口，设置串口的通信阐述与 PLC 的串行通信参数一致。

② 向 PLC 中发送命令字符串"％01＃WCSR0000123\r"。

③ 延时 50 ms，等待 PLC 执行命令，并返回相应字符串。

④ 从串口输入缓存中读出 PLC 的响应字符串。

⑤ 关闭串口。

程序框图及运行结果如图 9.34、9.35 所示。

PLC 在工业控制中具有举足轻重的地位，具有其他控制技术无法比拟的优势，而 LabVIEW 在测控软件方面也有其独到的优势，因此，利用 PLC 作为控制系统的硬件核心，利用 LabVIEW 开发控制系统软件，将二者有机结合起来，发挥各自的优势，可以开发出一套功能强大的控制系统。建议该领域的用户在开发工业控制系统时，采用 PLC＋LabVIEW 的发案。

需要注意的是，串口只要初始化一次即可，要尽量避免重复初始化串口（除非改变其参数），否则有可能降低系统的运行效率。

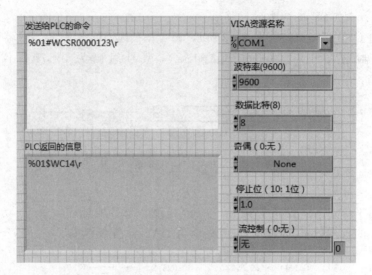

图 9.34　与 PLC 进行串行通信程序前面板

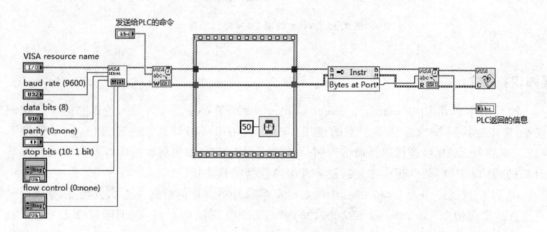

图 9.35　与 PLC 进行串行通信程序框图

说明：当在 LabVIEW 中利用 VISA Configure Serial Port.vi 节点初始化了一个串口后，若在串行通信结束后没有利用 VISA Close 节点将该串口关闭，那么，只要没有退出 Lab-VIEW，LabVIEW 会一直占用该串口资源，其他外部程序在此时是不能访问该串口的。

【思考练习】

1．串行通信的基本参数及各自的含义。

2．串行通信的标准有哪些？

3．试利用你目前所拥有的能与计算机通讯的设备，结合本节所学的知识，实现 LabVIEW 与该设备通讯。

任务 4 仪器驱动程序

【任务描述】

在虚拟仪器系统设计中,仪器驱动程序是连接仪器与用户界面的桥梁,是系统设计的一个关键,也是最费时间与精力的工作,对于用户来说,仪器驱动程序如神秘的"黑匣子",浑然不知其内部所含何物,一切靠开发商决定。

VPP 规范要求仪器模块生产厂家在提供硬件模块的同时,必须提供仪器驱动程序的各种文件形式,一方面给仪器驱动程序的编写提出了一个标准化的规范,另一方面又给仪器用户提供了更多的权限与参与性,进一步扩展了仪器的使用性。

LabVIEW 仪器驱动简化了仪器控制并减少了开发测试程序所需的时间,用户无须学习各种仪器底层的复杂编程命令,也可直接控制仪器。本次任务将对仪器驱动程序相关内容进行介绍。

【知识储备】

4.1 仪器驱动程序简介

1. 仪器驱动程序的概念

仪器驱动程序是一套可被用户调用的子程序库,不必了解每个仪器的编程协议和具体编程步骤,只需调用相应的一些函数就可以完成对仪器各种功能的操作。仪器驱动程序一般是控制物理仪器的,但也有的是纯软件工具。

仪器驱动网包含用于各种使用 GPIB、以太网、串口和其他接口的可编程仪器的仪器驱动,可将仪器驱动按原样用于某个特定仪器。LabVIEW 即插即用仪器驱动随程序框图源代码一同发布,所以可为某个特殊应用自定义仪器驱动。可在程序框图上链接仪器驱动 VI,通过编程创建仪器驱动控制应用程序和系统。使用 NI 仪器驱动查找器,可在不离开 LabVIEW 开发环境时安装 LabVIEW 即插即用仪器驱动。依次选择"工具"→"仪器"→"查找仪器驱动或帮助"→"查找仪器驱动",打开仪器驱动查找器。

2. 虚拟仪器系统中引入驱动程序的必要性

① 系统集成的设计人员需要学习所有集成到系统中的仪器用户手册,并根据需要,编程调试一个个命令。编程任务既需要完成低层的仪器 I/O 操作,又要完成高层的仪器交互能力,仪器的编程由于编程人员的风格与爱好不一样而可能各具特色。

② 系统集成设计人员若同时成为仪器专家和编程专家,增加了系统集成人员的负担,使效率和质量无法得到保证。

③ 将仪器编程结构化、模块化使控制特定仪器的程序能重复使用。因此,仪器编程语言需要标准化,也需要定义相对独立的具有模块化、独立性的仪器操作程序(驱动程序)。

④ 虚拟仪器需要提供模拟实际仪器操作面板的虚拟面板,因此虚拟仪器驱动程序不仅仅是实施仪器控制的程控代码,而是仪器程控代码、高级软件编程与先进人际交互技术三者相结

合的产物,是一个包含实际仪器使用、操作信息的软件模块。

3. 仪器驱动程序功能

仪器驱动程序负责处理与某一专门仪器通信和控制的具体过程,通过封装复杂的仪器编程细节,为用户使用仪器提供了简单的函数接口。用户不必对各种诸如 GPIB、VXI、PXI 等仪器硬件有专门的了解,就可以通过驱动程序来使用这些仪器硬件。

4.2 可编程仪器标准命令 SCPI

1. 可编程仪器标准命令 SCPI 的提出

1975 年,在 HP-IB 仪器接口基础上,IEEE 制定了程控仪器接口标准 GPIB,即 IEEE-488.1,严格定义了 GPIB 的硬件接口,但未定义任何控制仪器的标准语法,只是说明可以使用 ASCII 和二进制数据格式。

1982 年,IEEE 公布了使用 IEEE-488.1 的推荐应用码和格式,IEEE-728,并没有为访问仪器定义语法和协议。

1987 年,IEEE-488.2 标准定义了使用 GPIB 总线时编码、句法格式、信息交换控制协议和公用程控命令语义,但并未定义任何仪器相关命令,使器件数据和命令的标准化存在很大困难。

1990 年,仪器制造商国际协会为使程控仪器编程进一步标准化,在 IEEE-488.2 基础上,提出可编程仪器标准命令 SCPI,标准程控语言 SCPI,是重要的程控仪器软件标准之一。

2. SCPI 的概念

SCPI(Standard Command for Programmable Instrument,简称 SCPI)是为解决程控仪器编程进一步标准化而制订的标准程控语言,目前已经成为重要的程控仪器软件标准之一。

与过去的仪器编程语言比较,SCPI 具有以下特点:

- 描述的是正在试图测量的信号,而不是正在测量信号的仪器;
- 相同命令可用于不同类型的仪器(横向兼容性);
- SCPI 命令可以扩展,功能可随仪器功能的增加而升级扩展(纵向兼容性)。

3. SCPI 仪器模型

SCPI 仪器模型如图 9.36 所示。

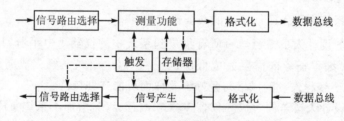

图 9.36 SCPI 仪器模型

每个方框对应一个 SCPI 子系统,各个子系统又有更详细的模型描述。根据需要,找到仪器特定的功能块,沿着树状网络从顶向下寻找各分支,找到完成功能的命令。

格式化:用来转换数据的表达式,当数据需要向外部接口传送时,必须格式化。

4. SCPI 命令句法

● 语法和式样:描述 SCPI 命令的产生规则以及基本的命令结构;

● 命令标记:提供 SCPI 要求和可供选择的命令;

● 数据交换格式:描述仪器与应用程序之间、应用程序与应用程序之间或者仪器与仪器之间可使用的数据集标准表示方法。

5. 数据交换格式

数据交换格式主要描述了一种仪器与应用之间、应用与应用之间、仪器与仪器之间可以使用的数据集的标准方法。SCPI 的交换格式语法与 IEEE－488.2 语法是兼容的,分为标准参数格式和数据交换格式两部分。

标准参数格式:数值参数、离散参数、布尔参数、字符串参数。

数据交换格式:SCPI 的数据交换格式主要描述了一种数据结构,它用来作为仪器与仪器之间以及不同应用场合情况下交换特征数据。

6. SCPI 编程方法

SCPI 的编程步骤如图 9.37 所示。

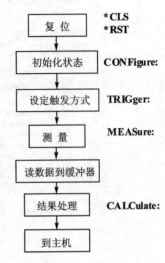

图 9.37　SCPI 编程流程图

4.3　虚拟仪器驱动程序设计标准

① 声明区:声明所用的函数类型均为 VISA 数据类型,它是与编程语言无关的。VISA 数据类型与编程语言数据类型的对应什么包含在特定的头文件中。

② 开启区:调用的是 viOpenDefaultRM(viSession sesn),打开与默认资源管理器的通话,与之建立联系。然后调用 viOpen(Visession sesn,ViRsrc rsrcName,viAccessMode,viUInt32 timeout,viPSession vi),建立与特定器件的联系。

③ 器件 I/O 区:主要完成向 GPIB 器件发送 IEEE－488.2 公用命令,并从该器件回读相应字符串。

④ 关闭区:操作结束时,必须调用 viClose(),分别关闭与特定器件的通话和与默认资源管理器的通话。

⑤ 打开 VISA 资源管理器句柄,用到的函数:viOpenDefaultRM。

⑥ 打开仪器句柄,用到的函数:viFindRsrc、viFindNext、viOpen 等。

⑦ 设置仪器状态、控制仪器操作、读取测量数据、处理仪器事件,用到的函数:viGetAttribute、viSetAttribute、viIn16、viOut16、viPrintf、viScanf、viInstallHandler、viUninstallHandler、viEnableEvent、viDisableEvent、viWaitOnEvent 等。

⑧ 释放仪器句柄,用到的函数:viClose。

⑨ 释放 VISA 资源管理器句柄,用到的函数:viClose。

4.4　查找和安装仪器驱动程序

LabVIEW 仪器驱动程序库提供了多种使用了 GPIB、串口等接口编程仪器的仪器驱动程序。仪器驱动程序可以从仪器驱动程序光盘上安装获得,也可以直接从 NI 的网站下载,或使用图 9.38 所示的方法查找仪器驱动程序。

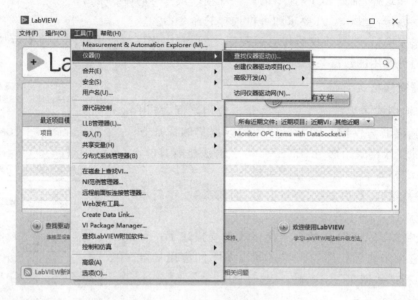

图 9.38　查找仪器驱动程序

4.5　使用仪器驱动程序

在 LabVIEW 安装了仪器驱动程序后,用户可以在函数选板下的"仪器 I/O"中找到这些驱动程序。例如,Agilent34401 驱动程序是内置在 LabVIEW 中的,如图 9.39 所示。此时用户就可编写自己的仪器应用程序了。

可以在 NI 范例查找器的"硬件输入与输出""仪器驱动程序"中查找关于仪器驱动方面的范例。

【知识拓展】

因为利用 VISA 编写的驱动程序与特定仪器密切相关,更换不同厂家或同一厂家不同型号的仪器时,不仅要更换仪器驱动程序而且要修改测试程序。针对这一问题,为了提高仪器的互换性和互操作性,制订了 IVI 规范。

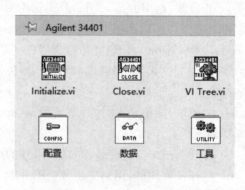

图 9.39　Agilent34401 仪器驱动程序

1. VPP 仪器驱动程序的设计方法

① 应确定需要研制的仪器模块的类型,确定其属于 VXI 仪器、GPIB 仪器还是串行接口仪器。

② 应确定仪器模块的应用目标及功能指标。

③ 在基本清楚了设计目标之后,应选择虚拟仪器系统的系统框架,确定模块设计的软、硬件环境。

④ 应选择一个可作参考的现有的 VPP 仪器驱动程序,尽量在现有的仪器驱动程序基础上进行设计,不必要从头开始进行重复劳动。

⑤ 在对应参考模块的研究基础上,确定仪器驱动程序应包括的功能函数,也即仪器驱动程序的内部设计模型。

⑥ 将所定义的所有功能函数用 C 语言实现。

⑦ 在图形化平台上运行调试仪器驱动程序。

⑧ 编写仪器驱动程序相关文件。

2. IVI 仪器驱动器

(1) IVI 仪器驱动器的提出

1998 年,美国 NI 公司最先提出了一种新的基于状态管理的仪器驱动器体系结构,即可互换虚拟仪器驱动器(Interchangeable Virtual Instruments,IVI)模型和规范,并开发了基于虚拟仪器软件平台的 IVI 驱动程序库。

IVI 是在 VPP 技术上发展而来的一项新技术,主要研究仪器驱动器的互换性、测试性能、开发灵活性及测试品质保证,其特有的状态管理结构,可以不重新优化设计硬件系统,在现有测试系统的基础上,从测试系统软件结构出发,消除测试冗余,提高测试速度。

(2) IVI 的技术特点

● 通过仪器的可互换性,节省测试系统的开发费用。

● 通过状态缓冲,改善测试性能在 IVI 属性模型中,驱动器能够自动地对仪器的当前状态进行缓冲。

● 通过仿真,使测试开发更容易、更经济利用 IVI 仪器驱动器的仿真功能,用户可以在仪器还不能用的条件下,输入所需参数来仿真特定的环境,就像仪器已被连接好一样,处理所有输入参数,进行越界检查和越界处理,返回仿真数据。

(3) IVI 仪器驱动器分类

仪器测试界在 1998 年 9 月成立了 IVI(Interchangeable Virtnal Instrument)基金会。目前,IVI 基金会已经制订了 8 类仪器规范:

● IVI 示波器类(Scope——IVI Oscilloscope);

● IVI 数字万用表类(DMM——IVI Digital Multimeter);

● IVI 函数发生器类(FGen——IVI Function Generator);

● IVI 直流电源类(DC Pwr Supply——IVI DC Power Supply);

● IVI 开关类(Switch——IVI Switch);

● IVI 功率计类(Power Meter——IVI Power Meter);

● IVI 射频信号发生器类(RF Sig Gen——IVI RF Signal Generator);

● IVI 频谱分析仪类(Spec An——IVI Spectrum Analyzer);

3. IVI 规范及体系结构

IVI 驱动程序比 VPP 联盟制订的 VISA 规范更高一层。它扩展了 VPP 仪器驱动程序的标准,并加上了仪器的可互换性、仿真和状态缓存等特点,使得仪器厂商可以继续使用它们的仪器特征和新增功能。因此 IVI 基金会是对 VPP 系统联盟的一个很好的补充。

IVI 体系结构如图 9.40 所示。

4. 仪器互换性的实现

类驱动器需将测试程序中对它的函数调用映射到具体的特定仪器驱动器中相应的函数上，而具体的特定仪器是根据需要可随时更改的，即类驱动器中不能出现具体的特定仪器前缀，为实现互换性，类驱动器只能采用动态链接库的显示调用方式来实现。其实现过程如图 9.41 所示。

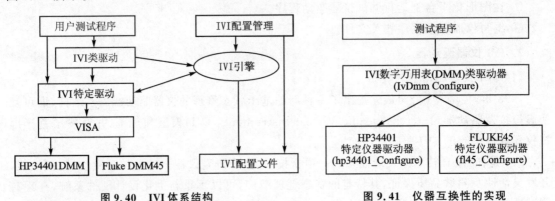

图 9.40　IVI 体系结构　　　　　　图 9.41　仪器互换性的实现

IVI 规范建立的基本思路：

一是从功能上，由于仪器的功能不可能完全相同，因此不可能为不同仪器建立一个单一的满足所有要求的编程接口，IVI 规范将仪器分成基本概念和扩展功能两部分。

二是从类型上，IVI 规范将所有的仪器进行分类，已经公布了示波器、数字万用表、射频信号发生器、任意波形发生器、电源、开关、频谱分析仪、功率计和数字 I/O 仪器等 9 类仪器的规范。

5. 可互换虚拟仪器 IVI

IVI - C 的体系结构如图 9.42 所示。

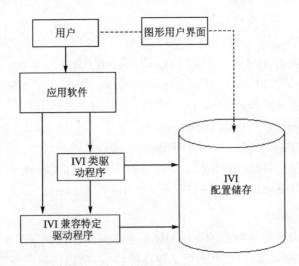

图 9.42　IVI - C 的体系结构

（1）IVI-C 的互换原理

IVI-C 驱动程序的可互换性是通过仪器类驱动程序来实现。类驱动程序是一组用来控制具体一类仪器属性的函数,每一类驱动程序调用特定的仪器驱动来控制实际的仪器。

具体的仪器驱动包括了控制一个具体仪器的信息:命令字符串、分析码、仪器的有效范围设置。

在测试程序中,调用类驱动程序,类驱动程序是与具体仪器相联系的,可实现在系统中仪器类的范围内更换特定仪器驱动(及仪器),而不会影响到测试代码的执行。

（2）可互换虚拟仪器 IVI

IVI-COM 的互换原理为:IVI-COM 互换时是在应用程序运行的时候动态地装载特定驱动程序。和 IVI-C 的不同之处在于,IVI-COM 互换中一般不使用类驱动程序,而用会话工厂代替类驱动程序的部分工作,建立应用程序同特定驱动程序之间的联系,即动态装载。

接口中函数的具体实现是通过调用 VISA-COM 中的接口函数来实现的;另一方面,应用程序中只有一开始与特定驱动程序建立联系的时候用到会话工厂,初始化的时候用到配置库中的信息,其他时候应用程序与特定驱动程序都是直接联系的。使用中间部件的次数少了,联系当然就更加稳定了。图 9.43 所示为 IVI-COM 模型。

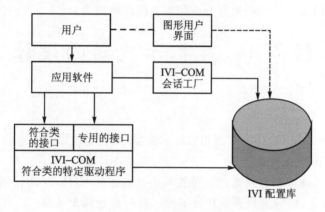

图 9.43　IVI-COM 的模型

【思考练习】

1. 仪器驱动程序有哪些类型？
2. VISA 和 IVI 的区别是什么？
3. SCPI 是如何进行编程的？

项目小结

本项目对仪器控制的基本知识进行了简单介绍,包括仪器控制的基本概念和原理、GPIB 和串行接口的基本概念和特性、VISA 函数库的使用和仪器驱动程序等内容,在此基础上能够构建简单的仪器控制程序,完成基本的仪器控制任务。

项目 10　LabVIEW 虚拟仪器应用设计案例

　　LabVIEW 已经广泛地应用于教学实验、科学研究和工程实际中。基于 LabVIEW 的虚拟仪器在教学实验中可替代传统仪器；在科学研究的各个领域，已经表现出与强大优势；应用于工程实际，则可以大幅减少构建测试系统和维护方面的投资。本项目以部分教学实验和一些具体工程实例来介绍 LabVIEW 在实际中的应用。

【学习目标】

> ➢ 了解并掌握虚拟仪器的设计方法，具备初步的独立设计能力；
> ➢ 初步掌握对图形化编程语言 LabVIEW 的编程、调试等基本技能；
> ➢ 通过整个设计过程大致领会并了解 LabVIEW 软件的其他虚拟仪器的设计方法，从而为将来在实际工程项目中使用 LabVIEW 打下良好的实践基础；
> ➢ 提高综合运用所学的知识独立分析和解决问题的能力。

任务 1　虚拟示波器的设计

【任务描述】

　　采用 LabVIEW 软件，设计一个虚拟双踪示波器，实现示波器最基本的显示和调节功能。其设计思路如下：

　　① CH1 和 CH2 通道设计及选择。设置两个开关控制 CH1 和 CH2 连通状况，开即显示波形，关即为初始状态，同时选择开就在波形图上同时显示两个波形。

　　② 波形产生。由于没有外界信号输入设备，所以不能用外部数据采集的方法输入信号波形，建议设计一个信号发生器，使两个通道都能实现基本模拟信号正弦波、三角波、方波、锯齿波的输入。

　　③ 波形显示。采用波形图表控件。

　　④ 波形控制部分。包括 CH1 信号幅度调节和幅度偏移、CH2 信号幅度调节和幅度偏移、两个信号叠加开关。

　　⑤ 停止示波器。通过 while 循环的停止按钮设置示波器停止工作。

　　⑥ 波形测量。通过不同的控件实现波形的频率以及幅值的测量。

【任务实施】

1.1　示波器测量原理

　　在时域信号测量中，示波器无疑是最具代表性的测量仪器。它可以精确复现作为时间函数的电压波形（横轴为时间轴，纵轴为幅度轴），不仅可以观察相对于时间的连续信号，也可以观察某一时刻的瞬间信号,这是电压表做不到的。从示波器上不仅可以观察电压的波形,也可以读出电压信号的幅度、频率及相位等参数。在电气、电子、仪表等工程和产品的设计过程当中,示波器的使用是非常普遍和必要的。

传统的示波器和虚拟数字示波器有着相同之处,同时也有着本质区别。传统示波器是由专门厂家设计生产出来的,如 HP 公司的双通道台式数字存储示波器 HP54603 系列,它们是由具体的各个电子、机械元器件组成的。而虚拟数字示波器则完全运用 LabVIEW 中的软件程序设计而成。这就是常用数字示波器和虚拟数字示波器的本质区别。也就是说,虚拟数字示波器是完全通过软件程序设计出来仿真常用数字示波器的,它们在显示、测量、分析、存储和外部连接上有着非常相似的地方,有时候虚拟数字示波器甚至在某些方面要远远优于常用数字示波器。另外,通过 LabVIEW 设计出来的数字示波器拥有很多常用示波器不具备的长处。总之,利用虚拟数字示波器,设计人员可以很灵活地满足所测试的信号的要求。

1.2　前面板设计

前面板用波形图标控件来显示波形,CH1、CH2 开关控制两个通道是否打开,枚举控件控制输出波形的类型,4 个旋钮控制两个波形的幅度及相位,4 个数值输出控件分别输出幅值电压和频率,1 个停止按钮设置示波器停止工作,1 个信号叠加按钮控制 2 个波形的叠加。根据设计思路设计的前面板如图 10.1 所示。

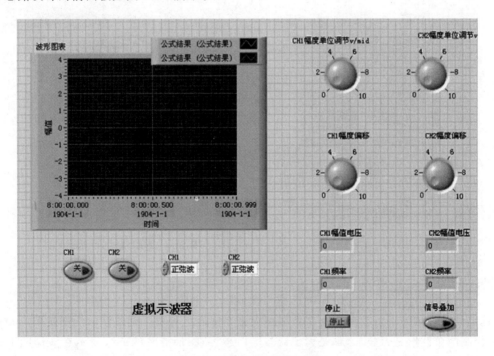

图 10.1　虚拟示波器前面板

1.3　通道的控制及实现

通道 CH1 和 CH2 产生波形。如图 10.2 所示,在程序框图上创建 2 个条件结构。将 CH1 和 CH2 的开关控制(布尔开关)分别接到这 2 个条件结构的条件输入端,然后在每个“真”条件下,通过再添加条件结构,并在添加的子条件结构中利用基本函数发生器创建波形产生模块,用文本下拉列表控制条件输入端,将正弦波、三角波、方波、锯齿波的固定值 0、1、2、3 设为 4 个分支,并在分支里选择产生相应的波形,由此产生外部条件结构的"真"操作,也即在 CH1 或 CH2 通道开的情况下,通过文本下拉列表控制波形产生。然后将外部条件结构的输出隧道在"假"的条件下,设为"未连接时使用默认"并且处理"假"分支,这样,当通道选择开关"关"时就不输出波形。其前面板如图 10.3 和 10.4 所示。

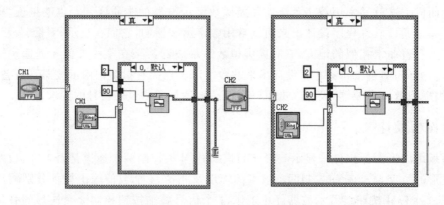

图 10.2　控制波形生成的程序框图

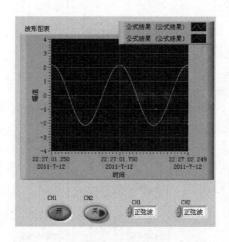

图 10.3　CH1 打开

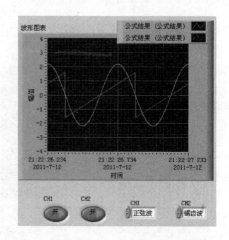

图 10.4　CH1 和 CH2 同时打开

1.4　波形显示控制的设计与实现

这部分设计是为了使控制波形在波形图上更好地显示出来。调节波形的幅度单位和相位偏移,控制两个波形是否叠加,都是为了让波形以最直观、最清楚的方式显示在波形图上。通过公式子 VI 的功能,改变输出电平和幅度偏移,幅度单位调节公式为 X1×X2,幅度偏移公式为 X1+X2。通过获取波形成分,显示波形的频率和幅值电压。通过创建一个子条件结构实现波形叠加。停止测量部分通过 while 循环的 STOP 按钮停止测量。程序框图设计如图 10.5 所示。

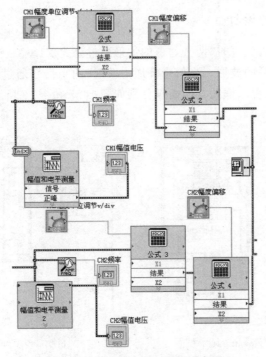

图 10.5　波形控制及测量程序框图

1.5　输入信号测量值的显示设计

　　通过"获取单频信息"子 VI 获取波形频率,通过"幅值和电平测量"子 VI 获取波形幅值电压,通过数值显示控件在前面板分别显示两个通道形成波形的幅值电压及频率。其程序框图如图 10.5 所示,设计的前面板如图 10.6 所示。

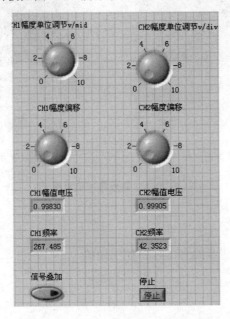

图 10.6　波形控制以及显示部分前面板

1.6　波形叠加部分的设计

当信号叠加布尔控件为真时,两个通道的波形通过公式 X1＋X2 输出一个一维数组,通过波形图标控件输出叠加后的波形。当信号叠加为假时,两个信号通过二维数组在波形图表上显示出两条不同的波形,程序框图及前面板分别如图 10.7 和 10.8 所示:

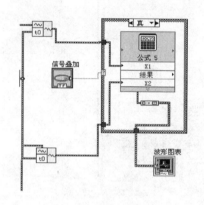

(a) 信号叠加为真时　　　　　　　　　　　　　　　(b) 信号叠加为假时

图 10.7　信号叠加程序框图

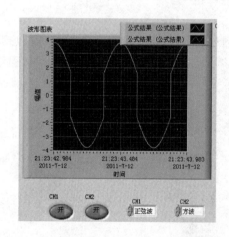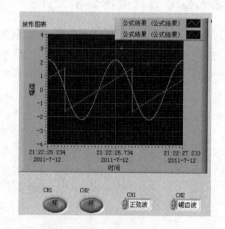

(a) 波形叠加效果图　　　　　　　　　　　　　　(b) 双通道显示(未叠加)

图 10.8　信号叠加前面板

1.7　总体程序框图

综上所述,虚拟双踪示波器的总体程序框图如图 10.9 所示。

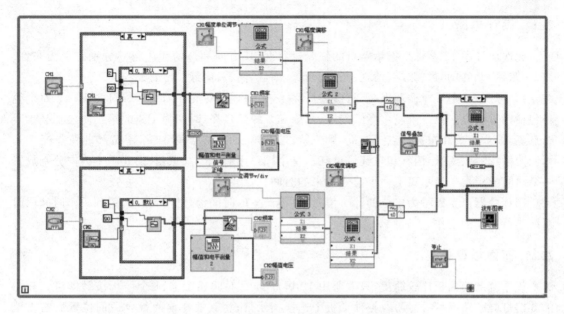

图 10.9 虚拟双踪示波器总体程序框图

【思考练习】

1. 画出程序框图的设计流程图。
2. 写出调试步骤，并对调试结果进行分析，调试中出现问题是如何解决的？
3. 写出所设计的虚拟示波器的使用说明。
4. 在本次任务的基础上，对示波器功能进行扩展，并写出设计思路和具体实施过程。

任务 2　交通灯控制系统

【任务描述】

采用 LabVIEW 软件，设计一个十字路口交通灯控制系统，为向北和向东两个方向行驶的车辆指示能否通行。交通路口每一个方向上的红绿黄灯按绿—黄—红的顺序循环，每个循环的时间为 35 s，其中通行（绿灯亮）的时间为 15 s，等待通行（黄灯亮）的时间为 5 s，禁止通行（红灯亮）的时间为 15 s。当按下停止键时，循环停止。

【任务实施】

十字路口交通灯原理主要由秒脉冲发生器、定时器、译码器、控制器等部分组成。秒脉冲发生器是本实验中控制器和定时器的标准时钟信号源，译码器输出两组信号灯控制信号，经驱动电路驱动后驱动信号灯工作，控制器是系统的主要部分，由它接收来自定时器的信息后控制译码器工作。

2.1 设计思路

此次设计用 12 盏灯来指示路口的红绿灯状况,从方向和灯的颜色将其分别定义为东红、东黄、东绿、北红、北黄、北绿、西红、西黄、西绿、南红、南黄、南绿。

信号灯按一定规律循环点亮,每盏红灯亮 15 s,每盏黄灯亮 5 s,每盏绿灯亮 15 s。每个循环包括四个阶段。第一阶段:北红、南红、西绿和东绿灯点亮,时间为 15 s。第二阶段:北绿、南绿点亮 15 s,西黄和东黄灯点亮 5 s。第三阶段:东红、西红灯点亮 15 s,南黄和北黄点亮 5 s。第四阶段:北绿、南绿、西红和东红灯点亮。每个循环用时 35 s。东西、南北两个方向分别放置一个时间显示器来显示离下一个信号到来的时间。

用计数器产生以秒为单位的计时信号,再将产生的时间信号进行分段,每到一个时间段时系统进行相应的动作。

2.2 前面板设计

该系统的前面板比较简单,只需要用 12 盏灯、4 个时间显示器、1 个停止按键即可。其中的 6 盏灯(红、黄、绿各两盏)在控件选板中选择指示灯,将其放在前面板合适的位置后右击鼠标,更改指示灯的属性,改变指示灯的大小,做出一个合适的指示灯,按同样的步骤做好另外 11 盏,将 12 盏灯均分为 4 组,每组都包含红黄绿 3 种颜色的灯,再用将每组灯框起来,做成一个十字路口交通灯。在每组交通灯合适的位置放置一个数值显示控件作为交通灯的计时器。在前面板合适的位置放置一个开关按钮,控制循环的停止。这样十字路口交通灯系统的前面板就做好了。前面板设计如图 10.10 所示。

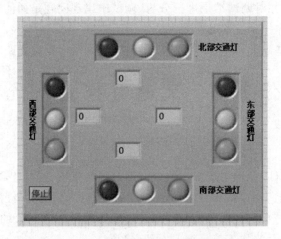

图 10.10　交通灯控制系统前面板示意图

2.3 各组时间信号的动作

顺序结构是 LabVIEW 最基本的结构之一,它包括一个或多个子程序框图或分支,称之为"帧"。结构执行时,仅有一个字程序框图或分支在执行。当第一帧执行完成后执行第二帧,直到循环结束。

第一阶段:此时北红、南红、西绿和东绿灯点亮。其程序框图如图 10.11 所示。

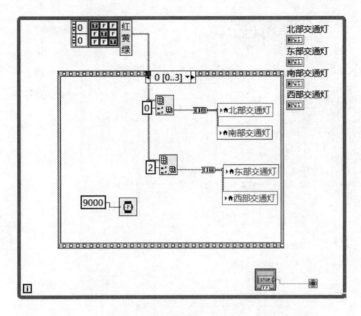

图 10.11　第一帧结构框图

第二阶段：北绿、南绿、东黄、西黄灯点亮。其程序框图如图 10.12 所示。

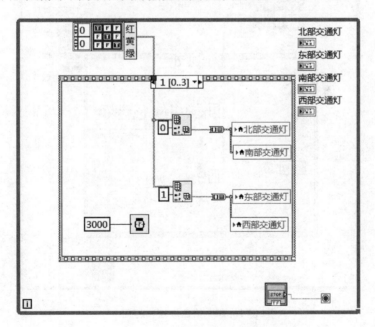

图 10.12　第二帧结构框图

第三阶段：东红、西红、南黄、北黄灯点亮。其程序框图如图 10.13 所示。

第四阶段：东红、西红、南绿、北绿灯点亮。其程序框图如图 10.14 所示。

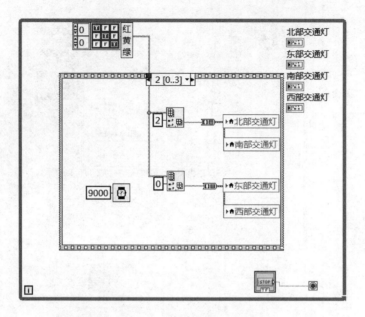

图 10.13　第三帧结构框图

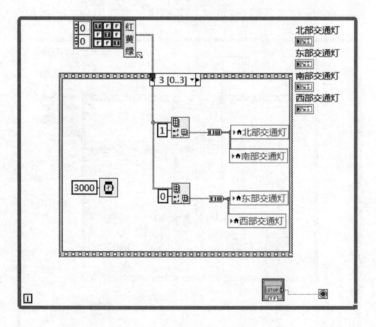

图 10.14　第四帧结构框图

2.4　软件调试

本设计的十字路口交通灯有四种运行状态：状态 1、状态 2、状态 3、状态 4。下面介绍未运行时、运行过程中、停止时的效果示意图。

程序未运行状态下的前面板如图 10.15 所示。

运行过程中南北方向禁止通行，东西方向允许通行的效果示意图如图 10.16 所示。

图 10.15　未运行时的前面板示意图

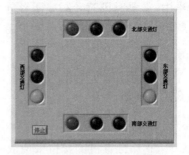

图 10.16　东西方向允许通行，
南北方向禁止通行效果示意图

运行过程中南北方向允许通行，东西方向禁止通行的效果示意图如图 10.17 所示。

运行中按下停止键后，程序则停止循环。如需继续，再次运行程序。按下停止键时效果图如图 10.18 所示。

图 10.17　东西方向禁止通行，
南北方向允许通行效果示意图

图 10.18　停止时效果示意图

【思考练习】

1. 画出程序框图的设计流程图

2. 要求东西方向、南北方向车道除了有红、黄、绿灯指示，还应使每一种灯亮都采用倒计时的方式进行显示，如何修改程序？

3. 为该系统设计一模式设置按键，主要针对路口在不同时间段红灯、绿灯维持的时长不同，如可设为上下班高峰期模式、正常模式和夜间模式，请编写并完成调试。

任务 3　风机自动控制系统

【任务描述】

对于一个风洞中心，风机的控制是必不可少的。在该风机控制系统中，变频器采用 ABB 公司的 ACS400 系列变频器，这是一款与上位机采用 Modbus - RTU 工业协议的变频器。在风洞的实验当中,需要对风速和频率两者分别进行调整来达到实验要求的目的,而这两者都需要通过对变频器的调整来实现,对风速采用负反馈进行自我调整来保持风速的稳定性。

【任务实施】

3.1 系统硬件结构

ACS400 变频器在 2.2~37 kW 的功率范围,主电源是 230~500 V,50/60 Hz。控制电源是 115~230 V。它和计算机的接口采用 RS232 连接,在控制柜中又含有温度和湿度传感器,而这两者的数据采集表和计算机的接口也是采用 RS232 连接,这三者原本都是分立地集成在控制柜中,需要手动调整变频器,并记录温度和湿度值。现在经过两次开发,通过计算机把三者联系起来进行自动控制,采集数据,并显示结果。

对于 ABB 变频器的使用,在组合控制柜时,通常采取以下几种措施来延长变频器的使用寿命。

- 良好的接地,对于某些干扰严重的场合,建议将传感器、I/O 接口屏蔽层与控制板的控制地相连。
- 给计算机的控制板输入电源加装 EMI 滤波器、共模电感、高频磁环等,可以有效抑制传导干扰。
- 给变频器输入端加装 EMI 滤波器。
- 对模拟传感器检测输入和模拟控制信号进行电气屏蔽和隔离。

鉴于三者与计算机的接口均是 RS232,所以在该系统中,把这 3 个仪器全部挂在 RS-485 总线上,并分别设置地址,可以设计出对温度和湿度进行数据采集,而对变频器进行控制的一套软件。

为了保证风洞的安全运行,信号报警和连锁系统也是一个重要环节,其作用是对风洞实验过程状况进行自动监视,当某些参数发生异常时,采用声控报警的方式来提醒操作人员采取相应的措施。如果有必要,在有规律变化时,需要设置一个极限状态,即当变化超过该极限状态时停止变化,或者返回原来的状态。而在本系统中,当变频器的频率增加时,为其设置一个上限值,当即将到达上限值时,停止增加频率,并在控制系统面板上增设报警提示。

3.2 系统软件结构

RS-485 的通信和 RS-232 的通信相似,可将 3 个仪器挂到 RS-485 总线上,RS-485 总线与计算机也是采用串口通信。NI 为 LabVIEW 用户提供了一个很好的串口通信平台——VISA。

由于该系统要与多个仪器进行通信,而且需要时刻更新仪器的当前状态,所以采用轮询的结构与整个系统通信。在 LabVIEW 中,状态机结构可以在各个不同的状态之间转换,但是在该系统中,只要在不同的仪器之间按照固定的顺序结构进行状态转换即可。

1. 系统软件介绍

(1)大气压力监测

图 10.19 所示为监测大气压力仪表的程序。

该程序是普通的串口通信程序,字符串 0DRD 经过字符串处理发送给串口,经过 60 ms

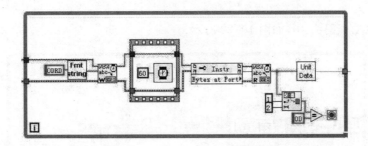

图 10.19　大气压力监测部分程序

的延时,读取串口中的数据,读取到的数据截取第 2、3 个字符,与 0D 相等,则读取到的数据即是当前仪器返回的数据。

由于 RS-485 总线有多个相邻地址的仪器,上一个仪器返回的数据很容易被当前的仪器所读取,因此需要将读取到的数据与指令码相比较,判定之后再进入下一个仪器的通信。

串口的写和读之间要加入一定时间的延时,否则在刚写入数据之后,就无法返回正确的数据。

(2) 大气温度

图 10.20 所示为与温度仪表通信的程序框图,它与大气压力仪表的通信方式类似,区别就是功能码不同,压力仪表的功能码为 0D,而温度仪表的功能码为 0E。程序返回的温度单位为摄氏单位,在下面计算压力的时候要转换为热力学温度。

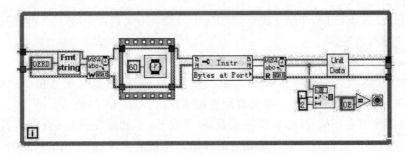

图 10.20　大气温度监测部分程序

(3) 大气湿度

大气湿度的功能码为 0F,如图 10.21 所示。

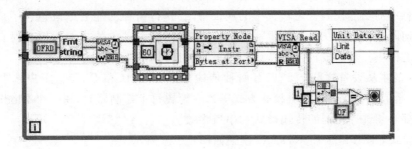

图 10.21　大气湿度监测部分程序

（4）喷口压差

喷口压差的功能码为 10，如图 10.22 所示。

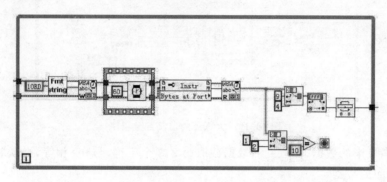

图 10.22　喷口压差监测部分程序

2. 变频器通信

ACS400 的通信协议采用 Modbus 协议，NI 提供了 Modbus 通信的库文件，对功能码和数据进行过包装，LabVIEW 用户只要选择功能码，输入要写入变频器的数据即可。

（1）Modbus 协议

Modbus 是 OSI 模型第 7 层上的应用层报文传输协议，它在连接至不同类型总线或网络的设备之间提供客户机/服务器通信。目前，可以通过下列三种方式实现 Modbus 通信。

● 以太网上的 TCP/IP。

● 各种介质（有线：EIA/TIA - 232 - F、EIA - 422、EIA/TIA - 485 - A；光纤、无线等）上的异步串行传输。

● Modbus PLUS，一种高速令牌传递网络。

标准的 Modbus 口是使用一个 RS - 232C 兼容串行接口，它定义了连接口的针脚、电缆、信号位、传输波特率、奇偶校验等。控制器能直接或经由 Modbus 组网。

控制器通信使用主—从技术，即仅一个设备（主设备）能初始化传输（查询），其他设备（从设备）根据主设备查询提供的数据作出相应的反应。典型的主设备：主机和可编程仪表。典型的从设备：可编程控制器。

主设备可单独和从设备通信，也能以广播方式和所有的从设备通信。从设备回应消息也由 Modbus 协议构成。

图 10.23 所示为主从设备的一个查询—回应周期的图示。

查询消息中的功能代码告之被选中的从设备，要执行何种功能数据段包含了从设备要执行功能的任何附加信息。从设备产生一正常的回应，回应消息中的功能代码是对查询消息中的功能代码的回应。数据段包含了从设备收集的数据，如寄存器值或状态。

Modbus 的主从设备之间的消息有两种传输方式：ASCII 和 RTU。用户选择想要的模式，包括串口通信的参数（波特率、校验方式等），在配置每个控制器时，每一个 Modbus 网络上的所有设备都必须选择相同的传输模式和串口参数。

ASCII 模式如图 10.24 所示，RTU 模式如图 10.25 所示。

Modbus 的主要功能代码有 16 个，涵盖了大多数 Modbus 通信的指令，这 16 个功能码的定义如表 10.1 所列。

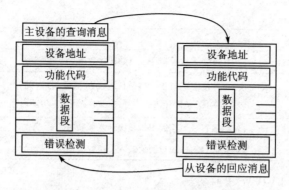

图 10.23　喷口压差监测部分程序

:	地址	功能代码	数据数量	数据1	…	数据n	LRC 高字节	LRC 低字节	回车	换行

图 10.24　ASCII 通信模式

地址	功能代码	数据数量	数据1	…	数据n	CRC高字	CRC低字

图 10.25　RTU 通信模式

表 10.1　Modbus 功能码

功能码	名　称	作　用
01	读取线圈状态	取得一组逻辑线圈的当前状态(ON/OFF)
02	读取输入状态	取得一组开关输入的当前状态(ON/OFF)
03	读取保存寄存器	在一个或多个保持寄存器中取得当前的二进制值
04	读取输入寄存器	在一个或多个输入寄存器中取得当前的二进制值
05	强置单线圈	强置一个逻辑线圈的通断状态
06	预置单寄存器	把具体二进制值装入一个保持寄存器
07	读取异常状态	取得8个内部线圈的通断状态,这8个线圈的地址由控制器决定,用户逻辑可以将这些线圈定义,以说明从机状态,短报文适宜于迅速读取状态
08	回送诊断校验	把诊断校验报文送从机,以对通信处理进行评鉴
09	编程(只用于484)	使主机模拟编程器作用,修改 PC 从机逻辑
10	控询(只用于484)	可使主机与一台正在执行长程序任务从机通信,探询该从机是否已完成其操作任务,仅在含有功能码9的报文发送后,本功能码才发送
11	读取事件计数	可使主机发出单询问,并随即判定操作是否成功,尤其是该命令或其他应答产生通信错误时
12	读取通信事件记录	可使主机检索每台从机的 Modbus 事务处理通信事件记录。如果某项事务处理完成,记录会给出有关错误

功能码	名 称	作 用
13	编程(184/384 484 584)	可使主机模拟编程器功能修改 PC 从机逻辑
14	探询(184/384 484 584)	可使主机与正在执行任务的从机通信,定期控询该从机是否已完成程序操作,仅在含有功能 13 的报文发送后,本功能码才发送
15	强置多线圈	强置一串连续逻辑线圈的通断状态
16	预置多寄存器	把具体的二进制值装入一串连续的保持寄存器

(2) Modbus 在 LabVIEW 中的实现方式

NI 为 LabVIEW 用户提供的 Modbus 库文件安装后,会在用户库中出现 NI - Modbus 库文件。

在该软件系统中,由于串口的初始化和关闭都用过 VISA 子面板的函数,因此无须利用 Modbus 的子函数。而在(1)中提到的比较重要的主机查询指令的方式主要由函数 MB Serial Master Query. vi 来完成,该函数的图标如图 10.26 所示。虽然 NI 并没有给出该函数库的用户手册或帮助文件,但是通过函数图标能够大致理解该函数的用法。

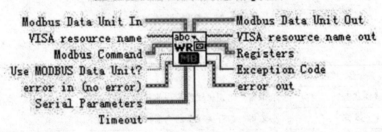

图 10.26　MB Serial Master Query. vi

为了更加深刻理解该函数的输入输出参数的定义,现在来看 NI 提供的一个 Modbus 主机的例子。在该函数子选板上查找名称为 MB Serial Example Master. vi 的函数,放置于程序框图中,双击该 VI,打开该 VI 的程序框图。该例子的流程是:初始化→Master 操作→关闭串口,属于一个完整的 Master 主机控制程序,并且在 Master 操作程序中也有多种 Master 主机操作功能码例子,如强置多线圈、强置多寄存器、读取输入状态和读取输入寄存器等。而这些是 Master 通信中最普遍的操作,根据这些例子,在编程中也可以举一反三,设置符合实际情况的程序。

第一帧:初始化。Master 初始化程序与 VISA 串口的初始化类似,需定义波特率、串口资源等,其框图如图 10.27 所示。

第二帧:Master 操作。Master 操作过程包含多种 Master 功能操作,其程序框图如图 10.28 所示。

1) 强置多线圈

图 10.28 所示即为强置多线圈的功能操作。While 循环的移位寄存器在上一个循环所设置的多线圈值若与当前所要设置的线圈值不同,则操作强置多线圈值,布尔数组"Coils to

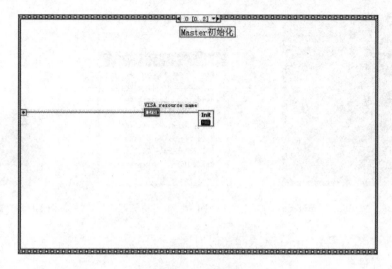

图 10.27　初始化

Write"为当前所要写入多线圈的值。打开前面板,可以看到该布尔数组有 4 个元素,则要设置的多线圈有 4 个,若实际情况并非 4 个,则必须做相应的改动,修改"Coils to Write"布尔数组。

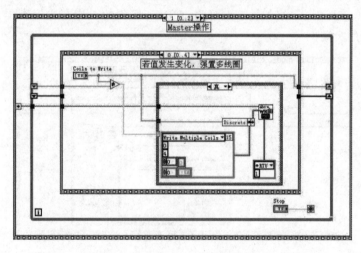

图 10.28　Master 操作

Master 操作过程包含多种 Master 功能操作,程序框图如图 10.29~10.31 所示。

MB Serial Master Query.vi 有一个输入参数簇:Modbus Command,为该 VI 的参数输入端创建输入控件。从前面板观察该输入控件,如图 10.29 所示;该簇第 1 个元素是功能代码,单击功能码下拉框,这里只列出了一部分的功能代码,如图 10.30 所示。图 10.29 中,Starting Address 表示地址,Quantity 表示数据数量,Data 表示数据。在这里 Data 是一个数组,表示数据 1~数据 n;Discrete 表示离散的量,即多线圈的值,断开或闭合。在这里,Coils to Write 布尔数组有 4 个元素,所以 Quantity 设置为 4。Discrete 值由 Coils to Write 输入来给定。

另一输入参数 Serial Parameters,如图 10.31 所示。图中 Mode 设置是 ASCⅡ 通信形式还是 RTU 通信形式;Slave Address 表示从机的地址,这里设置为 RTU,从机地址为 1。

图 10.29 **Modbus Command**　　　图 10.30 功能码　　　图 10.31 模式设置

该 VI 的另一输入参数 timeout 表示超时时间。

2）强置多寄存器

图 10.32 所示为强置多寄存器,若当前设置的寄存器值与上个循环所设置的多寄存器值不同,则写入新的数据。功能码设置为 Write Multiple Registers,开始地址为 0,数据个数为 4,Data 数据由 Registers to Write 给定,discrete 没有激活,不需设置。

注:Register to Write 数组的类型设置为 U16,若实际情况中写入寄存器的值类型不同,则应修改该变量的类型。

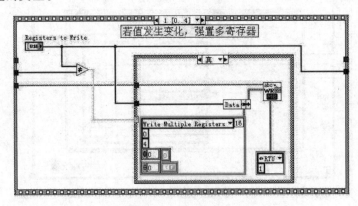

图 10.32 强置多寄存器

3）读取输入状态

读取输入状态的功能码设置为 Read Discrete Inputs,起始地址为 0,个数为 4,如图 10.34所示。

4）读取输入寄存器

读取输入寄存器的功能码设置为 Read Input Registers,起始地址为 0,个数为 4,如图 10.34 所示。

第三帧:关闭串口。图 10.35 所示为第三帧程序,操作完毕关闭串口释放资源。

（3）风机控制程序

风机控制程序总体来说和上述的控制过程类似,区别在于:当前写入多寄存器或多线圈的值与当前读取到的多寄存器与多线圈的值做比较,若不同则做相应的调整。

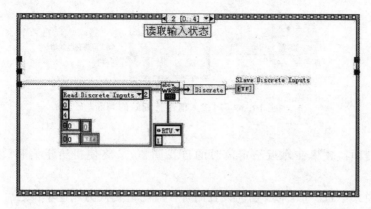

图 10.33　读取输入状态

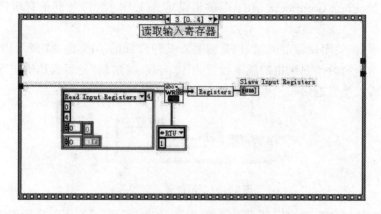

图 10.34　读取输入寄存器

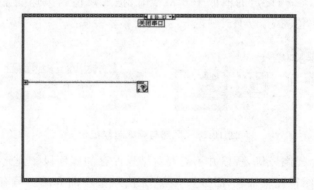

图 10.35　关闭串口资源

　　多寄存器值的调整采用反馈的思维,即当前设定值与读取值做比较,根据比较的结果来判断应该做怎样的调整,如图 10.36 所示。

　　差值输入放大 100 倍后进行判断,若属于[−40,−20]区间,则当前读取值−0.5 后,输入到寄存器中;若属于[−1,−0.5]区间,则当前读取值−0.1 后,输入到寄存器中;若属于[−0.5,−0.1]之间,则当前读取值−0.02 后,输入到寄存器中;若属于[−0.09,0.01]之间,则当前读取值−0.01 后,输入到寄存器中;若差值为正值,也一样,不同的是取"和"后输入到

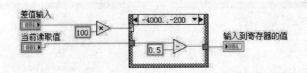

图 10.36　对输入值进行细致的判断

寄存器中。

　　上段属于变频器频率在靠近给定值时的自我调整，最终使得给定值和读取值的误差在0.01 之间。

　　若是风速模式下也类似，对于当前设置的寄存器的值转换为风速单位之后，与读取到的寄存器的值转换为风速单位后进行比较，然后根据比较值进行调整。

　　在这里将 Modbus Command 中 Data 的值设定为 U16 类型，与例子有所区别，这是根据协议做的调整。

　　实际情况中，在关闭仪器的时候，也是需要做某种设置的。图 10.37 所示为该系统所做的设置。在程序停止的时候把风机的频率设置到 10 Hz。布尔量"是否到达给定"表示等待风机到达给定频率或风速后返回布尔值 True。

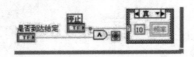

图 10.37　系统停止保护

　　对风机频率和风速也要设定其上下限值，对于超过上下限值则要给出示警，如图 10.38 所示。最低风速为 6 m/s，当设定的值低于 6 m/s 时，把 6 赋值给风速变量。最高频率设定为55 Hz，若输入的频率值高于 55 Hz，则把 55 赋值给频率变量。

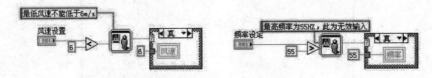

图 10.38　风速与频率超限提示

　　该系统纯粹只为控制风机，所以并不需要对结果保存的程序段。到此为止，风机的控制程序介绍完毕，或许介绍得比较抽象，而且只有点，无法对整个面介绍。只有根据实际情况来学习本次任务，才会有更清晰的认识。

【思考练习】

　　1. RS‐232 和 RS‐485 通信有何区别和联系？

　　2. 在做大功率仪器通信时要注意哪些问题？

　　3. 在风机自动控制系统中要设置哪些参数？

任务 4   应变测试系统

【任务描述】

应变测试是研究构件应力状态的重要手段,通过应变测试还可以了解构件的变形。应变测试的方法也可以推广到与应变有密切关系的其他机械量测试中。本次任务以 LabVIEW 为软件开发平台,设计一个应变测试系统,进行悬梁臂应变测试和压力测试。

【任务实施】

4.1 应变测量原理

本次设计所用的应变测试虚拟仪器硬件组成如图 10.39 所示。

电阻应变片将被测对象的变形转换为电阻值的变化,根据测试的具体要求可以选择不同种类的电阻应变片和不同的布置与组桥方式。本次任务用 BF120 - 5AA 型电阻应变片,平行粘贴在传感器试验台的等强度悬梁臂上距中性层距离相等的上下两面,其示意图如图 10.40 所示。

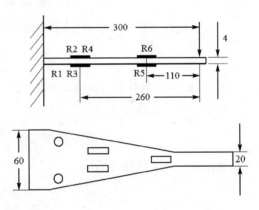

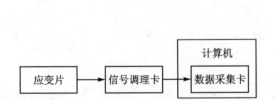

图 10.39 应变测试的虚拟仪器结构   图 10.40   应变测试悬梁臂结构示意图

根据材料力学理论,应变值为

$$\varepsilon = \frac{Pxy}{EI} = \frac{12Pxy}{Ebh^3} \tag{10-1}$$

式中:

P——载荷(N);

x——载荷作用点到应变测量点的距离(m);

y——力的作用点到构件中性层的距离(m);

E——材料的弹性模量(10^9 Pa);

b——应变测量点的构件宽度(m);

h——应变测量点的构件高度(m)。

全桥测试电路如图 10.41(a)所示,图中 EX 是信号调理卡提供的 2.5 V 激励电压,信号分别连接到信号调理卡 0 通道"CH(0)＋"和"CH(0)－"输入端。

如图 10.41(b)所示，半桥测试时用应变片 R5 和 R6 接入电桥相邻两臂组成应变测试电路。图中 EX 是信号调理卡提供的 2.5 V 激励电压；Rc 是信号调理卡提供的组桥电阻。"CH(1)＋"是信号正极，接信号调理卡 1 通道正极；"CH(1)－"是信号负极，在信号调理卡内部引到信号调理卡 1 通道负极。

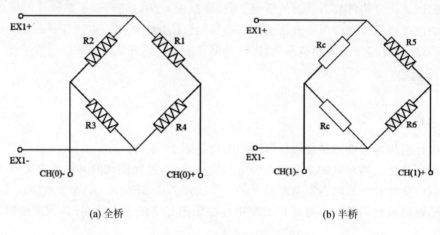

(a) 全桥   (b) 半桥

图 10.41　应变测试电路

当变形构件变形产生应变 ε 时，应变片的电阻变化率为

$$\frac{\Delta R}{R} = K\varepsilon \tag{10-2}$$

式中，K 为应变片的灵敏度系数。

全桥测试的电压信号为

$$V_{sgf} = \frac{\Delta R}{R} V_{EX} = K\varepsilon V_{EX} \tag{10-3}$$

半桥测试的电压信号为

$$V_{sgh} = \frac{\Delta R}{2R} V_{EX} = \frac{1}{2} K\varepsilon V_{EX} \tag{10-4}$$

实际测试时，由于构件变形前各种原因造成的电桥不平衡，使得 $V_{sg0} \neq 0$，因此实际的应变计算公式要比式(10-3)和式(10-4)复杂一些。

LabVIEW 的转换应变计读数 VI 在"编程"→"数值"→"缩放"函数子选板中，图 10.42 所示为其图标及接线端口。

各端口及其含义如下：

- Rg：应变片未变形的电阻值，默认值为 120 Ω。
- GF：应变片灵敏系数，默认值为 2。使用时应根据应变片参数输入准确值。
- V：泊松比。仅在某些组桥方式时需要输入。
- Vsg：应变测量信号电压。默认数据类型

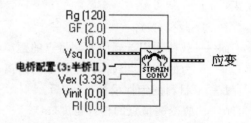

图 10.42　应变转换函数

是波形,可以选择为标量数据。如果输入波形数据,则输出的应变数据类型也是波形。

- Vex:激励电压,默认值为 3.33 V。根据所用的信号调理设备选择。
- Vinit:初始电压,即开始应变测量前的信号电压。这个 VI 进行应变转换时总是将当前信号电压值与初始电压值作比较,进行相对计算。由于构件变形前各种原因造成的电桥不平衡,使得 Vinit≠0,所以一般情况下不应该忽略这个参数。
- R1:导线电阻。导线不超过 2 m 时可以忽略导线电阻。
- 应变值:通常来说用“应变”这个单位太大了,以至于数据值太小,所以应该乘以 10^6,将它转换为微应变。
- 电桥配置:选择应变测试的电桥配置方法。

求出构件应变后,根据它的几何尺寸和材料力学公式,很容易得到它的挠曲轴表达式和挠度值。

SC‐2043‐SG 是专门的应变信号调理卡,有 8 个应变信号输入通道,具有组桥、放大、低通滤波、过电压保护和 2.5 V 电压激励等功能。应变信号经信号调理卡处理后,用数据采集卡转换成数字信号,最后用计算机软件得到测试结果。

电阻应变式压力传感器安装在压力信号发生器上,压力信号发生器内部装有压力可调的液体,同时有指针式压力表便于观察对照。流体的压力作用在传感器膜片上使弹性筒变形,弹性筒上粘有 4 片电阻应变片并连成全桥。电桥电压的变化就反映了压力的变化,因此采用电阻应变式压力传感器进行压力测试可以参考全桥应变的实验原理。压力信号接入信号调理卡 2 通道;计算机软件根据采集的电信号和传感器出厂标定数据计算得到压力值。

4.2　程序设计

1. 编写应变测试程序

按图 10.43 所示的界面构建应变测试程序前面板。“置零”按钮的机械动作设置为“释放时触发”。挠曲轴的显示控件为 XY 图。

按图 10.44 所示的界面编写应变测试实验的程序框图。

程序框图中主要节点有:

① DAQ 助手 VI,并对其进行配置(创建 DAQ 助手时全桥物理通道选择 Dev1/ai0,半桥物理通道选择 Dev1/ai1,并在 MAX 中 Dev1 的属性对话框中将其附件设置为 SC‐2043‐SG);

② “从动态数据转换”VI 将采集的两个通道的动态数据转换为二维数组;

③ 将采样数据除以 10(应变调理卡 10 倍增益),转换为原始电压值;

④ 利用索引数组函数从采样数据中分离出全桥测量电压信号和半桥测量电压信号;

⑤ 用“均值”VI 分别取两通道 100 个采样数据的平均值;

⑥ 利用 Convert Strain Gauge Reading VI 将信号电压值转换为应变值;

⑦ 将应变转换为变形的 VI。

应变转换函数的应变片电阻参数使用默认值 120 Ω;初始电压值 V_{init} 由“置零”按钮控制,可以随时取初始变形参考点。函数的输出为应变值,乘以 10^6 转换为微应变。

2. 应变测试

检查应变片是否完好,按照颜色对应关系正确连接信号线。打开信号调理器电源开关。

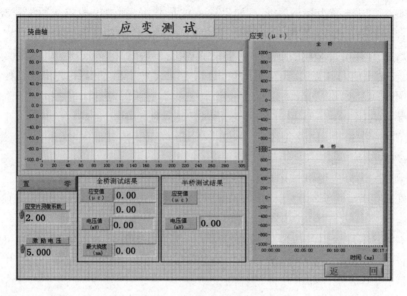

图 10.43 应变测试程序前面板

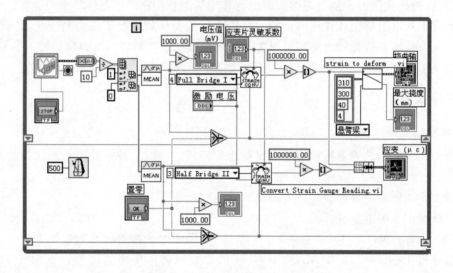

图 10.44 应变测试程序框图

运行应变测试程序,在前面板上输入应变片灵敏系数 2.16、激励电压 2.5 V。在悬梁臂上挂好花篮(挂架外边缘与梁端对齐),按一下"置零"键。逐个加砝码(每个 500 g),观察应变值随时间变化的曲线和挠曲轴,分别读取半桥和全桥电压值、应变值、最大挠度值,记入实验记录表。

实验完成后将砝码全部取下,关闭信号调理箱电源。

3. 编写压力测试程序

压力测试前面板如图 10.45 所示,程序框图如图 10.46 所示。

4. 压力测试

检查压力传感器和压力信号发生器是否完好,按照颜色对应关系正确连接信号线。打开信号调理器电源开关。

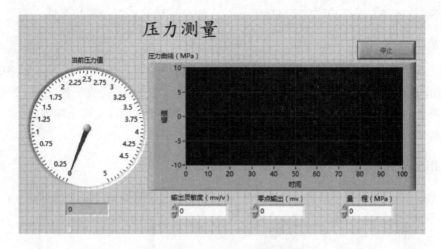

图 10.45　压力测试程序前面板

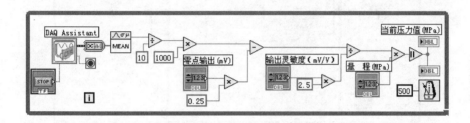

图 10.46　压力测试程序框图

　　运行压力测试程序,根据传感器出厂标定数据在程序前面板输入"输出灵敏度""零点输出"和"量程"参数。转动压力信号发生器手轮进行加压,观察压力表显示值,每 0.2 MPa 记录一次数据。注意,加压不要超过 2 MPa。

【思考练习】

　　1. 画出应变测试系统流程图。
　　2. 全桥测试与半桥测试的信号电压变化有何不同?
　　3. 全桥测试与半桥测试的应变值是否相同? 为什么?

任务 5　基于 myDAQ 进行实际的音频信号处理

【任务描述】

　　基于 myDAQ 数据采集卡和 LabVIEW 实现一个在线实时音效处理系统,熟悉如何利用 LabVIEW 控制 myDAQ 完成信号采集、分析以及信号生成。

　　硬件连线:

　　① 将 myDAQ 通过 USB 连至计算机上,在 MAX 中将其名称修改为 Dev1(如果该名称已被 ELVIS 等其他硬件占用,可使用其他名称,但后续实验步骤都需注意做相应的修改)。

　　② 用 myDAQ 附带的一根音频线连接计算机的音频输出口至 myDAQ 的 AUDIO IN 接

口,在 myDAQ 的 AUDIO OUT 接口插上一个立体声耳机或一对小型扬声器。

【任务实施】

本设计运用 myDAQ 完成一个在线音效处理系统,要求先运用 myDAQ 采集一个外部音源信号(如电脑的音频输出),接着在 LabVIEW 中对信号进行相应的分析处理(数字信号处理),最后再通过 myDAQ 的音频输出口将处理之后的信号进行 D/A 转换输出,可以用小型音响或者耳机听到处理后的信号。

5.1 运用 myDAQ 实现音频信号的采集和发送

打开 Exercise 文件夹下的 myDAQ Audio.vi,其程序框图如图 10.47 所示。

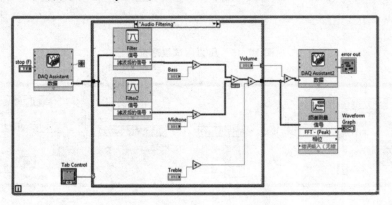

图 10.47 myDAQ Audio.vi 程序框图

双击位于程序框图左侧的 DAQ Assistant Express VI,可以看到采样率等参数的设置。还需要确认将物理通道设置为当前使用的 myDAQ 的相应通道,因此在"配置"选项卡中展开"详细信息",如图 10.48 所示。

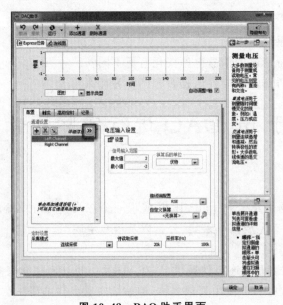

图 10.48 DAQ 助手界面

在图 10.49 所示的"详细信息"中,右击输入通道 Left Channel,选择"更改物理通道…"。

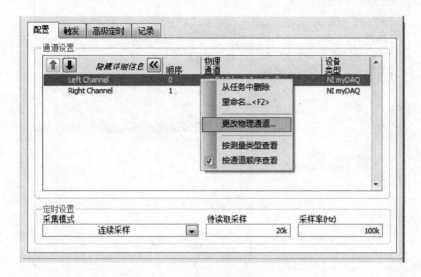

图 10.49　通道设置

在弹出的对话框中,选择"Dev1"下的"audioInputLeft"(相当于 myDAQ 音频输入端口的左声道输入),如图 10.50 所示。

图 10.50　物理通道配置

然后以同样的配置方法,将 Right Channel 配置为"Dev1"下的"audioInputRight"。

双击程序框图右侧的 DAQ Assistant2 Express VI,用同样的配置方法,将其"VoltageOut_0"和"VoltageOut_1"分别配置为"Dev1"下的"audioOutputLeft"和"audioOutputRight"(相当于 myDAQ 音频输出端口的左声道和右声道)。

这两个 Express VI 就可以控制 myDAQ 进行音频信号的输入以及输出。

图 10.51 音频输出端口配置

5.2 在 LabVIEW 中进行数字音频信号处理

首先编写一段程序，获得左右声道的差值信号。单击程序框图中条件结构的选择器标签，并且选择"Audio Effects"选项，如图 10.52 所示。

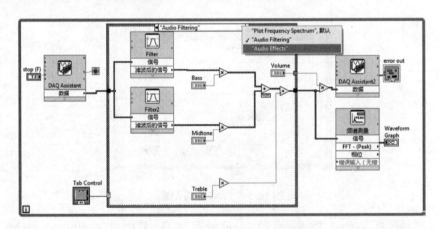

图 10.52 左右声道差值信号程序框图

在该条件分支中右击，添加函数窗口中"编程"→"比较"下的"选择"函数，如图 10.53 所示。

再在该分支中，完成如图 10.54 所示的连线。

这段代码所要实现的效果是：在 Effect 按钮被按下时，将左右声道信号求差，通常这将使

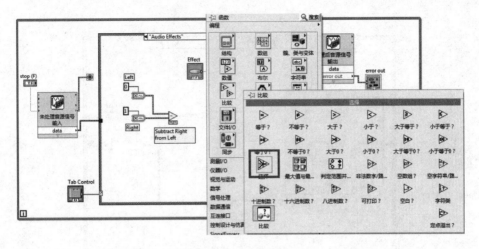

图 10.53　添加选择函数

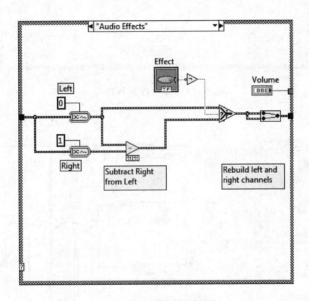

图 10.54　程序框图连线

人声被削弱,从而使人感受到的伴奏声音相对增强。

再修改 Audio Filtering 分支,这个分支将完成高中低音的均衡(分别提取低音、中音、高音部分,施以不同的加权系数后再相加,从而完成均衡)。其中低音和中音部分的滤波和加权相加已经完成,主要需要再添加高音部分,如图 10.55 所示。

在该分支中再放置一个"滤波器 Express VI",如图 10.56 所示。

在弹出对话框中,将滤波器类型选为"带通",低截止频率选为"3000",高截止频率选为"10000",Butterworth 滤波器的阶数选为 3 阶,如图 10.57 所示。

在该条件分支下完成如图 10.58 所示的连线。

这样就完成了这个简单的均衡器设计,整个程序便可以运行了。

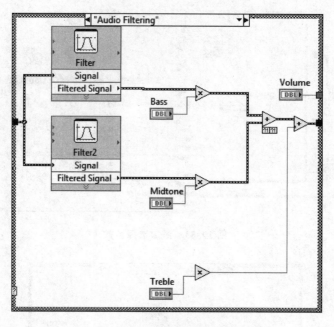

图 10.55　高音部分程序框图

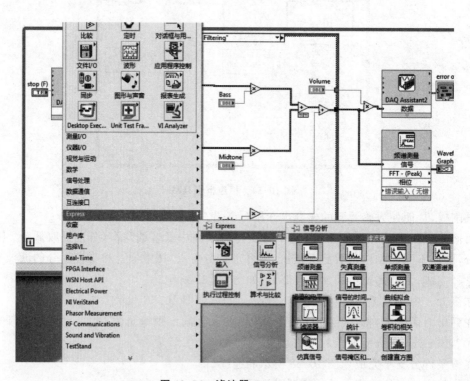

图 10.56　滤波器 Express VI

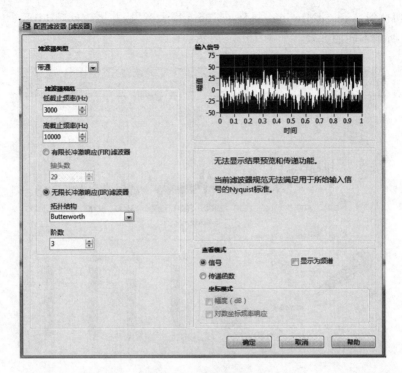

图 10.57 滤波器配置

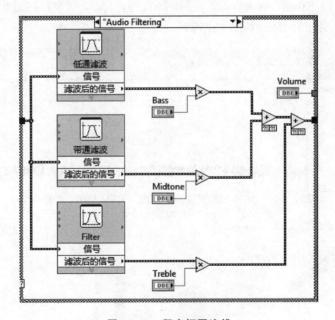

图 10.58 程序框图连线

5.3 测试

按照"硬件连线"部分的说明连接 myDAQ 和计算机的音频输出以及小型音箱或耳机，在计算机上通过 Windows Media Player 任意播放一首音乐，然后运行编辑好的程序。在前面板的选项卡中切换到 Audio Filtering，调节 Volumn 增大音量，并更改低频、中频、高频部分的加权系数，可以听到不同的音效。如图 10.59 所示。

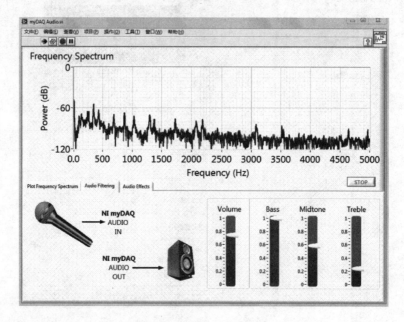

图 10.59　myDAQ 音效图

再切换到 Audio Effects 选项卡，按下 Effect 按钮，可以听到左右声道相减后的效果，感觉人声减弱从而使伴奏相对增强，如图 10.60 所示。

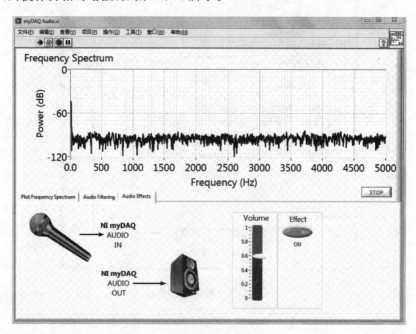

图 10.60　按下 Effect 按钮音效图

> **说明：**该程序只是利用了 myDAQ 硬件功能的一小部分，myDAQ 也像 ELVIS 一样集成了模拟输入、模拟输出、数字 I/O、计数器、数字万用表等功能（只是通道数和性能不如实验室中的 ELVIS），并且也可以通过 ELVISmx 的软面板直接使用示波器、函数发生器等功能，非常适合作为学生的课外动手练习和科创平台，学生可以发挥想象力和创造力，结合前面练习已经掌握的 LabVIEW 编程技能，基于 myDAQ 实现更多的应用。

【思考练习】

1. myDAQ 如何实现信号的采集和发送？
2. 左右声道信号求差是如何实现的？
3. 高中低音的均衡是如何设计的？

项目小结

本项目通过比较简单又具有代表性的应用实例介绍了虚拟仪器的构建过程，读者可以通过相关案例完成编写软件、连接硬件、进行实验的全部过程。在掌握了 LabVIEW 的基本知识，并对虚拟仪器的设计过程有了基本了解后，用户就可以在 LabVIEW 这个高效的虚拟仪器开发平台上，用其特有的图形化语言开发出各种仪器，综合应用所学过的各学科知识，像搭积木一样，在普通的计算机上构建一个个人实验室，完成测试技术实验，也有益于尽快与未来的工程实践接轨。

参考文献

[1] 李波,夏秋华,马永力. 虚拟仪器技术在控制系统仿真中的应用[J]. 仪表技术与传感器,2005(10):23-24.

[2] 王玉刚,赵兴堂,董绪华,等. 基于 LabVIEW 的多功能显示模拟器设计[J]. 现代电子技术,2015(18):124-126.

[3] 孙毅刚,何进,李岐. 基于 LabVIEW 的多通道温度监测系统设计[J]. 现代电子技术,2017(08):191-194.

[4] 彭中波,杨雄,滕学涛. 基于 LabVIEW 的超声波流速流量测量仪的设计[J]. 机床与液压,2015(15):173-175+193.

[5] 王丽,张华,张景林,等. 基于 ZigBee 和 LabVIEW 的土壤温湿度监测系统设计[J]. 农机化研究,2015(8):194-197.

[6] 李伟克,王树才,李翔,冷康民. 基于 LabVIEW 和温湿指数的奶牛场自动降温系统[J]. 华中农业大学学报,2015,34(06):136-139.

[7] 张美芹,王冠军,安永泉,丁俊榕,谷瑾瑜,王志斌,王高,桂志国. 基于 LabVIEW 光谱分析仪控制程序的设计及实现[J]. 电子器件,2017,40(06):1561-1566.

[8] 王森,蒋书波,王洋. 基于 LabVIEW 的露点校验系统设计[J]. 电子器件,2017,40(05):1257-1261.

[9] 蔡燕,孙流斌,姜文涛,庞丽,赵鹏程. 基于 LabVIEW 的电机实时在线监测系统设计[J]. 仪表技术与传感器,2017(10):70-73.

[10] 杜毅鹏,乔双. LabVIEW 环境下中子发生器控制台上位机程序的设计与实现[J]. 东北师大学报(自然科学版),2017,49(03):88-91.

[11] 白杰,潘常春,杜文曾,李少远. 基于 LabVIEW 平台的可配置过程控制教学实验系统[J]. 实验室研究与探索,2015,34(12):97-100.

[12] 许珍,苏亚辉,夏懿,贾素茂,岳兵,任飞飞,周梦杰. 基于 LabVIEW 的远程视频监控系统设计与实现[J]. 中北大学学报(自然科学版),2015,36(05):533-539+544.